高等学校通识教育系列教材

Java技术及应用
（第2版）

赵锐 李卫华 编著

清华大学出版社
北京

内 容 简 介

全书共分 12 章。第 1 章主要介绍了 Java 的语言基础，内容包括数据类型、表达式、控制流程、注解以及 Java 的开发环境等；第 2 章主要介绍了 Java 语言的面向对象结构，内容包括类与对象、类的继承、嵌套类、抽象类与接口、多态、泛型等；第 3 章主要介绍了 lambda 表达式以及与其相关的方法引用等内容；第 4 章主要介绍了数学类、正则表达式相关类、字符串类等一些常用实用类的使用；第 5 章主要介绍了用于异常处理、线程以及反射的一些增强性能类；第 6 章主要介绍了 Java 的输入输出流类及部分相关的应用；第 7 章主要介绍了收集系列的接口与类以及它们在数据结构中的应用；第 8 章主要介绍了 Java 的小程序及多媒体应用方面的内容；第 9 章主要介绍了 Java 的图形用户界面以及桌面应用，内容包括 AWT、Swing、JavaFX 的使用等；第 10 章主要介绍了 JDBC 及在数据库中的应用，内容包括数据库相关概念、JDBC 概述、JDBC 访问数据库、连接、事务、存储过程等；第 11 章主要介绍了 Java 的网络应用，内容包括 URL 应用、Socket 应用以及 Datagram 应用；第 12 章主要介绍了 JavaBeans 的有关概念及其在 JSP 中的应用。

本书封面贴有清华大学出版社防伪标签，无标签者不得销售。
版权所有，侵权必究。侵权举报电话：010-62782989　13701121933

图书在版编目（CIP）数据

Java 技术及应用/赵锐，李卫华编著. —2 版. —北京：清华大学出版社，2017（2020.1重印）
（高等学校通识教育系列教材）
ISBN 978-7-302-47515-6

Ⅰ. ①J… Ⅱ. ①李… ②赵… Ⅲ. ①JAVA 语言–程序设计–高等学校–教材 Ⅳ. ①TP312.8

中国版本图书馆 CIP 数据核字（2017）第 142121 号

责任编辑：刘向威　李　晔
封面设计：文　静
责任校对：李建庄
责任印制：刘海龙

出版发行：清华大学出版社
　　　　　网　　址：http://www.tup.com.cn, http://www.wqbook.com
　　　　　地　　址：北京清华大学学研大厦 A 座　　邮　编：100084
　　　　　社 总 机：010-62770175　　邮　购：010-62786544
　　　　　投稿与读者服务：010-62776969，c-service@tup.tsinghua.edu.cn
　　　　　质 量 反 馈：010-62772015，zhiliang@tup.tsinghua.edu.cn
印 装 者：北京九州迅驰传媒文化有限公司
经　　销：全国新华书店
开　　本：185mm×260mm　　印　张：20.75　　字　数：505 千字
版　　次：2009 年 6 月第 1 版　　2017 年 8 月第 2 版　　印　次：2020 年 1 月第 4 次印刷
印　　数：2801～3300
定　　价：49.00 元

产品编号：069916-01

前 言

Java 是美国 Sun 公司于 1995 年 5 月推出的面向对象的通用编程语言，目前依然是世界上最优秀的计算机程序设计语言之一。本书主要讲授 Java 的技术基础及主要应用，作者根据多年的教学实践，采取深入浅出的方式描述 Java 的编程原理，并配上大量程序实例，给读者一定的引导，使其能尽快掌握 Java 的核心技术，并在自己感兴趣的领域继续深入学习。

本书是《Java 技术及应用》的第 2 版，对第 1 版内容做了如下改进。

(1) 为了更适合教学，调整了第 1 版中部分章节的顺序；

(2) 在第 1 版的原有章节中添加了一些内容作为补充，使得章节内容更为完整，便于读者学习理解；

(3) 增加了 lambda 表达式、接口方法的默认实现以及 JavaFX 等 Java 8 新引入内容的介绍；

(4) 根据 Java 8 技术的新特点对全书内容做了修正。

本书注重入门与提高，适合没有编程语言基础和面向对象编程基础的初学者。全书共分 12 章，分别介绍了 Java 的语言基础、面向对象结构、lambda 表达式及其应用、常用实用类、增强性能类、输入输出流、收集与数据结构应用、小程序及多媒体应用、图形用户界面及桌面应用、JDBC 与数据库应用、网络与 Web 服务应用、JavaBeans 及组件应用等方面的内容，一些过于深入、初学者难以理解的内容则没有引入或只是简单介绍。

本书各章后面均设计有理论问答，让读者领会本章内容的要点；另外还附有编程实践题，供读者上机实验使用。

本书所有的实例和源程序均在 JDK 1.8 和 Eclipse 4.5 中运行通过。书中所有实例的源程序及其电子教案可以在清华大学出版社网站上免费下载使用。

由于编者水平有限，书中难免有许多缺点，敬请读者指正。

编 者

2017 年 3 月于广东工业大学

目　录

第 1 章　Java 基础 1
- 1.1 数据类型 1
  - 1.1.1 Java 的标记集 1
  - 1.1.2 基本数据类型的变量与声明 4
  - 1.1.3 变量范围 5
  - 1.1.4 数组类型 5
- 1.2 表达式 7
  - 1.2.1 算术运算 7
  - 1.2.2 关系运算 8
  - 1.2.3 布尔逻辑运算 9
  - 1.2.4 位运算 10
  - 1.2.5 赋值运算 12
  - 1.2.6 条件运算 13
  - 1.2.7 类型转换运算 13
  - 1.2.8 其他运算 14
- 1.3 控制流程 14
  - 1.3.1 if-else 流程 14
  - 1.3.2 switch 流程 16
  - 1.3.3 for 流程 17
  - 1.3.4 增强的 for 流程 18
  - 1.3.5 while 流程 19
  - 1.3.6 do-while 流程 20
  - 1.3.7 break 语句 21
  - 1.3.8 continue 语句 22
  - 1.3.9 label 语句 23
  - 1.3.10 return 语句 24
- 1.4 注解 25
- 1.5 编译工具 26
- 1.6 平台环境 27
  - 1.6.1 PATH 和 CLASSPATH 27
  - 1.6.2 编译与运行 27

1.6.3 命令行参数 ·················· 27
　　1.6.4 集成开发环境 ················ 28
1.7 小结 ························ 29
习题 1 ·························· 29

第 2 章 面向对象结构 ··················· 32

2.1 类与对象 ······················ 32
　　2.1.1 类与对象的概念 ················ 32
　　2.1.2 类与对象的关系 ················ 33
2.2 类的定义 ······················ 33
　　2.2.1 类声明部分 ·················· 34
　　2.2.2 类体部分 ··················· 35
　　2.2.3 成员变量 ··················· 36
　　2.2.4 方法 ····················· 38
　　2.2.5 构造方法 ··················· 41
　　2.2.6 方法重载 ··················· 42
2.3 对象 ························ 44
　　2.3.1 对象的创建 ·················· 44
　　2.3.2 对象的使用 ·················· 45
　　2.3.3 对象的清除 ·················· 46
2.4 类的继承 ······················ 47
　　2.4.1 合成与继承 ·················· 47
　　2.4.2 方法重写 ··················· 48
　　2.4.3 构造方法继承 ················· 49
　　2.4.4 类继承示例 ·················· 49
2.5 嵌套类 ······················· 51
　　2.5.1 静态嵌套类 ·················· 52
　　2.5.2 内部类 ···················· 52
　　2.5.3 局部内部类 ·················· 53
　　2.5.4 匿名内部类 ·················· 54
2.6 抽象类与接口 ···················· 54
　　2.6.1 抽象类 ···················· 54
　　2.6.2 接口 ····················· 55
2.7 多态 ························ 60
　　2.7.1 抽象类与多态 ················· 61
　　2.7.2 接口与多态 ·················· 62
2.8 泛型 ························ 63
　　2.8.1 定义泛型类型 ················· 64
　　2.8.2 限界类型参数 ················· 66

	2.8.3	通配符 ···	66
	2.8.4	类型擦除 ···	67

- 2.9 枚举 ·· 67
- 2.10 基本类型的类封装 ·· 68
- 2.11 包与版本识别 ·· 69
  - 2.11.1 包 ·· 69
  - 2.11.2 版本识别 ··· 71
- 2.12 小结 ··· 71
- 习题 2 ·· 71

第 3 章 lambda 表达式及其应用 ·· 73

- 3.1 lambda 表达式简介 ·· 73
- 3.2 lambda 表达式应用 ·· 74
- 3.3 方法引用 ··· 77
- 3.4 小结 ·· 81
- 习题 3 ·· 81

第 4 章 常用实用类 ··· 82

- 4.1 数学类 ·· 82
- 4.2 正则表达式支持类 ··· 83
  - 4.2.1 正则表达式基础 ·· 84
  - 4.2.2 正则表达式字符类 ·· 84
  - 4.2.3 预定义字符集 ··· 85
  - 4.2.4 量词 ··· 86
  - 4.2.5 边界匹配符 ·· 86
  - 4.2.6 Pattern 类 ·· 87
  - 4.2.7 Matcher 类 ·· 88
  - 4.2.8 PatternSyntaxException 类 ··· 89
- 4.3 字符串类 ··· 89
  - 4.3.1 String 类 ·· 90
  - 4.3.2 String 类和正则表达式 ··· 90
  - 4.3.3 StringBuilder 类 ··· 91
- 4.4 日期时间类 ··· 93
  - 4.4.1 Date ··· 93
  - 4.4.2 Calendar ·· 94
  - 4.4.3 GregorianCalendar ·· 95
- 4.5 小结 ·· 95
- 习题 4 ·· 95

第 5 章 增强性能类 ... 97

5.1 异常处理 ... 97
5.1.1 异常 ... 97
5.1.2 捕获与声明的要求 ... 99
5.1.3 处理异常 ... 99
5.1.4 新形式的 try 块语句 ... 104
5.1.5 抛出异常 ... 105
5.1.6 创建自己的 Exception 类 ... 106

5.2 并发 ... 108
5.2.1 线程 ... 109
5.2.2 同步与锁定 ... 115

5.3 反射 ... 121
5.3.1 Class 类 ... 121
5.3.2 检查类信息 ... 122

5.4 小结 ... 123
习题 5 ... 123

第 6 章 输入输出流 ... 125

6.1 文件访问 ... 125
6.1.1 File 类 ... 125
6.1.2 RandomAccessFile 类 ... 127

6.2 字节流 ... 129
6.2.1 InputStream 及其子类 ... 129
6.2.2 OutputStream 及其子类 ... 132
6.2.3 文件字节流 ... 134
6.2.4 管道流 ... 135
6.2.5 数据流 ... 136
6.2.6 字节缓冲流 ... 139
6.2.7 字节打印流 ... 140
6.2.8 字节数组流 ... 142
6.2.9 对象流 ... 143

6.3 字符流 ... 145
6.3.1 Reader 类及其子类 ... 145
6.3.2 Writer 类及其子类 ... 146
6.3.3 字符缓冲流 ... 146
6.3.4 转换流 ... 147
6.3.5 字符打印流 ... 149

6.4 新 I/O ... 149

		6.4.1 Buffer 类	149
		6.4.2 Channel 接口	150
	6.5	扫描输入与格式化输出	150
		6.5.1 Scanner 类	150
		6.5.2 Formatter 类	151
	6.6	小结	152
	习题 6		152

第 7 章 收集与数据结构应用 ················ 154

7.1	收集的概念	154
7.2	Collection 接口	155
7.3	Set	156
	7.3.1 Set 的实现	156
	7.3.2 Set 的数学应用	157
7.4	List	158
	7.4.1 List 的实现	159
	7.4.2 List 的数据结构应用	162
7.5	Queue	163
	7.5.1 Queue 的实现	163
	7.5.2 Queue 的数据结构应用	164
7.6	Map	165
	7.6.1 Map 的实现	166
	7.6.2 Map 的数学应用	168
7.7	SortedSet	169
7.8	SortedMap	171
7.9	Collections 类	173
	7.9.1 静态方法	173
	7.9.2 包装器	174
	7.9.3 方便实现	175
	7.9.4 Collections 类的数据结构应用	175
7.10	抽象实现	176
7.11	小结	177
习题 7		177

第 8 章 小程序及多媒体应用 ················ 178

8.1	小应用程序	178
	8.1.1 四个重要方法	178
	8.1.2 绘制方法	181
	8.1.3 事件处理方法	181

		8.1.4 加入 java.awt 的方法	182
		8.1.5 showStatus()方法	182
		8.1.6 装入数据文件	182
		8.1.7 使浏览器显示文档	183
		8.1.8 查找同一页中运行的其他小程序	183
		8.1.9 小应用程序的其他事项	183
	8.2	2D 图形	184
		8.2.1 Graphics 类	184
		8.2.2 绘制基本图形	187
	8.3	字体与颜色	191
		8.3.1 字体	191
		8.3.2 颜色	192
	8.4	图像	194
		8.4.1 装载图像	194
		8.4.2 显示图像	195
		8.4.3 复制图像	197
	8.5	声音	197
	8.6	动画	200
		8.6.1 简单的多线程动画	201
		8.6.2 改进动画效果的方法	202
		8.6.3 增加控制组件	204
		8.6.4 较完善的动画程序	204
	8.7	小结	207
	习题 8		207
第 9 章	图形用户界面及桌面应用		208
	9.1	AWT	208
		9.1.1 GUI 组件类	208
		9.1.2 布局管理器	218
		9.1.3 事件处理	221
	9.2	Swing	225
		9.2.1 Swing 组件	226
		9.2.2 Swing 并发性	235
		9.2.3 事件监听	235
		9.2.4 容器组件布局	241
		9.2.5 修改视感	241
		9.2.6 Swing 数据传送机制	242
		9.2.7 拖和放	243
		9.2.8 剪切、复制、粘贴	244

9.3 JavaFX ··· 244
　　9.3.1 JavaFX 基础 ··· 244
　　9.3.2 JavaFX 的控件 ··· 246
　　9.3.3 JavaFX 的事件 ··· 247
9.4 小结 ··· 249
习题 9 ··· 249

第 10 章 JDBC 与数据库应用 ·· 251

10.1 数据库的相关概念 ·· 251
　　10.1.1 基本概念 ·· 251
　　10.1.2 SQL ··· 252
10.2 JDBC 概述 ·· 254
　　10.2.1 JDBC 结构 ·· 254
　　10.2.2 JDBC 的常用接口和类 ·· 255
10.3 JDBC 访问数据库 ·· 256
　　10.3.1 与数据库建立连接 ·· 257
　　10.3.2 基本的数据访问 ·· 258
　　10.3.3 元数据 ·· 266
　　10.3.4 PreparedStatement ·· 270
10.4 连接 ··· 274
10.5 事务 ··· 275
　　10.5.1 自动提交方式 ··· 276
　　10.5.2 事务隔离级别 ··· 276
　　10.5.3 保存点 ·· 278
10.6 存储过程 ·· 278
　　10.6.1 创建 CallableStatement 对象 ·· 279
　　10.6.2 设置参数 ·· 279
　　10.6.3 存储过程的访问 ·· 280
10.7 JDBC 应用设计 ·· 282
10.8 用 Applet 访问数据库 ··· 282
10.9 小结 ·· 285
习题 10 ··· 285

第 11 章 网络与 Web 服务应用 ·· 286

11.1 Java 对网络通信的支持 ·· 286
11.2 URL 应用 ·· 287
　　11.2.1 URL 地址格式 ··· 287
　　11.2.2 创建 URL 对象 ·· 288
　　11.2.3 URL 类的方法 ··· 289

	11.2.4	读入 URL 资源	290
	11.2.5	连接 URL	291
	11.2.6	写入 URLConnection	291
11.3	Socket 应用		292
	11.3.1	Socket 原理	292
	11.3.2	读写 Socket	293
	11.3.3	读写 ServerSocket	293
	11.3.4	Socket 应用完整示例	295
11.4	Datagram 应用		297
	11.4.1	Datagram 原理	297
	11.4.2	编写 Datagram 服务器	298
	11.4.3	编写 Datagram 客户端	299
	11.4.4	Datagram 应用完整示例	300
11.5	小结		302
习题 11			302

第 12 章 JavaBeans 及组件应用 … 304

12.1	JavaBeans 概念		304
12.2	设计简单的 bean		304
	12.2.1	创建 bean	304
	12.2.2	使用 bean	305
12.3	属性		306
	12.3.1	简单属性	306
	12.3.2	索引属性	307
	12.3.3	关联属性	307
	12.3.4	约束属性	307
12.4	事件		308
12.5	持续		308
12.6	自省		310
12.7	BeanContext API		311
12.8	在 JSP 中使用 JavaBeans		312
	12.8.1	<jsp:useBean>	312
	12.8.2	<jsp:setProperty>	313
	12.8.3	<jsp:getProperty>	314
12.9	小结		314
习题 12			315

附录 … 316

参考文献 … 318

第 1 章　Java 基础

Java 语言的设计者采用 C 和 C++语言的语法格式来设计 Java 语言，目的是减轻大多数编程人员重新学习新语言的负担。但 Java 取消了不少 C 或 C++的特点，并加入了一些新的特性。例如，Java 取消了结构（structure）和联合（union）、宏替换(#define)、指针、多重继承、单独的函数（function）、goto 语句、操作符重载（operator overloading）、自动强制转型（automatic coercion）等，而采用接口代替头文件（header file），用常量（constants）代替宏替换，用类取代结构和联合，函数封装到类中，用接口实现多重继承，必须用明显的语句说明类型转换等。由此看来，无论原来有没有 C 语言的基础，都要仔细了解 Java 语言的语法规范。

本章将对 Java 的数据类型、表达式、控制流程、字符串以及开发环境等逐一进行详细介绍。这些内容是各种编程语言的基础，必须首先了解清楚。

1.1　数 据 类 型

数据类型是在高级语言中广泛使用的一个概念，表明这种语言中有什么数据结构，是构成编程语言极为重要的部分。

Java 语言的数据类型如下：

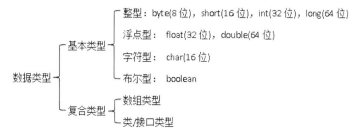

基本（primitive）类型是最简单的类型，不能由其他类型来构造。复合（complex）类型则是由基本类型构造而成的。本章介绍基本类型和数组类型，而把类与接口放到第 2 章。

在介绍基本类型之前先要谈谈 Java 的标记（token）集，也称为 Java 的词法，这是 Java 编译的基本单元。

注意：Java 语言的代码从 8 位 ASCII 码扩充到 16 位 Unicode，以支持非拉丁语言的字符。

1.1.1　Java 的标记集

Java 的标记共有 5 种：标识符（identifier）、关键字（keyword）、字面量（literal）、运

算符（operator）和分隔符（separator）。Java 程序就用这 5 类标记来编写，再加上不属于标记集的注释（comment）。

1. 标识符

标识符是赋给变量、类和方法的词，Java 的标识符必须是由字母、下画线"_"及美元符号"$"开头的字符数字串，可以包括数字（0~9）、字母（大小写 A~Z）以及编码小于十六进制数 00C0 的 Unicode 字符。

以下是合法的标识符：

x、y、HelloWorld、text_1 等（建议不用"_"开头，不使用"$"符号，不使用全部为大写字母的标识符）。

以下则是不合法的标识符：

5days、book-2、room# 等（用关键字作标识符也不合法）。

2. 关键字

关键字是 Java 语言本身使用的特殊词，不能作为标识符赋给变量、类和方法。表 1-1 列出了 Java 使用的关键字，其中，带*号者保留未用，带**者是 1.2 版加入的，带***者是 1.4 版加入的，带****者是 5.0 版加入的。

表 1-1　Java 关键字

abstract	continue	for	new	switch
assert***	default	goto*	package	synchronized
boolean	do	if	private	this
break	double	implements	protected	throw
byte	else	import	public	throws
case	enum****	instanceof	return	transient
catch	extends	int	short	try
char	final	interface	static	void
class	finally	long	strictfp**	volatile
const*	float	native	super	while

3. 字面量

字面量表示 Java 语言中数与字符的明显值，即常量。由于从字面即可判定它们是哪一类的常量，所以称为字面量，共有 5 种：数的字面量分为整数字面量和浮点数字面量；布尔字面量用于表示数的布尔值；字符字面量是单个的 Unicode 字符，串字面量则有多个字符。

（1）整数字面量通常有十进制、十六进制和八进制格式。十进制就是常见的数字，如 63、100、82986 等；十六进制以 0x（或 0X）开头，如 0x10、0x5AF7 等；八进制以 0 开头，如 02、077 等。整数字面量通常表示 32 位二进制数范围内的数，若上述字面量后加字母 l 或 L，则表示 64 位。

（2）浮点数字面量用于表示带小数部分的十进制数，如 4.、.3、70.16、5.29E8、1.7e-19（后两个是科学记数法表示）。浮点数的单精度（single precision）占 32 位存储空间，字母 f 或 F 跟在数后（不加字母会默认为是双精度的）；双精度（double precision）占 64 位存储空间，d 或 D 跟在数后面，如 5.29E8F、1.7e-19D。

（3）布尔字面量有 true 和 false 两种，代表逻辑真和假，不能用数字 1 和 0 来代替，这是 Java 与 C 的又一区别。

（4）字符字面量用单引号' '对包含，可以取 Unicode 的任何单个字符，如'a'、'B'等；再用反斜线序列支持转义字符，如'\n'等。常用的反斜线序列如表 1-2 所示。

表 1-2 常用的反斜线序列

序列	描述	序列	描述
\	继续下行	\\	反斜线
\n	换行	\'	单引号
\t	横向跳格	\"	双引号
\b	退格	\ddd	3 位八进制数
\r	回车	\xdd	2 位十六进制数
\f	走纸	\udddd	Unicode 字符

（5）串字面量是用双引号" "对包括起来的任意数量的字符。在 Java 中，串是用 String 类实现的，每个串字面量都是 String 类的一个新实例。以下是一些串字面量：""（空串）、"A"、"\""、"This is a class."、"One line\nTwo line"等。

4. 运算符

Java 语言用一些符号表示一些基本运算形式，这些符号叫运算符或操作符。表 1-3 按运算优先级从高到低列出了所有运算符。

表 1-3 运算符

运算类型	运算符号
后缀(postfix)运算	. [] () expr++ expr—
一元(unary)运算	++expr —expr +expr —expr ! ~
建立(creation)或转型(cast)	new (type)expr
乘(multiplicative)	* / %
加(additive)	+ —
移位(shift)	<< >> >>>
关系(relational)	< > <= >= instanceof
相等(equality)	== !=
按位与(bitwise AND)	&
按位异或(bitwise exclusive OR)	^
按位或(bitwise inclusive OR)	|
逻辑与(logical AND)	&&
逻辑或(logical OR)	||
条件(conditional)	?:
赋值(assignment)	= op=

5. 分隔符

分隔符用于告诉编译器代码从哪里分开和组合，常用的有()、{}、;、,等。

6. 注释

Java 有三种注释格式。

（1）/* … */ 用于多行注释；

（2）// …用于单行注释，到行尾自动终止；

（3）/** … */用于自动文档产生器 javadoc 产生注释文档，它必须位于声明（declaration）部分之前。

1.1.2 基本数据类型的变量与声明

变量用于表示 Java 在内存中存储的一个数据，它用带有类型的标识符表示，需要用声明语句来建立：

```
type identifier [,identifier];
```

该语句告诉编译器建立名为 identifier、类型为 type 的一个变量。若声明多个同类的变量，则用逗号隔开，最后用分号结束。声明了变量之后就可以赋值给它，并可以操作，Java 允许在声明变量时对变量赋初值：

```
type identifier=value;
```

下面分别介绍 4 种基本类型变量的声明。

1. 整型变量

整型变量有 4 种，分别是 8 位的 byte 类、16 位的 short 类、32 位的 int 类和 64 位的 long 类。全部是有符号数（其中 byte 的范围是-256～255，即最高位也可以用于表示正数）。其声明为

```
byte op1;
short op2=2;
int op3;
long op4=4;
```

2. 浮点型变量

浮点型变量有 float 型和 double 型两种，前者是 32 位单精度浮点数，后者是 64 位双精度浮点数。其声明为

```
float op1;
double op2=0.5;
```

如果对 float 型数据赋初值，必须在初值后加 f（或 F），如：

```
float op1=30.0f;
```

而在 double 型数据后可不加 d 或 D，因为 Java 默认把浮点数定义为 double 型。

3. 字符型变量

Java 的字符类型变量 char 是 16 位无符号整数，用于表示 16 位的 Unicode。字符变量只存储单个字符，其声明为

```
char op1;
char op2='A',op3='\n';
```

4. 布尔型变量

布尔型变量 boolean 可取逻辑真和假两种值,但不代表数字 1 或 0,其声明为:

```
boolean op1;
boolean op2=false,op3=true;
```

1.1.3 变量范围

变量声明之后,它的作用范围(scope)就确定了:从变量声明的位置开始到它所在的代码块(block)结束之处。所谓块,就是由花括号对{}包含的一段代码。举例如下:

```
class myApp {
  public static void main(String args[]) {
    int x;
    ...
  }
  public void mymethod() {
    char y;
    ...
  }
}
```

整数变量 x 的作用范围在 main()方法中,不能用在 mymethod()方法中;而字符变量 y 只能用于 mymethod()中,不能用于 main()中。

如果在一个大范围内嵌套了一个小范围,而两个范围的某个变量同名,当程序进入小范围时,大范围的同名变量会被隐藏不用,直到退出小范围才恢复使用。因此,在定义变量名时要注意。

1.1.4 数组类型

数组是 Java 的一种复合类型,是由同类型的对象组成的,这些对象可由索引(indexing)来引用。数组中的对象也可以是数组,即数组的嵌套,但并不像 C++那样称为多维数组。声明数组用方括号对[]加在标识符后(或类型后),如:

```
int A[]; 或 int[] A;
char B[][];
float C[][][];
```

可以用{}赋初值,如:

```
int op1[]={1,2,3};
char[] op2={'a', 'b', 'c', 'd'};
```

但这种赋值不能用于非声明的场合。

注意:声明数组时不能像 C++那样在方括号内加数字表示数组长度,而必须用 new 运算来分配。如:

```
int op3[][]=new int[5][3];
```

可以只声明长度 5，另一长度由程序来分配，如：

```
int op3[][]=new int[5][];
```

Java 语言会严格检查下标变量，如：

```
int a[]=new int[10];
```

则 a[5]=1; 和 a[1]=a[0]+a[2]; 都是合法的，但 a[-1]=4; 和 a[10]=2; 则出错。

数组的长度可以用.length 来取得，如：

```
int a[][]=new int[10][3];
```

println(a.length); 将会打印 10，而 println(a[0].length); 将会打印 3。

其中，length 是类 Array 的一个实例变量，所有的数组都是 Array 的子类，而 Array 是 Java 的最高类 Object 的直接子类。

下面是一个应用数组的例子，这个程序首先定义一个二维的 4×4 的整型矩阵 m，其中对角线上元素初始化为 1，其他的元素为 0。

【例 1.1】 定义矩阵。

```java
class MyArray {
/**
 * @param args
 */
  public static void main(String[] args) {
      // TODO Auto-generated method stub
    int m[][];
    m = new int[4][4];
    m[0][0] = 1;
    m[1][1] = 1;
    m[2][2] = 1;
    m[3][3] = 1;
    System.out.println(m[0][0]+" "+ m[0][1]+" "+ m[0][2]+" "+ m[0][3]);
    System.out.println(m[1][0]+" "+ m[1][1]+" "+ m[1][2]+" "+ m[1][3]);
    System.out.println(m[2][0]+" "+ m[2][1]+" "+ m[2][2]+" "+ m[2][3]);
    System.out.println(m[3][0]+" "+ m[3][1]+" "+ m[3][2]+" "+ m[3][3]);
  }
}
```

程序用开发工具 Eclipse 运行的结果如图 1-1 所示。

```
Console
<terminated> MyArray [Java Application]
1 0 0 0
0 1 0 0
0 0 1 0
0 0 0 1
```

图 1-1 例 1.1 的运行结果

1.2 表　达　式

Java 的表达式由标识符、关键字、字面量、运算符、分隔符以及变量等元素构成，对这些元素执行运算并返回某个值。表达式可用于对变量赋值，也可以作为程序控制的条件。

表达式进行的运算取决于构成的各种元素的类型，以及运算的优先顺序，按先高后低，先左后右的规则进行，加了括号()的部分首先计算。

表达式的运算按运算符的功能来分类，可以分为算术运算（+、-、*、/、%、++、--）、关系运算（>、<、>=、<=、==、!=）、布尔逻辑运算（!、&&、||）、位运算（>>、<<、>>>、&、|、^、~）、赋值运算（=、op=）、条件运算（?:）、强制类型转换(type)expr 和其他运算，下面介绍常用的运算。

1.2.1 算术运算

算术运算对整型和浮点型数据进行操作，分为一元运算和二元（binary）运算两种，分别见表 1-4 和表 1-5。

表 1-4　一元运算

一元运算	用法	描述
+	+op	正值
-	-op	负值
++	++op，op++	加 1
--	--op，op--	减 1

表 1-5　二元运算

二元运算	用法	描述
+	op1+op2	加
-	op1-op2	减
*	op1*op2	乘
/	op1/op2	除
%	op1%op2	求模（取余）

其中，++op 是先令操作数 op 加 1，再求表达式的值，所以 y=++x 的值是 x+1。相反，op++是先求表达式的值，再令 op 加 1，所以 y=x++的值为 x。--op 和 op--也是如此。

例 1.2 是一元运算的用法。

【例 1.2】 一元运算示例。

```
class Uanry {
    /**
     * @param args
     */
    public static void main(String[] args) {
        // TODO Auto-generated method stub
        int op=2;
```

```
        System.out.println((-op)+"\t"+(+op));
        System.out.println((op++)+"\t"+(++op));
        System.out.println((op--)+"\t"+(--op));
    }
}
```

程序的运行结果如图 1-2 所示。

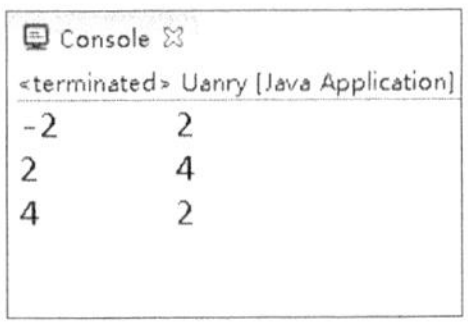

```
Console
<terminated> Uanry [Java Application]
-2      2
2       4
4       2
```

图 1-2 例 1.2 的运行结果

可以分析运算结果，比较 op++/++op 与 op—/—op 的区别。

二元运算的用法如表 1-5 所示。其中，加法可以对串进行连接，如"ab"+"cd"得"abcd"；浮点数求模的值仍是浮点数，如 27.5%10=7.5。

【例 1.3】 二元运算示例。

```
class Binary {
/**
 * @param args
 */
public static void main(String[] args) {
    // TODO Auto-generated method stub
    float op1=30.0f,op2=27.0f;
    System.out.println(op1+"+"+op2+"="+(op1+op2));
    System.out.println(op1+"-"+op2+"="+(op1-op2));
    System.out.println(op1+"*"+op2+"="+(op1*op2));
    System.out.println(op1+"/"+op2+"="+(op1/op2));
    System.out.println(op1+"%"+op2+"="+(op1%op2));
  }
}
```

程序的运行结果如图 1-3 所示。

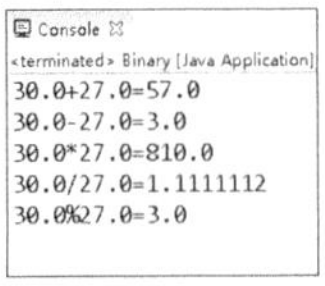

```
Console
<terminated> Binary [Java Application]
30.0+27.0=57.0
30.0-27.0=3.0
30.0*27.0=810.0
30.0/27.0=1.1111112
30.0%27.0=3.0
```

图 1-3 例 1.3 的运行结果

1.2.2 关系运算

关系运算是两个操作数的比较，主要用于整型和浮点型数据，运算结果是一个布尔型值 true 或 false（而不是数字 1 或 0），可用于逻辑判断，如表 1-6 所示。

表 1-6 关系运算

关系运算	用法	描述
<	op1<op2	小于
>	op1>op2	大于
<=	op1<=op2	小于等于
>=	op1>=op2	大于等于
==	op1==op2	相等
!=	op1!=op2	不等

后两种运算可对基本类型和复合类型的各种数据进行比较。例 1.4 是关系运算的用法。

【例 1.4】 关系运算示例。

```java
class Relation {
/**
 * @param args
 */
public static void main(String[] args) {
    // TODO Auto-generated method stub
    int op1=10,op2=20;
    System.out.println(op1+"<"+op2+":"+(op1<op2));
    System.out.println(op1+">"+op2+":"+(op1>op2));
    System.out.println(op1+"=="+op2+":"+(op1==op2));
    System.out.println(op1+"!="+op2+":"+(op1!=op2));
    }
}
```

程序的运行结果如图 1-4 所示。

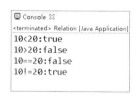

图 1-4 例 1.4 的运行结果

1.2.3 布尔逻辑运算

布尔逻辑运算包括逻辑非（logical negation）(!)、逻辑与(&&)、逻辑或(||)三种，用于对布尔型数据进行运算，运算结果见表 1-7。

表 1-7 布尔逻辑运算

op1	op2	!op1	op1&&op2	op1||op2
true	true	false	true	true
true	false	false	false	true

续表

op1	op2	!op1	op1&&op2	op1||op2
false	true	true	false	true
false	false	true	false	false

对&&运算，若左边表达式为 false，则全式为 false，不必再对右边运算；对||运算，若左边表达式为 true，则全式为 true，不必再对右边运算。

例 1.5 说明逻辑运算的用法。

【例 1.5】 逻辑运算示例。

```java
class LogicOp {
/**
 * @param args
 */
public static void main(String[] args) {
  // TODO Auto-generated method stub
  boolean op1=true,op2=false;
  System.out.println("!"+op1+":"+(!op1));
  System.out.println(op1+"&&"+op2+":"+(op1&&op2));
  System.out.println(op1+"||"+op2+":"+(op1||op2));
 }
}
```

程序的运行结果如图 1-5 所示。

图 1-5　例 1.5 的运行结果

1.2.4　位运算

位运算注意用于对整型数据进行二进制位的操作，见表 1-8。

表 1-8　位运算

位运算	用法	描述
~	~op1	按位取反
&	op1&op2	按位与
|	op1|op2	按位或
^	op1^op2	按位异或
<<	op1<<op2	op1 左移 op2 位
>>	op1>>op2	op1 右移 op2 位
>>>	op1>>>op2	op1 无符号右移 op2 位

注意>>与>>>的区别：>>是带符号数的右移，最高位为 1 则前面补 1，为 0 则前面补

0，如 10000000 右移两位变成 11100000；>>>则是不带符号数的右移，前面一律补 0，如 10000000 无符号右移两位变为 00100000。

由于 Java 加入了布尔型数据，所以&、|、^运算对布尔型数据变为逻辑与、逻辑或和逻辑异或运算，其运算结果如表 1-9 所示。

表 1-9 布尔型数据位运算

op1	op2	op1&op2	op1|op2	op1^op2
true	true	true	true	false
true	false	false	true	true
false	true	false	true	true
false	false	false	false	false

从表 1-9 可见，&与&&的运算结果一样，|与||也一样。不同之处在于：即使 & 的左边为 false，Java 仍要对&的右边运算，再求两边结果；同样，即使 | 的左边为 true，Java 仍要对|的右边运算，再求两边结果。

例 1.6 是位运算的用法。

【例 1.6】 位运算示例。

```java
class BitwiseOp {
 /**
  * @param args
  */
  public static void main(String[] args) {
    // TODO Auto-generated method stub
    byte op1=60,op2=2;
    System.out.println("~"+op1+":"+(~op1));
    System.out.println(op1+"&"+op2+":"+(op1&op2));
    System.out.println(op1+"|"+op2+":"+(op1|op2));
    System.out.println(op1+"^"+op2+":"+(op1^op2));
    System.out.println(op1+"<<"+op2+":"+(op1<<op2));
    System.out.println(op1+">>"+op2+":"+(op1>>op2));
    System.out.println(op1+">>>"+op2+":"+(op1>>>op2));
  }
}
```

程序的运行结果如图 1-6 所示。

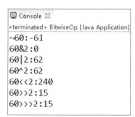

图 1-6 例 1.6 的运行结果

60 的二进制位为 00111100，按位取反变为 11000011（−61），左移两位变为 11110000（byte 类的 240），其他结果请自行分析。

1.2.5 赋值运算

赋值运算是把右边的表达式的值赋给左边的变量，运算顺序从右向左。如 a=b=c=5，是把 5 赋给 c，再把 c 赋给 b，最后 b 赋给 a。注意左边变量的位数要足够多，以装入右边的值。

若在"="号前加其他二元运算符 op，构成 op=，称为组合（combination）赋值运算。实际上是 a = a op b 简写为 a op= b，见表 1-10。

表 1-10 组合赋值

组合赋值	用法	描述
+=	op1+=op2	op1=op1+op2
−=	op1−=op2	op1=op1−op2
*=	op1*=op2	op1=op1*op2
/=	op1/=op2	op1=op1/op2
%=	op1%=op2	op1=op1%op2
&=	op1&=op2	op1=op1&op2
|=	op1|=op2	op1=op1|op2
^=	op1^=op2	op1=op1^op2
<<=	op1<<=op2	op1=op1<<op2
>>=	op1>>=op2	op1=op1>>op2
>>>=	op1>>>=op2	op1=op1>>>op2

【例 1.7】 赋值运算示例。

```java
class AssignOp {
    /**
     * @param args
     */
    public static void main(String[] args) {
        // TODO Auto-generated method stub
        boolean op1=true,op2=false;
        System.out.println(op1+"&="+op2+":"+(op1&op2));
        System.out.println(op1+"|="+op2+":"+(op1|op2));
        System.out.println(op1+"^="+op2+":"+(op1^op2));
    }
}
```

程序的运行结果如图 1-7 所示。

```
Console
<terminated> AssignOp [Java Application]
true&=false:false
true|=false:true
true^=false:true
```

图 1-7 例 1.7 的运行结果

1.2.6 条件运算

条件运算(?:)是一个三元(ternary)运算符,格式为

```
expression ? statement1 : statement2
```

表达式 expression 的布尔值为真时执行 statement1,为假时执行 statement2,statement1 和 statement2 的数据类型要一致。例 1.8 说明条件运算的用法。

【例 1.8】 条件运算示例。

```java
class TernaryOp {
    /**
     * @param args
     */
    public static void main(String[] args) {
        // TODO Auto-generated method stub
        boolean op1=true,op2=false;
        int op3=0,op4=0;
        op3=op1 ? (op3=10) : (op4=10);
        System.out.print(op3+"\t"+op4+"\n");
        op4=op2 ? (op3=20) : (op4=20);
        System.out.print(op3+"\t"+op4+"\n");
    }
}
```

程序的运行结果如图 1-8 所示。

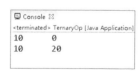

图 1-8　例 1.8 的运行结果

第一句条件运算 op1 为真,op3 取 op3=10 的值,op4 不变。
第二句条件运算 op2 为假,op4 取 op4=20 的值,op3 不变。

1.2.7 类型转换运算

Java 是不允许自动类型转换的,若想把某种类型的数据转换为另一种类型的数据,必须用类型转换运算来实现。转换格式为:(类型)数据。例如:

```
int a;
char b='0';
a=(int)b;
b=(char)a;
```

位数少的数据转换为位数多的数据不会造成信息丢失,而位数多的向位数少的数据转

换则会丢失信息或精度下降，故尽量不用。以下是不会丢失信息的转换。

```
byte  →  short, char, int, long, float, double
short →  int, long, float, double
char  →  int, long, float, double
int   →  long, float, double
long  →  float, double
```

1.2.8 其他运算

Java 的其他运算如实例运算 instanceof、分量运算、方法调用()、内存分配运算 new 等将在以后各章陆续介绍。

1.3 控制流程

Java 的控制流程（control flow）用于使程序按正确的顺序逐步进行，为程序提供了运行方向。有了控制流程的方法，程序就可以进行选择、重复等动作。Java 控制流程的方法包括如下 4 类。

（1）选择类（decision making）：if-else、switch。
（2）循环类（loop）：for、while、do-while。
（3）异常处理类（exceptions）：try-catch-throw。
（4）杂类（miscellaneous）：break、continue、label、return。

其中，异常处理类是 Java 语言特有的功能，将在 5.1 节专门讨论。

1.3.1 if-else 流程

if-else 流程是 Java 语言的基本控制方法，格式如下：

```
if (boolean-expr) statement1; [else statement2;]
```

根据表达式 boolean-expr 的布尔值选择执行，为真时执行 statement1 语句，为假时执行 statement2 语句（若无 else 部分，则不做任何事情）。例如：

```
if (a<b) a=b;
else b=a;
```

如果 statement1 或 statement2 不止一句，则要用花括号括起来，括号外面不用加分号。例如：

```
if (a<b) {
   a=b;
   b=0;
}
else {
   b=a;
   a=0;
```

}

if-else 流程允许嵌套，例如：

```
if (boolean-expr1) statement1
else if (boolean-expr2) statement2
else if (boolean-expr3) statement3
...
else statementN
```

如果 boolean-expr1 为假，则检查 boolean-expr2；若没有一个表达式真，则执行最后的 statementN。

注意：else 部分必须与 if 部分配对。如果不清楚 else 与哪个 if 配对，可用花括号表达清楚。例如：

```
if (a<0) if (a<b) a=b; else b=a;
```

这个嵌套的 if-else 流程只有一个 else 部分，很明显它会与第二个 if 配对。如果想让 else 与第一个 if 配对，必须改写为

```
if (a<0) {
   if (a<b) a=b;
}
else b=a;
```

例 1.9 说明 if-else 流程的使用方法。

【例 1.9】 if-else 流程示例。

```java
class IfelseOp {
    /**
     * @param args
     */
    public static void main(String[] args) {
        // TODO Auto-generated method stub
        int op1=11,op2=10;
        if (op1<op2)
        System.out.println(op1+"<"+op2);
        else if (op1==op2)
        System.out.println(op1+"="+op2);
        else
        System.out.println(op1+">"+op2);
    }
}
```

程序的运行结果如图 1-9 所示。

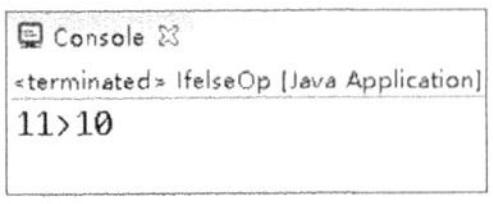

```
Console
<terminated> IfelseOp [Java Application]
11>10
```

图 1-9 例 1.9 的运行结果

1.3.2 switch 流程

switch 流程也是选择型的，适用于多于两种选择的情况，比用嵌套的 if-else 流程简单。其格式如下：

```
switch (expression) {
  case value1: statement1;
          break;
  case value2: statement2;
          break;
  ...
  case valueN: statementN;
          break;
  [default : statement;]
}
```

根据表达式 expression 的值选择执行哪一个 case 中的 statement，执行完后用 break 语句退出 switch。若表达式的值不与任何一个 case 的入口值 value 匹配，则执行 default 部分的 statement（若无 default 部分，则不做任何事）。

switch 的判断表达式不是布尔值，而是 char、byte、short、int 之一。各 case 的入口值 value 是常量，不是变量。

若各 case 中的 statement 后不加 break，程序会把某入口之后的语句全部执行。如从 case2 入口，会执行 statement2、statement3、……直到执行完 default 部分或遇到 break。所以，适当加入 break 可使程序及时退出 switch。

一个 caes 中有多个语句也不必用花括号括起来，case 中的语句也可以是 switch 语句，即 switch 流程允许嵌套。例 1.10 说明 switch 流程的用法。

【例 1.10】 switch 流程示例。

```java
class SwitchOp {
    /**
     * @param args
     */
    public static void main(String[] args) {
        // TODO Auto-generated method stub
        int op1=4;
        switch (op1) {
          case 1:
            System.out.println("op1=1");
            break;
```

```java
        case 2:
            System.out.println("op1=2");
            break;
        case 3:
            System.out.println("op1=3");
            break;
        default:
            System.out.println("op1>3");
        }
    }
}
```

程序的运行结果如图 1-10 所示。

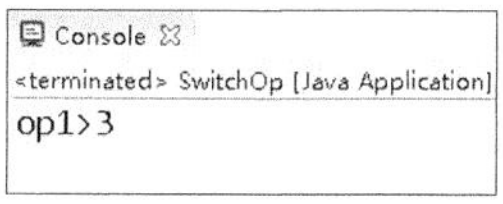

```
Console
<terminated> SwitchOp [Java Application]
op1>3
```

图 1-10 例 1.10 的运行结果

1.3.3 for 流程

for 流程是循环类流程，其作用是重复执行称为循环体（body）的一段程序。 由循环初始（initialization）、循环迭代（iteration）、循环结束（termination）三部分控制。其格式为

```
for (初始表达式; 结束判断; 迭代表达式) {
    循环体;
}
```

初始部分告诉程序从何时开始循环，结束部分告诉程序何时结束循环，迭代部分修改控制循环次数的变量，循环体是需要重复执行的部分。例如：

```
for (i=1; i<10; i++) {
    …;
}
```

注意：若循环体只有一句，则不用加花括号；若循环体是空语句，仍要保留分号。例如：

```
for (i=1; i<10; i++);
```

初始部分与迭代部分可以用逗号隔开多个语句，进行多个操作。可以在初始部分声明变量，用于 for 循环，例如：

```
for (int sum=0, i=1; i<10; i++, sum+=i) {
    …;
}
```

如果有其他方法确定循环开始、循环结束和循环迭代，则 for 中三部分可以省略，但分号仍要保留。例如：

```
int i=1;
for ( ; i<10; ) {
    ...
    i++;
}
```

for 流程是很有用的循环工具，常用于知道固定循环次数的场合。例 1.11 是 for 流程的用法。

【例 1.11】 for 流程示例。

```
class ForOp {
    /**
     * @param args
     */
    public static void main(String[] args) {
        // TODO Auto-generated method stub
        int i,j;
        for (i=1; i<10; i++) {
         for (j=1; j<10; j++)
            System.out.print("  "+i*j);
          System.out.print("\n");
        }
    }
}
```

程序的运行结果如图 1-11 所示。

```
Console
<terminated> ForOp [Java Application] D:\Java\bin\javaw.exe
  1   2   3   4   5   6   7   8   9
  2   4   6   8  10  12  14  16  18
  3   6   9  12  15  18  21  24  27
  4   8  12  16  20  24  28  32  36
  5  10  15  20  25  30  35  40  45
  6  12  18  24  30  36  42  48  54
  7  14  21  28  35  42  49  56  63
  8  16  24  32  40  48  56  64  72
  9  18  27  36  45  54  63  72  81
```

图 1-11 例 1.11 的运行结果

1.3.4 增强的 for 流程

对于数组类型和收集（collection）类，Java 新增了一种叫增强的 for 语句的语法，可以使 for 循环更紧凑和易读。在例 1.12 中，变量 i 从数组 a 中取出每一个当前值，然后打印输出。

【例 1.12】 增强的 for 流程示例。

```java
class EnhancedFor {
    /**
     * @param args
     */
    public static void main(String[] args) {
        // TODO Auto-generated method stub
        int[] a = {0,1,2,3,4,5,6,7,8,9};
        for (int i : a) { //增强的for语句
         System.out.println("This is: " + i);
        }
    }
}
```

程序的运行结果如图 1-12 所示。

```
This is: 0
This is: 1
This is: 2
This is: 3
This is: 4
This is: 5
This is: 6
This is: 7
This is: 8
This is: 9
```

图 1-12 例 1.12 的运行结果

1.3.5 while 流程

while 流程也属于循环类，常用于循环次数不固定的场合。其格式为

```
[初始化]
while (条件表达式) {
   循环体;
   [迭代部分];
}
```

程序首先判断条件表达式的布尔值，若为假，则不进入循环；若为真，则进入循环体。每循环一次都要再次判断条件表达式，直到表达式为假时才退出循环。例如：

```
i=0;
j=10;
while (i<j) {
   …;
   i++;
}
```

当 i<j 时进入循环，直到 i=j 退出。迭代部分 i++ 修改控制循环的变量，如果没有迭

部分，则进入循环后退不出来，即无限循环。所以要注意采取措施控制循环结束。例 1.13 说明 while 流程的用法。

【例 1.13】 while 流程示例。

```java
class WhileOp {
    /**
     * @param args
     */
    public static void main(String[] args) {
        // TODO Auto-generated method stub
        int i=0;
        while (i<10) {
          System.out.print(i+" ");
          i++;
        }
        System.out.print("\n");
    }
}
```

程序的运行结果如图 1-13 所示。

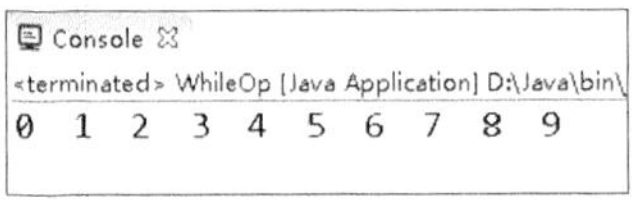

```
Console
<terminated> WhileOp [Java Application] D:\Java\bin\
0 1 2 3 4 5 6 7 8 9
```

图 1-13 例 1.13 的运行结果

1.3.6 do-while 流程

do-while 流程与 while 流程类似，两者的区别是：while 流程先判断条件表达式，再决定是否循环；而 do-while 流程先执行循环体一次，再根据条件表达式的判断结果决定是否继续循环。其格式为

```
[初始化]
do {
    循环体;
    [迭代部分];
} while (条件表达式);
```

进入 do 后，即使条件表达式为假，也执行循环体 1 次，然后再根据条件表达式的真假决定循环或退出。例如：

```
i=0;
do {
    …;
    i++;
} while (i<10);
```

注意：条件表达式后有分号。

只要 i<10 都执行循环体，同理，迭代部分可以没有。例 1.14 说明 do-while 流程的用法。

【例 1.14】 do-while 流程示例。

```java
class DowhileOp {
    /**
     * @param args
     */
    public static void main(String[] args) {
        // TODO Auto-generated method stub
        int i=0;
        do {
          System.out.print(i+" ");
          i++;
        } while (i<10);
        System.out.print("\n");
    }
}
```

程序的运行结果如图 1-14 所示。

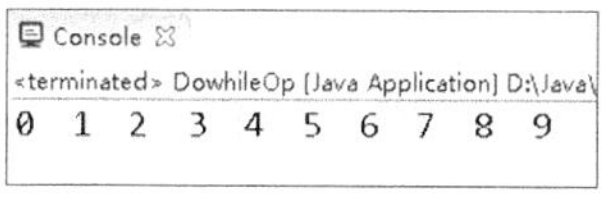

图 1-14 例 1.14 的运行结果

1.3.7 break 语句

在 switch 流程中已经见过 break 语句，除了用于退出 switch 流程外，break 还用于退出 for、while、do-while 等流程。其格式为

```
break [label];
```

其中 label（标号）是可选部分。如果没有 label 部分，break 只退出一层程序块，即一对花括号范围，例如：

```
while (i<10) {
   …;
   if (i==5) break;
   …;
}
```

当 i=5 时，退出 while 流程。

如果希望退出多层程序块，只需在某块前加一个标号，同时在 break 后面加上同一标号，就可以达到目的。这是 Java 对 break 功能的扩充，见后面 label 部分的说明。例 1.15

是 break 的用法。

【例 1.15】 break 语句示例。

```java
class BreakOp {
    /**
     * @param args
     */
    public static void main(String[] args) {
        // TODO Auto-generated method stub
        int i=0;
        while (i<10) {
          System.out.print(i+" ");
          i++;
          if (i==5) break;
        }
        System.out.print("\n");
    }
}
```

程序的运行结果如图 1-15 所示。

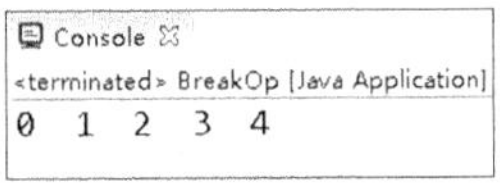

```
Console
<terminated> BreakOp [Java Application]
0  1  2  3  4
```

图 1-15 例 1.15 的运行结果

当 i=5 时，循环中断。

1.3.8 continue 语句

continue 语句用于提前结束本次循环，即使循环体中还有其他语句未执行也不再执行，转去判断循环条件表达式，以决定继续循环或退出。其格式为

```
continue [label];
```

同样，label 是可选部分。如果没有 label，则 continue 只结束一层循环，即所在的一对花括号范围内，例如：

```
for (i=0; i<10; i++) {
  …;
  if (i==5) continue;
  …;
}
```

当 i=5 时，不执行 continue 后面的语句，转入 i=6 的循环。

如果希望提前结束多层循环，就要采用加 label 的格式，详见 1.3.9 节 label 部分的说明。例 1.16 说明 continue 语句的用法。

【例 1.16】 continue 语句示例。

```java
class ContinueOp {
    /**
     * @param args
     */
    public static void main(String[] args) {
        // TODO Auto-generated method stub
        int i;
        for (i=0; i<10; i++) {
            if (i==5) continue;
            System.out.print(i+" ");
        }
        System.out.print("\n");
    }
}
```

程序的运行结果如图 1-16 所示。

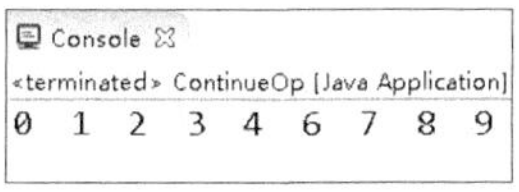

图 1-16 例 1.16 的运行结果

当 i=5 时，循环提前结束，没有输出。

1.3.9　label 语句

label 提供了控制多层循环的方法，可与 break 或 continue 配合使用。一般是在某个循环体前加上标号，在 break 或 continue 后使用该标号，从而控制循环。其格式为

```
label: statement
    …;
    break label（或continue label）;
```

为了保持程序的结构化特点，不要随意在非循环结构体语句前加标号，只限于加在循环结构前。例如：

```
outer: for (i=0; i<10; i++) {
    for (j=0; j<10; j++) {
        …;
        if (i>j) break outer;
        …;
    }
}
```

当 i>j 条件为真时，break 退出标有 outer 的 for 循环，即退出两层循环。同理，如果换

成"continue outer;",程序会提前结束两层 for 循环,转到标有 outer 的 for 循环进行下次循环。

由此可以看出,Java 利用 label 把 break 和 continue 的功能加以扩充,然后取消了 C++ 中的 goto 语句,从而使程序的结构化特性和可读性都得到改善。例 1.17 是 label 流程的用法。

【例 1.17】 label 语句示例。

```java
class LabelOp {
    /**
     * @param args
     */
    public static void main(String[] args) {
        // TODO Auto-generated method stub
        int i,j;
        outer:for (i=0; i<5; i++) {
            for (j=0; j<10; j++) {
                if (j==3) continue outer;
                System.out.print(j+"\t");
            }
        }
        System.out.print("\n");
    }
}
```

程序的运行结果如图 1-17 所示。

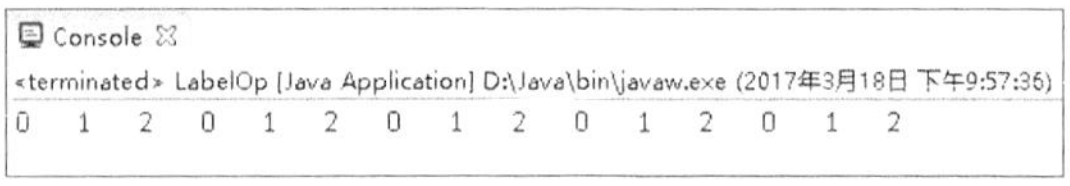

```
Console
<terminated> LabelOp [Java Application] D:\Java\bin\javaw.exe (2017年3月18日 下午9:57:36)
0  1  2  0  1  2  0  1  2  0  1  2  0  1  2
```

图 1-17 例 1.17 的运行结果

当 j=3 时,提前结束外层循环,进行下一次外循环。

1.3.10 return 语句

return 是指从方法中返回,用于有多个方法的 Java 程序。如果程序只有一个 main() 方法则不必采用 return。其格式为

```
return expression;
```

expression 是返回一个值给调用方法的地方,如果方法声明为 void 型,则不用返回任何值。

注意:返回值类型必须与方法声明的类型一致。例如:

```
int mymethod (int a) {
   …;
   return a;
```

}
```

这样，方法 mymethod 是整型的，返回值 a 也是整型的。

return 语句通常位于方法体的最后一句，如果配合 if-else 语句，则可以位于方法体中间。例如：

```
void method (int i) {
   …;
   if (i>10) return;
   …;
}
```

由于方法在第 2 章介绍，所以关于 return 的示例会出现在第 2 章。

1.4 注　　解

注解（annotation）提供程序信息，可以是给编译器的信息，也可以是编译时刻和部署时刻的处理，还可以是运行时刻的处理。注解是用@符号引导的标识，可以加在类、域、方法和其他元素前面。例如：

```
@Author(name="zhangsan") class Myclass {}    //说明类的作者
@Override void mymethod() {}                 //说明该方法是重写基类同名方法而不是重载
@SQLInteger Integer age;                     //说明该域遵循注解SQLInteger的约束
```

注解如果有"名字=值元素"就用圆括号括起来；值可以没有名字，多个值用逗号分隔；注解无元素可以不写括号。

上面三个注解除了第 2 个是 Java 语言自己作了声明以外，其他两个需要使用者定义。注解定义很像 Java 接口的定义，只是关键字 interface 前多一个@，例如：

```
@interface Author {
   String name();
}
```

该注解定义中的注解类型元素声明很像方法的声明，常用的注解元素可以是基本类型、字符串、类、枚举等，这些元素可以定义默认值。

除了@Override 外，Java 语言还定义了两个注解，分别是@SuppressWarnings 和@Deprecated。@SuppressWarnings 是告诉编译器忽略可能发生的警告；@Deprecated 标明一个元素已过期了，不要再用。

注解的高级应用是利用注解处理器读 Java 程序并根据注解来采取相应行动，JDK 6.0 的编译器就加入了注解处理工具 apt 的功能。如果希望注解信息在运行时刻有效，必须用元注解@Retention（RetentionPolicy.RUNTIME）来定义注解，例如：

```
import java.lang.annotation.*;
@Retention(RetentionPolicy.RUNTIME)
@interface SQLInteger {
```
```

    //为运行时刻处理给信息的元素
}

这样，上面的注解@SQLInteger 就可以在运行时刻使用了。

1.5 编译工具

Java 源程序需要编译成字节码（bytecode）文件，即.class 文件，然后由 Java 虚拟机（又叫解释器）运行。Oracle 公司免费提供了 JDK（Java Development Toolkit），目前的版本是 JDK 8，在 http://www.oracle.com/technetwork/java/javase/downloads/index.html 处下载。JDK 可以在多种操作系统上运行，如果希望在 Windows 平台运行，就选择 Windows 平台版，如 jdk-8u121-windows-i586.exe。下载后双击该文件进行安装，安装时自动生成如图 1-18 所示的 Java 目录，内有几个文件和几个子目录。

图 1-18 Java 目录

1. bin 子目录

此处包含 Java 编译器等工具和实用程序，例如：

（1）javac——Java 编译器，用于编译 Java 源程序，产生.class 文件；

（2）java——Java 解释器，运行.class 文件。

2. db 子目录

此处包含 Java DB、Sun Microsystems 的 Apache Derby 数据库技术分发。

3. include 子目录

此处包含 C 语言链接时所需要的头文件，支持使用 Java 本机界面、JVM 工具界面以及 Java 平台的其他功能进行本机代码编程的头文件。

4. jre 子目录

此处包含 Java 的运行时环境，包括 Java 虚拟机（JVM）、类库以及其他支持执行以 Java 编程语言编写的程序的文件。

5. lib 子目录

此处包含 JDK 附加库，有开发工具所需的其他类库和支持文件。

6. java 根目录文件

此处主要包含以下的文件或文件夹。

（1）COPYRIGHT：为版权声明；

（2）LICENSE：为 JDK 的许可证文件；

（3）README：为 JDK 功能介绍；

（4）src.zip：为组成 Java 核心 API 的所有类的 Java 编程语言源文件，即，java.*、javax.* 和某些 org.* 包的源文件，但不包括 com.sun.* 包的源文件；

（5）javafx-src.zip：为了获取 JavaFX 例子的 Zip 包，包中的例子应用程序提供了很多代码来演示如何使用 JavaFX。JavaFX 是 Java 的下一代 GUI 框架，从 JavaFX 2.2 以后，JavaFX 已经集成在 JRE 7 和 JDK 7 以及以后的 Java 版本中了。

1.6 平台环境

要运行 Java 程序，需要底层操作系统、虚拟机、类库和各种配置数据，构成平台环境。还可以安装其他公司推出的 Java 集成开发环境，如 Eclipse、NetBeans 等。

1.6.1 PATH 和 CLASSPATH

如果在 Windows 平台开发 Java，则需要设置环境变量。

由于 JDK 提供的 Java 编译器和 Java 解释器位于 Java 安装目录的\bin 文件夹下，为了能在任何目录中使用编译器和解释器，应设置环境变量 PATH 的值。假如 JDK 安装在 D:\jdk8 文件夹下，PATH 变量后应添加";D:\jdk8\bin"。

CLASSPATH 环境变量的作用是指定程序运行时类的搜索路径。JVM 就是通过 CLASSPATH 来寻找需要的.class 文件。CLASSPATH 的默认值是"."，表示当前目录，如果类在其他路径（如 D:\java\lib），要将该路径添加在 CLASSPATH 的"."之后，用分号隔开。

1.6.2 编译与运行

在命令提示符窗口输入编译命令和解释命令，例如，要运行例 1.1，则输入

```
javac MyArray.java
```

编译成功后会生成一个 MyArray.class 文件，这就是所谓的字节码。现在可以用 Java 解释器运行这个.class 文件（可以不输入 class 后缀）：

```
java MyArray
```

运行结果：

```
1 0 0 0
0 1 0 0
0 0 1 0
0 0 0 1
```

1.6.3 命令行参数

Java 语言支持命令行参数（command line argument），在用解释器执行应用程序时在命

令行输入一些参数给程序，使用户可以影响应用程序的操作。

Java 应用程序可以接受任何数量的命令行参数，它们跟在程序名后，用空格隔开，运行系统把命令行参数送到程序的 main() 方法的字符串数组 String[] args 中。例如，运行程序 Argu.java 加三个参数：

```
java Argu 1 2 3
```

那么，main() 的 args[0]=1，args[1]=2，args[2]=3。

1.6.4 集成开发环境

JDK 的不足之处是要在命令提示符窗口输入命令，而人们更希望使用集成开发工具，本书推荐使用 Eclipse。

1. Eclipse

Eclipse 是开放源代码的可扩展集成开发平台，可以很方便地开发 Java 软件。如果加入其他插件，它的功能会不断增加，也可作为 C++、PHP 等语言的开发工具。Eclipse 可以在 https://www.eclipse.org/downloads/packages/eclipse-ide-java-developers/neon2 处下载，如果是 Windows 操作系统，可选择图 1-19 圆角方框中相应的文件。下载之后无须安装，解压即可运行，但 Eclipse 使用之前应先安装好 JDK。有关 Eclipse 开发环境的使用有许多参考书，本章不再介绍。

图 1-19　Eclipse 下载页面

2. NetBeans

NetBeans 由 Sun 公司（2009 年被 Oracle 收购）在 2000 年创立，也是开源软件开发集成环境。它也是一个开放框架，可以通过扩展插件来扩展功能，可以用于 Java、C/C++、PHP 等语言的开发。

NetBeans 可以在 http://www.netbeans.org 处下载，包括开源的开发环境和应用平台，NetBeans IDE 可以使开发人员利用 Java 平台能够快速创建 Web、企业、桌面以及移动的应用程序，当前可以在 Solaris、Windows、Linux 和 Macintosh OS X 平台上进行开发使用。

1.7 小　　　结

本章介绍了 Java 的语言基础，可以看出它与 C++的区别。Java 语言的重点在其类结构，本章的内容为了解类结构奠定了基础。数据类型、表达式、控制流程是每种编程语言的基础部分；注解是 Java 新增的功能。本章最后介绍了 Java 的开发环境。

习　题　1

1. Java 的数据类型分几种？
2. Java 的标记是什么？共有多少种？
3. 如何构成标识符？
4. 什么叫关键字？
5. 下面哪些是 Java 语言中的关键字？
   A．sizeof　　　　　B．abstract　　　　C．NULL　　　　D．Native
6. 什么是字面量？共有多少种？
7. Java 有几种注释形式？
8. 什么是变量？
9. 变量的作用范围如何确定？
10. 下面哪个语句正确地声明了一个整型的二维数组？
    A．int a[][] = new int[][];　　　　　B．int a[10][10] = new int[][];
    C．int a[][] = new int[10][10];　　　D．int [][]a = new int[10][10];
    E．int []a[] = new int[10][10];
11. 表达式由什么构成？
12. 下面哪个语句是正确的？
    A．char='abc';　　B．long l=oxfff;　　C．float f=0.23;　　D．double=0.7E-3;
13. Java 常用的运算有哪些？
14. Java 的控制流程有几类？
15. 下面语句段的输出结果是什么？

    ```
    int i = 9;
    switch (i) {
    default:
    System.out.println("default");
    case 0:
    System.out.println("zero");
    break;
    case 1:
    System.out.println("one");
    case 2:
    System.out.println("two"); }
    ```

A．default B．default, zero
C．error，default clause not defined D．无输出

16．if-else 流程用于几种选择的场合？
17．switch 流程的 break 语句有什么作用？
18．for 流程用于何种循环场合？
19．while 流程与 do-while 流程有何区别？
20．break 和 continue 加了 label 后有什么作用？
21．下面哪些选项将是下述程序的输出？

```
public class Outer{
  public static void main(String args[]){
    Outer: for(int i=0; i<3; i++)
    inner:for(int j=0;j<3;j++){
      if(j>1) break;
      System.out.println(j+"and"+i);
    }
  }
}
```

A．0 and 0   B．0 and 1   C．0 and 2   D．0 and 3
E．2 and 2   F．2 and 1   G．2 and 0

22．return 流程用于何处？
23．产生三个随机整数 a、b、c，输出其最大值和最小值。
24．输入一个百分制成绩，输出该成绩所属的等级：
（0～59 为"fail"，60～79 为"pass"，80～89 为"good"，90～100 为"Excellent good"）
25．求 1～100 的所有质数及其累加和。
26．输出绝对值不大于 100 的随机整数，如果值为 50 时退出。
27．编写一个 Java 程序，判断某年是否是闰年。
28．用递归法求斐波那契数列，要求运行时由命令行参数输入该数列的长度（最大不得超过 10）。斐波那契数列是一个数据序列，其中每个位置上的数据的数值是固定的，可以通过其前面的数据求得。具体表达式为：

$$f(n) = \begin{cases} n, & n=0\text{或}1 \\ f(n-1)+f(n-2), & n>1 \end{cases}$$

29．编写一个程序，用一种排序算法对数组 a[]={20,10,50,40,30,70,60,80,90,100}进行从大到小排序。
30．找出一个二维数组的鞍点，即该位置的元素是其所在行也是其所在列的最大值（也可能没有鞍点）。
31．编写一个程序，对给定的二维数组 a[4][4]按先行后列的次序进行升序排列。
32．编写一个 Java 程序，打印如下形式的九九乘法表。

```
1
2  4
3  6  9
4  8  12  16
5  10  15  20  25
6  12  18  24  30  36
7  14  21  28  35  42  49
8  16  24  32  40  48  56  64
9  18  27  36  45  54  63  72  81
```

33．编写一个 Java 程序，输出杨辉三角形。

```
            1
          1   1
        1   2   1
      1   3   3   1
    1   4   6   4   1
  1   5  10  10   5   1
1   6  15  20  15   6   1
```

34．请利用双重循环编程输出下面的图案。

```
            *
          *   *
        *   *   *
      *   *   *   *   *
    *   *   *   *   *   *   *
      *   *   *   *   *
        *   *   *
          *   *
            *
```

第 2 章　面向对象结构

面向对象语言有 4 个重要特性：封装性（encapsulation）、继承性（inheritance）、多态性（polymorphism）和动态联编（dynamic binding）。Java 是比 C++更名副其实的面向对象编程语言，有了面向对象编程的基本概念，就更容易了解 Java 语言的特点。Java 不再支持独立于类之外的变量与函数，所有的变量与方法均封装在类中，表现出更彻底的封装性；Java 取消了 C++的多重继承，只支持单继承，这样可以降低程序的复杂程度，同时采用接口（interface）这种数据类型完成类似多重继承的任务；Java 采用方法重写（override）和重载（overload）来实现多态性，重写是修改原有的同名方法，重载则是根据传入的参数决定使用类中同名的不同方法；Java 的动态联编特性真正做到了在运行时才绑定所需要的对象，减少了重新编译等问题。

Java 是真正面向对象的编程语言，它把所有的过程代码封装在类中，不再支持面向过程编程的方法。任何 Java 程序的框架就是类或接口的声明，本章将介绍类与接口这两种数据类型以及有关概念。

2.1　类 与 对 象

类与对象是面向对象结构的基本概念。面向对象就是把现实世界的复杂事物抽象为一个个对象（object），大至航天飞机，小至螺丝钉，都可以称为对象。每个对象有自己特有的状态（state）和行为（behavior），如电灯泡，状态有亮或灭，功率多少，电压多少等；行为有开、关等。有共同状态和行为的许多对象称为一类（class），如白炽灯类、荧光灯类等。要改变某个对象的状态是通过发送消息（message）来实现的，如要灯变亮，必须按开关（发送开灯消息）；要灯熄灭，必须重按开关（发送关灯消息）。

2.1.1　类与对象的概念

对于程序设计来说，软件对象是现实世界对象的模拟。软件对象也有自己的状态和行为，状态用变量（variable）来表示，而行为用方法（method）来实现。因此，对象就是由数据（变量）和相关方法组成的软件包（software bundle），变量构成对象的核心，相关的方法把变量包围起来与外界隔离，称为封装。

不能直接访问封装后对象的内部数据，各对象间必须通过消息来通信。消息一般由三部分组成。

（1）发送目的地（接收消息的对象）；
（2）将要执行的方法名字；
（3）方法所需要的参数。

利用消息来通信，使不同机器、不同进程间的对象都可以相互作用，这个优点可以提高应用程序的功能。

有共同特点的软件对象可以抽象成为一类，类中定义各对象共有的变量和方法，称为原型（prototype）。由原型可以定义一个个具体的对象，称为实例（instance）。由类产生实例的过程充分体现了类的可复用性（reusability），正如灯具厂用一种灯具产品的蓝图可以生产出一个个同样的灯具一样。

2.1.2 类与对象的关系

类与对象之间既有区别又有联系：对象是类的实例，类是有公共特性的对象的抽象。对象封装了变量和方法，其封装性可以实现软件的模块化（modularity）和信息隐蔽（information hiding）等软件工程设计原则，而类的可复用性则大大简化了软件设计的劳动。

类的另外一个重要特性是继承性（inheritance）。若想创建一个新类，可以在继承原类的大部分属性的基础上，再增加一部分新属性。例如，原来的灯具是手动开关的，现在想改为遥控开关，不需要重新设计整个灯具，只需增加遥控部分就行了。用继承方法得到的新类称为原类的导出类（derived class）或称为子类（subclass），而原类对子类而言成为基类（base class）或叫超类（superclass）。子类继承超类的状态和方法，并且可以重写所继承的方法，使之增加新的用途。例如，新灯具继承了原灯具遥控开关的属性后，把"遥控"方法改写为"声控"，就可以得到用声音控制开关的新灯具产品了。

2.2 类 的 定 义

Java 语言最重要的数据类型就是类，它是最基本的面向对象单元，是用于定义一组对象共同具有的状态和行为的模板（template）。编写程序时先定义好类，再对类实例化产生对象。类的定义形式如下：

```
class declaration {
    class body
}
```

其中，class declaration 是类声明部分；class body 是类体部分，由一对花括号包括起来。

【例 2.1】 类定义示例。

```
class Bike{                              //类声明部分
    /**
     * @param args
     */
    public boolean isPublic=true;        //类体部分
    public float Charge(float h) {
        return 1*h;
    }
}
```

该程序定义了一个 Bike 类，第一句是类声明部分，注释后面是类体部分。下面分别介绍类声明部分和类体部分。

2.2.1 类声明部分

最简单的类声明仅有一个关键字 class 和一个类名，例如：

```
class Myapp {
    ...
}
```

一般的类声明有如下几个部分：

```
[modifiers] class ClassName [extends SuperClassName] [implements InterfaceNames]
```

其中方括号部分是可以省略的。

1. modifiers 部分

modifiers 是修饰符，可以设置为 abstract、final 或 public。

（1）若用 abstract 修饰 class，表明本类是抽象类，不能直接实例化为对象。抽象类中存在抽象方法（即未实现的方法），没有方法体，不能直接调用。这种类只能被子类继承，抽象方法由子类重写，并给出完整的方法体。其声明格式为

```
abstract class Myclass1 {
    ...
}
```

如果认为一个类的各子类会用不同方式实现本类的方法，就可以将本类定义为抽象类。

（2）若用 final 修饰 class，表明本类是最终类，不能再有子类，即不能再被继承。类中的方法不能再被重写，这样即可保证该类的唯一性。其声明格式为

```
final class Myclass2 {
    ...
}
```

如果认为一个类已经很完善，不需要再改变，就可以定义为最终类。

（3）若用 public 修饰 class，表明本类是公用类，可以被当前所属包（package）之外的其他类与对象调用，其声明格式为

```
public class Myclass3 {
    ...
}
```

public 修饰符一般位于 abstract 和 final 修饰符之前。在一个 Java 编译单元中可以有多个类，但只能有一个类声明为 public 类。

（4）若修饰符省略，则表示本类既不是 abstract，又不是 final，也不是 public，而是"友

好的",只能在当前的包中使用。

2. ClassName 部分

ClassName 是所声明的类名,必须是有效的 Java 标识符。

3. extends 部分

SuperClassName 是超类名,extends 表明本类是从超类 SuperClassName 中派生而来的子类。需要说明的是:

(1) Java 不支持多重继承,因此每个类只有一个超类。其声明格式为:

```
class Myclass1 extends Mysuperclass {
    ...
}
```

表明 Mysuperclass 类是 Myclass1 的超类。

(2) Java 的每个类必须有一个超类,若 extends 部分省略,则其隐含超类为 Object,它是 Java 类继承树(class hierarchy tree)中的最高类,所有的类都是 Object 的后继(descendent)。Object 中定义了所有对象必须具有的基本状态和行为,如两个对象比较,转换到一个串,条件变量等候,返回到类等。如果所声明的类如下:

```
class Myclass1 {
    ...
}
```

则意味着 Myclass1 为 Object 的子类,它继承了 Object 定义的状态和方法。

4. implements 部分

InterfaceNames 是多个接口名,implements 表明本类实现这些接口。需要说明的是:

(1) 若类声明的 implements 关键字后给出多个接口名,表明该类实现了所有这些接口,即这些接口中所描述的全部方法在本类中均得到了实现(接口的作用将在 2.6.2 节中详细介绍),其声明格式如下:

```
class Myclass2 implements Myinterface1, Myinterface2 {
    ...
}
```

Myclass2 类必须实现接口 Myinterface1 和 Myinterface2 中所描述的所有方法。

(2) 若这部分省略,则表明本类不使用任何接口。

2.2.2 类体部分

类体部分包含了类中支持的成员变量(member variables)和方法的声明。成员变量是指与一个类或对象相关的变量,在类体中但不在方法体中声明,其作用域是整个类;在方法体中声明的变量称为局部变量(local variables),只在方法体内使用。类的成员变量代表了类的状态,其方法实现了类的行为。一般先声明成员变量,然后给出方法的声明和实现。类体的格式为

```
class declaration {
    member variable declarations
    method declarations
}
```

其中，member variable declarations 是成员变量的声明，method declarations 是方法的声明。例 2.1 的类体中首先声明了一个成员变量 isPublic，然后给出一个方法 Charge()的声明和实现。

2.2.3 成员变量

成员变量也可以称为域（field），可以分为类变量（class variable）和实例变量（instance variable）两种。类变量在类中只出现一次，系统仅为类变量分配一次内存；实例变量出现在类的每个实例中，每创建一次新实例，系统都要为实例变量分配内存。类变量和实例变量的区别在于前面有无关键字 static。

最简单的成员变量声明仅有一个变量类型和变量名：

```
class Myclass {
    int op1;
}
```

其中，op1 就是成员变量名，int 是变量类型。

声明一个成员变量的一般格式为

```
[accessSpecifier] [static] [final] [transient] [volatile] type variablename
```

1. accessSpecifier 部分

accessSpecifier 是访问限制符，限制哪些类可以访问本类的成员变量。

Java 为变量提供了 4 种级别的访问：private、protected、public 和 friendly，限制了同一个类中、同一个包中、子类中、不同包中访问变量的权限，如表 2-1 所示。

表 2-1 访问限制符权限

限制符	同类	同包	子类	不同包
public	Y	Y	Y	Y
protected	Y	Y	Y	N
省略	Y	Y	N	N
private	Y	N	N	N

（1）若变量声明为 private，称为私有变量，其访问权限最严格，只能被声明它的类访问，其声明形式为

```
class Myclass {
    private int op1;
}
```

这样，op1 只能被 Myclass 类的实例对象访问。

（2）若变量声明为 protected，则称为保护变量，允许声明它的类、子类以及同一个包中的各类访问，其声明形式为

```
class Myclass {
    protected int op2;
}
```

这样，与 Myclass 类同在一个包的各类（包括 Myclass 的子类）都可以访问 op2。若与 Myclass 类不在同一包中的类要访问 op2，其对象必须具有其子类或其后继类的类型。

（3）若变量声明为 public，则称为公共变量，允许所有的类访问，其声明形式为

```
class Myclass {
    public int op3;
}
```

（4）若 accessSpecifier 部分省略，则变量隐含声明为 friendly，称为友好变量，允许声明它的类和同一个包中的各类访问，其声明形式为

```
class Myclass {
    int op4;
}
```

其中，op4 是友好变量。

2. static 关键字

如果在声明成员变量时加上 static 关键字，则表明这个变量是类变量而不是实例变量，其声明形式为

```
class Myclass {
    static int op5;
}
```

系统在第一次遇到类变量 op5 时就为它分配内存，类的所有实例对象共享这个类变量，类变量有静态不变的特点。如果只需提供一个变量给某个类的所有对象访问，就可以使用类变量。类变量通常用于定义常数，因为常数对所有对象来说都不变。需要说明的是：

（1）若 static 关键字部分省略，则所声明的成员变量是实例变量，如前面声明的 op4 就是一个实例变量。在同一个类的不同实例对象中，实例变量是各不相同的，每个实例对象的实例变量单独分配内存，不能共享，只能由各对象访问自己的实例变量。

（2）类变量和实例变量的不同之处就是类变量可以用类名来访问（如 Myclass.op5），常用的 System.out 就是用 System 类直接访问类变量 out。但实例变量不能用类名来访问，只能由类实例化后得到的对象名来访问，详见例 2.3。

3. final 关键字

如果在声明成员变量时加上 final 关键字，则表明这个变量是一个常数，其声明形式为

```
class Myclass {
    final double PI=3.1415926;
```

}
```

为了方便起见,用大写字母表示常数名。如上声明的 PI 在程序中不能再重新赋值。

#### 4. transient 关键字

如果在声明成员变量时加上 transient 关键字,则表明这个变量不是本对象的永久状态,其声明形式为

```
class Myclass {
   transient int op6;
}
```

对象序列化时将不处理带 transient 关键字的域。

5. volatile 关键字

如果在声明成员变量时加上 volatile 关键字,则表明该变量可以被多个并行线程异步地修改,其声明形式为

```
class Myclass {
   volatile int op7;
}
```

Java 虚拟机保证每次使用该变量之前已从内存读取,用后写回内存,从而保证该变量对多个线程是一致的。

6. type 关键字

type 指变量的类型,即 byte、int 等各种简单数据类型以及复合数据类型的关键字。

7. variablename 部分

variablename 指变量名,必须是合法的标识符。

2.2.4 方法

方法用于实现对象的行为,其他对象可以通过调用某个对象的方法来得到该对象的服务。方法的结构由方法声明和方法体两部分组成。最简单的格式为

```
return_type method_name() {
   method body
}
```

第 1 行是方法声明部分,return_type 表示该方法返回值的数据类型,可以是任意的 Java 数据类型,当一个方法没有返回值时,其返回类型为 void。method_name()是方法名,必须是合法的 Java 标识,圆括号中可以有参数。method body 是方法体,由一对花括号包括起来。例如:

```
class Myclass {
   int op1,op2;
   int myMethod(int op3,int op4) {      //方法声明
      //以下这三条语句构成了方法体
      int op5;                          //方法内部的局部变量
```
```

```
        op5=op3*op4;
        return op5;
    }
}
```

Myclass 类中除了声明了两个实例变量 op1 和 op2 外，还声明了一个名为 myMethod 的方法，myMethod()前面的 int 表明该方法返回一个整型值，op3 和 op4 是方法的参数；方法体中声明了一个局部变量 op5，还包含了一个赋值运算和一条返回语句。Myclass 类中没有 main()方法，所以不能运行。

下面分别介绍方法声明和方法体。

1. 方法声明部分

一般的方法声明格式为：

```
[accessSpecifier][static][abstract][final][native][synchronized]retern-
type method_name ([paramlist]) [throws exceptionsList]
```

其中：

（1）accessSpecifier 部分指出方法的访问限制，其声明的形式和含义与成员变量的访问限制的声明完全一样；

（2）static 关键字声明该方法是类方法，类方法被类的所有对象共享。若 static 省略，则表示该方法是实例方法；

（3）abstract 关键字声明该方法是抽象方法，没有方法体，必须由子类重写；

（4）final 关键字声明该方法是最终方法，不能被重写；

（5）native 关键字声明的方法没有方法体，由平台相关的语言（特别是 C 语言）来实现方法体，这种机制提供了结合其他语言进入 Java 程序的方法，但会影响 Java 的结构独立性；

（6）synchronized 关键字声明的方法用于控制多个并发线程对共享数据的访问；

（7）paramlist 是方法的参数，需要说明的是：

① 在声明方法的参数时要同时声明其类型和名字，多个参数间用逗号隔开，例如：

```
int mymethod(int a, float b, char c[]) {
    ...
}
```

② 参数的类型可以是任何合法的 Java 数据类型，如整型、实型等基本数据类型和数组、类等复合数据类型。

③ 参数名可以与类的成员变量同名，这时称这种参数隐藏了成员变量。但参数名不能与局部变量同名，例如：

```
void Mymethod(int i, int j) {
    for (int i=0; i<10; i++)
        ...
}
```

参数中的 int i 与方法体中的局部变量 int i 同名，因此会出错。

④ Java 的方法参数是用值来传递的，即调用方法时接收变量传入的值。对于基本数据类型的参数，方法不能改变它们的值；对于引用类型的参数（即对象、数组等），可以调用对象的方法来修改对象中的变量。

（8）throws exceptionsList 是方法的异常处理，它列出了该方法中可能发生的"异常"的类型，提醒方法的调用者做出适当的处理。

2. 方法体部分

方法体是方法发生动作的地方，方法体中包含了所有合法的 Java 指令来实现方法。需要说明的是：

（1）方法体中声明的变量称为局部变量，其作用范围只在该方法体内。当方法返回时，局部变量不再存在。局部变量的名字可以与类的成员变量的名字相同，当调用方法时局部变量会隐藏成员变量，例如：

```
class Myclass {
   int op1,op2;
   int Mymethod(int op3,int op4) {
      int op1;
      op1=op3+op4;
      return op1;
   }
}
```

当方法 Mymethod() 运行时，局部变量 op1 隐藏了成员变量 op1；当方法返回时，局部变量 op1 释放，成员变量 op1 恢复作用。

（2）若所声明的方法的返回类型不为 void，则其方法体中必须包含 return 语句，且通常在方法体的最后一句。返回值的类型可以是基本数据类型或复合数据类型，但必须与所声明的返回类型一致。若返回一个对象，则其对象必须是当前类的类型或是其子类的类型；若返回一个接口类型，则其对象必须实现该接口。

（3）在方法体中可以使用关键字 this。this 在方法体中指当前对象的成员，包括成员变量和方法。当前对象就是正调用本方法的对象，如果方法的某个参数与当前对象的某个成员变量同名，就必须用 this 来指明成员变量，例如：

```
class getDate {
   int op1,op2;
   getDate(int op1,int op2) {
      this.op1=op1;
      this.op2=op2;
   }
}
```

上述方法中的参数 op1、op2 隐藏了成员变量 op1、op2，因此方法体中用 this.op1 指成员变量 op1，同理，this.op2 指成员变量 op2（若子类方法隐藏了其超类的某个成员变量，可以用 super 来指这个变量）。同样可以用 this 来调用当前对象的某个方法。

例 2.2 程序用于求矩形周长，类中除了求周长的方法 getPeri()外，还有一个 main()方法用于创建类 Rect1 的对象 rect1，并用 rect1 调用 getPeri()求出周长。

【例 2.2】 方法示例。

```
class Rect1 {
    float getPeri(float w, float h) {     //求周长方法
        float a;
        a=2*(w+h);
        return a;
    }
    /**
     * @param args
     */
    public static void main(String[] args) {
        // TODO Auto-generated method stub
        Rect1 rect1 = new Rect1();          //创建Rect1类的实例
        System.out.println("The perimeter is:"+rect1.getPeri(4.0f,5.0f));
                                            //调用方法时输入实参4.0f, 5.0f
    }
}
```

程序的运行结果如图 2-1 所示。

图 2-1　例 2.2 的运行结果

2.2.5　构造方法

构造方法（constructor method）是某个方法与声明它的类同名。如某个类名是 text，类中声明了一个方法也叫 text，则这个方法称为构造方法。构造方法有专门的用途，用于建立本类的一个新对象，并且对新对象进行初始化。构造方法是在 new 一个对象时被自动调用的。

注意：构造方法不能声明返回类型；构造方法中除了初始化对象属性的语句外，不应该包含其他语句。

下面举例说明构造方法及 2.2.3 节所述的成员变量的使用。

【例 2.3】 构造方法示例。

```
class Rect {
    protected float width,height;       //保护权限的成员变量
    public float area;                  //公有权限的成员变量
    public Rect(float w, float h) {     //构造方法对成员变量初始化
```

```
            width=w;
            height=h;
            area=getArea(w,h);
        }
        public float getArea(float w, float h) {    //求面积方法,由构造方法调用
            float a;
            a=w*h;
            return a;
        }
    }
    class MyRect {
        /**
         * @param args
         */
        public static void main(String[] args) {
            // TODO Auto-generated method stub
            Rect rect = new Rect(4.0f, 6.0f);
                //创建类Rect的实例rect,用4.0,6.0初始化w,h
            System.out.println("The area is:"+rect.area);
                //用对象rect访问实例变量area
        }
    }
```

程序的运行结果如图 2-2 所示。

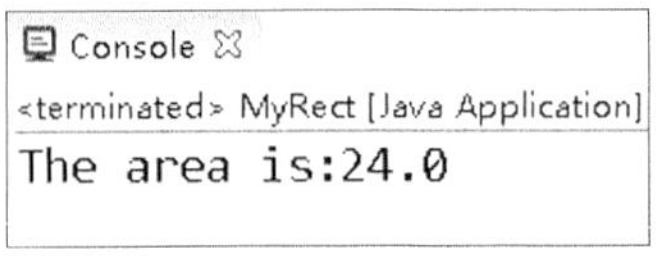

```
Console
<terminated> MyRect [Java Application]
The area is:24.0
```

图 2-2 例 2.3 的运行结果

例 2.3 的程序用于求矩形面积,类 Rect 中有三个成员变量,两个是保护变量,不同包的其他类不能访问它们;另一个是公有变量,任何类都可以访问它。如主类 MyRect 就可以访问成员变量 area。由于 area 不是静态变量,要用实例对象访问,所以主类创建类 Rect 的实例对象 rect,然后用 rect.area 访问求出的面积。创建类 Rect 的实例对象 rect 时,会自动调用构造函数给成员变量赋初值。

在声明构造方法时可以用访问限制符来具体表明哪些对象可以创建本类的实例。private 限制符表明没有其他类可以实例化本类,protected 限制符表明只有本类的子类可以创建本类的实例,public 限制符表明任何类都可以实例化本类。

2.2.6 方法重载

重载(overloading)是指用一个标识符表示同一范围内的多个事物,Java 只能重载方法,不能重载变量或运算符。可以用同一个方法名表示一个类中不同行为的几个方法,但这些方法的参数不能完全一致。可以是参数个数不一致,或参数类型不一致,甚至是参数

顺序不一致，都可以让 Java 虚拟机判断当前要动态绑定哪一个方法。例如，对输入不同类型数据处理的方法可以定义为 getInteger()、getFloat()、getChar()等，也可以定义一个名字加上不同参数来区别，如 getDate(int a)、getDate(float b)、getDate(char c) 等，这个特点体现了 Java 语言的多态性。

下面以类 Point 为例，该类用于求二维点 x、y 的距离。类中有三个方法。第 1 个是构造方法 Point()，用方法参数 x, y 对成员变量 this.x 和 this.y 赋值。第 2、第 3 个方法是重载方法，都叫 distance()，不过参数不同。前者求出调用该方法的对象给出的点 x、y 与方法参数给出的点 x、y 间的距离；后者调用前者求点 p 与调用该方法的对象给出的点 x、y 间的距离。

【例 2.4】 方法重载示例。

```java
class Point {
    int x,y;
    Point(int x,int y) {           //构造方法
      this.x=x;
      this.y=y;
    }
    double distance(int x,int y) {
      int dx=this.x-x;
      int dy=this.y-y;
      return Math.sqrt(dx*dx+dy*dy);
    }
    double distance(Point p){      //方法重载
      return distance(p.x,p.y);
    }
}
public class myPoint{
/**
 * @param args
 */
  public static void main(String[] args) {
    Point p1=new Point(2,3);
    Point p2=new Point(3,5);
    System.out.println("p1到二维坐标原点的距离是："+p1.distance(0,0));
    System.out.println("p1到p2点的距离是："+p1.distance(p2));
  }
}
```

程序的运行结果如图 2-3 所示。

```
Console
<terminated> myPoint [Java Application] D:\Java\bin\javaw.exe (2017年
p1到二维坐标原点的距离是：3.605551275463989
p1到p2点的距离是：2.23606797749979
```

图 2-3　例 2.4 的运行结果

在例 2.4 中的 main()方法中，p1.distance(0,0)是绑定 Point 类的 distance(int x,int y)方法，而 p1.distance(p2)是绑定 Point 类的 distance(Point p)方法。Java 的这种后来绑定（late binding）特性有效地支持了多态。

方法重载经常用于构造方法，目的是提供多种初始化对象属性的方式。

2.3 对　　象

Java 的对象是类的实例，一个类可以实例化创建许多对象，称对象的类为对象的类型。一个对象有自己的生命周期：一是创建，二是使用，三是清除。Java 提供了用于创建类实例的运算符和方法，创建了一个对象后，其他对象可以按访问限制来调用该对象的方法或访问其变量；只要没有其他对象再使用它，这个对象的生命就结束，Java 运行系统自动将它清除，回收它占用的资源。

2.3.1 对象的创建

Java 提供了 new 运算符和构造方法用于创建对象，其格式如下：

type objectName = new constructor(…);

（1）type 是对象的类型，即对象的类或接口；
（2）objectName 是对象名，即引用对象的变量；
（3）new 运算符实例化一个新的对象；
（4）constructor(…)是构造方法，用于初始化对象。

例如，有一个类如下：

```
class Myclass {
   ...
}
```

现在声明一个类型为 Myclass 的对象：

```
Myclass objectA;
```

对象的声明并没有将其实例化，objectA 的值为空值 null。
下面用 new 加上构造方法 Myclass()对 objectA 进行实例化和初始化：

```
objectA = new Myclass();
```

声明、实例化和初始化可以用一句完成：

```
Myclass objectA = new Myclass();
```

new 操作为对象 objectA 显式地分配内存，初始化实例变量，调用实例构造方法，并返回 objectA 的一个引用（reference）。对象的引用指向装有本对象所在内存地址的一个中间数据结构。

构造方法 Myclass()与类名 Myclass 一样，专门用于初始化对象，通常用其参数来初始化新对象的状态。根据方法重载的原理，多个构造方法可以同名，参数个数不同或类型不同代表不同的构造方法。

注意：Java 运行系统为每个类都提供了一个默认的构造方法，即没有参数的构造方法。如果一个类没有定义任何构造方法，系统就会使用默认的构造方法来创建这个类的对象。

2.3.2 对象的使用

创建了对象后就可以使用对象中的变量和方法，在访问限制的允许下，用点运算符"."访问这些变量和方法。

1. 访问对象的变量

访问对象的变量又称为引用（referencing），访问的方式是在对象名后用点运算符连接需要访问的变量，即

```
objectReference.variable
```

其中，objectReference 指对象的引用，可以是对象的名字，也可以是能够得到对象的引用的表达式。如有以下类：

```
class Myclass {
   int op1;
}
```

若用"objectA = new Myclass();"创建一个对象，就可以用 objectA.op1 来引用变量 op1；也可以不显式地创建对象，直接用表达式 new Myclass().op1 来引用 op1。

2. 访问对象的方法

访问对象的方法，同样是在对象名后用点运算符连接要访问的方法名：

```
objectReference.methodName(paramlist);
```

要在圆括号内提供所需的参数，不需要参数的方法可以为空，如：

```
objectReference.methodName();
```

例如，有如下类：

```
class Myclass {
   int op1, op2;
   int Mymethod(int op3,int op4) {
      int op5;
      op5=op3*op4;
      return op5;
   }
}
```

若用"objectB = new Myclass();"创建一个对象，就可以用 objectB 调用方法：

```
    op1 = objectB.Mymethod(1,2);
```

也可以直接用表达式作为对象引用来调用方法,例如:

```
    op2 = new Myclass().Mymethod(1,2);
```

方法调用又称为消息,对接收该消息的对象产生结果。除了 void 型外,方法都有返回值,就是该方法的执行结果。不同的参数会产生不同的结果,不同的接收对象也有不同结果。

【例 2.5】 对象使用示例。

```
class Point {
   int x,y;
   Point(int x,int y) {
     this.x=x;
     this.y=y;
   }
   double distance(int x,int y) {
      int dx=this.x-x;
      int dy=this.y-y;
      return Math.sqrt(dx*dx+dy*dy);
   }
   double distance(Point p) {
       return distance(p.x,p.y);
   }
}
class Pointshow {
   /**
    * @param args
    */
    public static void main(String[] args) {
        // TODO Auto-generated method stub
       Point p1=new Point(3,4);
       Point p2=new Point(0,0);
       System.out.println("p1="+p1.x+", "+p1.y);      //访问对象的变量
       System.out.println("p2="+p2.x+", "+p2.y);
       System.out.println("p1.distance(p2)="+p1.distance(p2));
                                                      //访问对象的方法
   }
}
```

程序的运行结果如图 2-4 所示。

2.3.3 对象的清除

Java 语言并不要求程序员显式地清除不再需要的对象,程序员可以放心地创建对象、使用对象。Java 运行系统自动判断对象是否在使用,用垃圾收集功能周期性地清除不再使

用的对象，释放它们所占的资源。

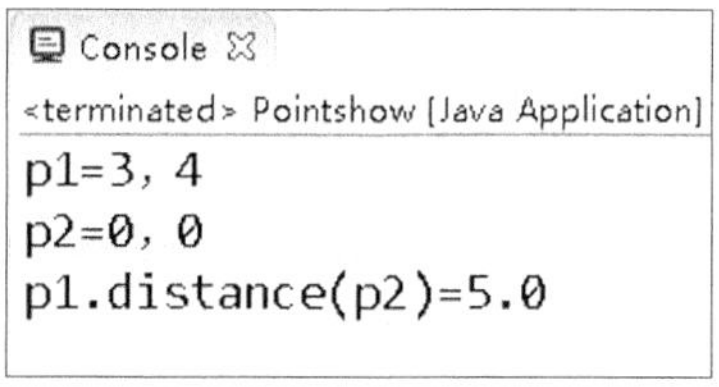

```
Console
<terminated> Pointshow [Java Application]
p1=3, 4
p2=0, 0
p1.distance(p2)=5.0
```

图 2-4　例 2.5 的运行结果

Java 中有一个结束方法 finalize()，是在清除对象时自动被调用的方法。程序员可以利用它做一些结束工作，如关闭曾打开的文件等。

2.4　类 的 继 承

类的复用可以用合成（composition）与继承（inheritance）来实现，降低人们重复设计类的劳动强度。合成是最简单的复用类的方法，这里简单介绍一下，本节重点介绍类的继承。

2.4.1　合成与继承

1. 合成

合成只需把现有类的对象放入一个新类中，并给予适当的初始化就行了。初始化的地方可以在定义对象时，或在构造方法内，甚至在要用该对象的时候。例如，下面的类合成了三个对象，用三种不同的方法初始化。

```java
class Newclass {
    A a=new A();                              //在定义对象时初始化
    B b;
    static String s1;
    Newclass() {
        b=new B();                            //在构造方法内初始化
    }
    public static void main(String[] args) {
        Newclass n1=new Newclass();
        if (s1==null) s1=new String("abc");   //在要用该对象的时候初始化
        System.out.println(s1);
    }
}
```

上例的 a 和 b 经过初始化后，就可以使用 A 类和 B 类的成员变量和方法了，人们甚至无须知道 A 类和 B 类的代码，因此有人把合成称为黑盒复用。

合成表达了事物的"拥有"（has-a）关系，新类拥有 A 类对象、B 类对象和 String 对象的功能，具有更强的作用。

2. 继承

继承是另一种复用类的方法，要求必须知道原有类的代码，并在继承时加以改动，因此又称白盒复用。继承表达了事物的"是"（is-a）关系，子类是超类的同一种数据类型，只不过子类具有改进的功能。

Java 的继承是单继承性的，即只允许继承一个超类，extends 关键字后面只能有一个类名。如果一个类声明没有 extends 部分，意味着该类的超类一定是 Object 类。

2.4.2 方法重写

在类的继承过程中，子类经常会重写超类的方法，因为它想改进功能，否则直接合成就可以用超类的方法了。方法重写（overriding）是声明某方法的名字与其超类中的方法同名，如子类中有一个方法叫 mymethod()，其超类也有一个方法叫 mymethod()，这样子类的方法就是重写超类的同名方法。

重写意味着对继承的方法提供不同的实现，其中 abstract() 方法必须重写，而 final() 方法不能重写。若子类方法重写了其超类的某个方法，可以用 super 来调用这个被重写的方法，下面举例说明。

【例 2.6】 方法重写示例。

```
class Myclass {                              //超类
  boolean op1;
  void Mymethod() {
    op1=true;
  }
}
class Mysub extends Myclass {                //子类
  boolean op1;                               //定义与超类同名的成员变量
  void Mymethod() {                          //子类重写超类的方法
    op1=false;
    super.Mymethod();                        //调用超类的Mymethod()方法
    System.out.println(op1);                 //输出子类的op1的值
    System.out.println(super.op1);           //输出超类的op1的值
  }
}
public class Mysubshow {                     //主类
  public static void main(String[] args) {
    Mysub sub=new Mysub();                   //创建子类对象
    sub.Mymethod();
  }
}
```

程序的运行结果如图 2-5 所示。

```
Console
<terminated> Mysubshow [Java Application]
false
true
```

图 2-5 例 2.6 的运行结果

本例中子类的方法令 op1 为 false，而 super.Mymethod()调用超类的同名方法令 op1 为 true。因此运行结果第一行输出 false，是子类的 op1 的值；第二行输出 true，是超类的 op1 的值。

2.4.3 构造方法继承

在类的继承过程中，子类的构造方法可以用 super 调用超类的构造方法，其调用语句在方法体的各语句之前。例如：

```
class Myclass {
   int op1;
   Myclass(int op2) {
      op1=op2;
   }
}
```

该类中声明了一个带参数 op2 的构造方法。下面是一个子类 Mysub：

```
class Mysub extends Myclass {
   int op3;
   Mysub(int op4) {
      super(1);
      op3=op4;
   }
}
```

子类中声明了构造方法 Mysub(int op4)，其方法体中第一句 super（1）调用超类的构造方法 Myclass(int op2)，并令 op2 为 1。至于 Mysub(int op4)的调用，则必须用 new 运算符来调用。

2.4.4 类继承示例

把前面介绍过的三个类组成一个完整的程序（见例 2.7）来体会继承和方法重写的应用。下面以类 Point3ddist 为例，该类创建三个对象 p1、p2 和 p，然后把这些对象所代表的点坐标显示出来，并用这些对象调用 distance()方法计算出两点间的距离。程序中 Point 类是现有的类，而 Point3d 类是继承它而得到的新类，叫 Point 类的子类，Point 类叫 Point3d 类的超类。需要说明的是：

（1）Point3d 类构造方法中的 super(x,y)是调用超类 Point 的构造方法对成员变量 x、y 初始化，而 this.z 是指本类的成员变量 z；

（2）Point3d 类中有三个重载方法都叫 distance()，参数不同。

① 第 1 个 distance()有三个参数，求调用该方法的对象给出的点 x、y、z 与方法参数给出的点 x、y、z 间的距离；

② 第 2 个 distance()调用前者求参数点 other 与调用该方法的对象给出的点 x、y、z 间的距离；

③ 第 3 个 distance()重写了 Point 类的同名双参数方法,将其从求平面点距离改成了求空间点的距离。

【例 2.7】 类继承示例。

```
class Point {                              //超类
    int x,y;
    Point(int x,int y) {
       this.x=x;
       this.y=y;
    }
    double distance(int x,int y) {
       int dx=this.x-x;
       int dy=this.y-y;
       return Math.sqrt(dx*dx+dy*dy);
    }
    double distance(Point p) {
       return distance(p.x,p.y);
    }
}
class Point3d extends Point {         //子类
   int z;
   Point3d(int x,int y,int z) {
      super(x,y);
      this.z=z;
   }
   double distance(int x,int y,int z) {
      int dx=this.x-x;
      int dy=this.y-y;
      int dz=this.z-z;
      return Math.sqrt(dx*dx+dy*dy+dz*dz);
   }
   double distance(Point3d other) {
      return distance(other.x,other.y,other.z);
   }
   double distance(int x,int y) {      //重写超类的同名方法
      double dx=(this.x/2)-x;
      double dy=(this.y/2)-y;
      return Math.sqrt(dx*dx+dy*dy);
   }
}
class Point3ddist {
   public static void main(String args[]) {
      Point3d p1=new Point3d(30,40,10);
      Point3d p2=new Point3d(0,0,0);
      Point p=new Point(0,0);
```

```
            System.out.println("p1="+p1.x+", "+p1.y+", "+p1.z);
            System.out.println("p2="+p2.x+", "+p2.y+", "+p2.z);
            System.out.println("p="+p.x+", "+p.y);
            System.out.println("p1.distance(p2)="+p1.distance(p2));
            System.out.println("p1.distance(3,4)="+p1.distance(3,4));
            System.out.println("p.distance(3,4)="+p.distance(3,4));
        }
    }
```

程序的运行结果如图 2-6 所示。

```
Console
<terminated> Point3ddist [Java Application] D:\Java\bin\javaw.exe
p1=30, 40, 10
p2=0, 0, 0
p=0, 0
p1.distance(p2)=50.99019513592785
p1.distance(3, 4)=20.0
p.distance(3, 4)=5.0
```

图 2-6 例 2.7 的运行结果

还需注意，子类运行时必须先对超类进行初始化，在例 2.7 的 Point3d () 构造方法中就有 super(x,y) 语句，即调用 Point() 构造方法对 Point 类初始化，例如：

```
Point3d(int x,int y,int z) {
    super(x,y);
    this.z=z;
}
```

因此，在 main() 方法中执行 new Point3d() 时 Point 类也得到了初始化。

另外，例 2.7 中的对象 p1、p2 是三维点，p 是二维点。p1.distance(p2) 是求 p1 和 p2 的距离，p1.distance(3,4) 是调用类 Point3d 的双参数求距离方法，p.distance(3,4) 调用类 Point 的求距离方法 distance() 求二维距离。

2.5 嵌 套 类

嵌套类（nested class）是 Java 的类的嵌套形式，一个类可以在另一个类中定义，例如：

```
class OuterClass {
    ...
    class NestedClass {
        ...
    }
}
```

既然与外部类的成员是同等地位的，嵌套类就可以有表 2-1 的 4 种级别的访问权限，而外部类只有 public 和 friendly 两种访问权限。使用嵌套类可以提高代码可读性和可维护性，增强封装性，并增加类之间的逻辑联系。

嵌套类有静态的嵌套类和非静态的嵌套类两种，后者又称为内部类（inner class）。内部类里又有两种特别形式：一种是在方法体内定义的内部类，称为局部内部类（local inner class）；另一种是在方法体内定义的没有类名的内部类，称为匿名内部类（anonymous inner class）。下面分别介绍这4种嵌套类。

2.5.1 静态嵌套类

静态嵌套类在外部类定义成员的地方定义，例如：

```
class OuterClass {
    ...
    static class StaticNestedClass {
        ...
    }
}
```

静态嵌套类可以定义自己的静态成员，只能访问外部类的静态成员，外部类要访问静态嵌套类只能通过类名，如 OuterClass.StaticNestedClass。创建静态嵌套类的对象的语法是：

```
OuterClass.StaticNestedClass nestedObject = new OuterClass
    .StaticNestedClass();
```

2.5.2 内部类

内部类是非静态的嵌套类，不能定义自己的静态成员，内部类对象可以直接访问外部类的成员变量和方法。

内部类在外部类定义成员的地方定义，例如：

```
class OuterClass {
    ...
    class InnerClass {
        ...
    }
}
```

要创建内部类对象，先创建外部类对象 outerObject，然后用下列语法创建内部类对象 innerObject：

```
OuterClass.InnerClass innerObject = outerObject.new InnerClass();
```

例 2.8 是一个外部类 Rect2，嵌套了两个内部类 Rect3 和 Rect4，分别是求矩形面积和周长的类，这样将有关类组织在一起显得更紧凑。

【例 2.8】 内部类示例。

```
public class Rect2 {
```

```
    class Rect3{                                    //内部类
        public int getArea(int w,int h) {           //求面积方法
            int a;
            a=w*h;
            return a;
        }
    }
    class Rect4 {                                   //内部类
        int getPeri(int w,int h) {                  //求周长方法
            int a;
            a=2*(w+h);
            return a;
        }
    }
     /**
    * @param args
    */
    public static void main(String[] args) {
        // TODO Auto-generated method stub
       Rect2 rect2 = new Rect2();                   //创建外部类Rect2的实例
       Rect3 rect3=rect2.new Rect3();               //创建内部类Rect3的实例
       Rect4 rect4=rect2.new Rect4();               //创建内部类Rect4的实例
       System.out.println("The area is:"+rect3.getArea(3,4));
       System.out.println("The perimeter is:"+rect4.getPeri(4,5));
    }
}
```

程序的运行结果如图 2-7 所示。

图 2-7 例 2.8 的运行结果

2.5.3 局部内部类

局部内部类不是在外部类定义成员的地方定义，而是在某个方法体中定义，例如：

```
class OuterClass {
    ...
    void myMethod() {
        class LocalInnerClass {
            ...
        }
```

```
            ...
        }
    }
```

上面的局部内部类不能在 myMethod() 方法外访问，因此更加隐蔽。

2.5.4 匿名内部类

匿名内部类比局部内部类更隐蔽，它连名字都没有，例如：

```
public class OuterClass {
    public Abc abc() {
        return new Abc() {         //匿名内部类定义开始
            private int x=1;
            public int add() {return ++x;}
        };                         //匿名内部类定义结束
    }
}
```

匿名内部类可以用来继承一个类或实现一个接口，但不能两样同时做。上面的例子是用一个类实现了接口 Abc，但这个类是匿名的。

2.6 抽象类与接口

类的继承性使程序员可以定义一个较抽象的超类，仅有一部分公共的行为，这部分代码可以通用。而把具体的不同行为放在各种子类，可以扩充超类的功能。利用这种强有力的机制可以组织和构造各种软件程序。

2.6.1 抽象类

抽象类是用 abstract 修饰符在关键字 class 前面修饰的一种类，含抽象方法的类一定要声明为抽象类，因为这种类不能实例化，只能继承，目的是让子类对它进行改进。

抽象类往往用来表征一系列表面上看上去不同，但是本质上相同的事物或概念。例如，要完成一个求图形面积的程序，会发现问题领域存在着圆形、三角形这样一些具体的概念，它们表面上看上去不同，但本质上却相同，都属于"形状"这个抽象概念。所以，可以首先定义一个抽象类 Figure：

```
abstract class Figure {
    abstract int getArea(int w,int h);
}
```

类中包含了一个抽象方法 abstract int getArea(int w,int h)，该方法没有方法体，无法使用，只能由子类重写该方法后再利用。然而，可以声明一个类为抽象的，无论它里面包不包含抽象方法。

抽象类里面可以包含非静态和最终的域，但不能使用，只能由子类继承。抽象类里面也可以包含静态域和静态方法,用类名就可以直接访问这些静态成员。

2.6.2 接口

如果抽象类的方法全是抽象的,则称为接口。接口是 Java 的另一种重要的复合数据类型,是一组方法的定义和常量的集合。接口仅提供了方法的声明而没有提供方法的实现,而且不像抽象方法那样必须在继承树中的某个类中实现,它为相互没有关系的类的共同行为定义方法原型,然后由这些类分别实现这些行为。

使用接口的优点在哪里?

建立接口可以为一个抽象类定义协议,而不必担心类的具体实现,留在以后完成。另外,几个类可以共享同一接口,而不必担心其他类怎样处理接口中的方法。如果你继承了某个接口的性质,其他用户就会了解该类有些什么方法。

接口适用于以下场合:

(1) 在无关的类中获得共同点,但无须强迫这些类建立层次关系;

(2) 所声明的方法有多个类都想实现;

(3) 了解某对象的编程接口而无须了解该对象的类,例如引用别人开发的包中的类的对象。

由于 Java 取消了多继承,在类声明的 extends 后只有一个超类名,即只有单一继承。为了使得一个类能继承多个类的属性,可以用接口来达到这个目的。在接口声明的 extends 后面可以有多个接口名,即当前接口可以包含这些接口中的所有成员,相当于继承了多个类的属性。

虽然接口解决了多继承方面的问题,但接口本身并没有多继承性,可以从以下几点看出:

(1) 不能继承接口的变量;

(2) 不能继承接口的方法实现;

(3) 接口层次独立于类的层次,实现相同接口的类并不一定有同样的类层次关系。

Java 的接口是数据类型,因此也可以像其他类型一样用在类型可以用的地方,例如方法的参数、变量声明等。接口也是引用数据类型,像类一样,可以调用不同对象的方法。

为了声明一个接口,必须同时给出接口声明部分和接口体部分:

```
interface Declaration {
    interface Body
}
```

下面分别介绍这两部分。

1. 接口声明部分

最简单的接口声明应该有 Java 关键字 interface 和一个接口名:

```
interface Myable {
    ...
}
```

为了方便起见，接口名以大写字母开头，而且常以 able 或 ible 结尾。

完整的接口声明格式为：

```
[public] interface InterfaceName [extends list of SuperInterfaces] {
    ...
}
```

（1）public 访问限制表明该接口可以被任何包的各类使用，若省略，则该接口只能被本包的类使用；

（2）extends 部分可以包含多个接口名，这点与类声明的 extends 部分只有一个超类名不同。多个"超接口"名用逗号隔开，这些接口都由当前声明的新接口来"扩展"，即继承它们的常量和方法，例如：

```
public interface Myable extends My1,My2 {
    ...
}
```

表明本接口 Myable 继承接口 My1 和 My2 的常量和方法原型。

2. 接口体部分

接口体中有方法的声明，但没有方法体，也可以有某些常量的声明。方法都隐含声明为 public 和 abstract，表明它们是公用的抽象方法；常量也隐含声明为 public、static 和 final，表明它们是公用的、静态的和最终的值，不能改变。

（1）接口中常量声明的格式如下：

```
type NAME = value;
```

其中，type 为数据类型，NAME 是常量名字（通常用大写），value 是常数值。

（2）接口中方法的声明与类体中的方法声明相似，只是没有方法体，且以分号结尾，例如：

```
interface Myable {
    int DATA = 10;
    void draw();    //方法声明
    Object paint(Object obj);    //方法声明
}
```

本接口声明了一个常量 DATA 和两个方法，方法体留给实现接口的类来完成。

类中方法声明的有些关键字不能用在接口中，如不能用 transient、synchronized 和 volatile 关键字，也不能用 private 和 protected 访问限制等。

以接口 SharedConstants 为例，接口声明部分只有 interface 和接口名，接口体中声明了 5 个常量，没有方法：

```
interface SharedConstants {
    int NO = 1;
    int YES = 2;
```

```
    int LATER = 3;
    int SOON = 4;
    int NEVER = 5;
}
```

3. 实现接口

接口是由类来实现的，在类声明中若有 implements 关键字，其后会有若干个在该类中实现的接口名，例如：

```
class Myclass implements Myable {
    void draw() {
        ...
    }
    object paint(Object obj) {
        ...
    }
}
```

本类实现接口 Myable，它的两个方法的方法体都将在这个类中完成。

如果几个类实现了同一个接口，这些类就具有了一组相同的方法。例如，类 Myclass1 和 Myclass2 同时实现 Myable 接口，那么它们都可以调用 draw()方法和 paint()方法。

下面的类 Question 实现接口 SharedConstants，该类用 Java 提供的 Random 类产生随机数，方法 ask()根据随机数返回接口声明的常量值。

```
class Question implements SharedConstants {
    Random rand = new Random();
    int ask() {
        int prob = (int) (100*rand.nextDouble());
        if (prob<30)
            return NO;
        else if (prob<60)
            return YES;
        else if (prob<75)
            return LATER;
        else if (prob<98)
            return SOON;
        else
            return NEVER;
    }
}
```

4. 接口类型

声明一个接口与声明一个类相似，都是定义了一个新的引用数据类型。可以把接口名用于任何可以使用基本数据类型名和其他引用数据类型名的地方，例如有个接口如下：

```
interface Myable {
```

```
    void draw();
}
```

下面的类就把 Myable 用于声明成员变量和方法的参数中:

```
class Myclass {
   private Myable[] op1;
   void Mymethod(Myable a, int b);
   ...
}
```

例 2.9 是一个完整的类与接口配合的例子。类 Shar 也实现了接口 SharedConstants，方法 answer() 根据参数 result 对应的常量值显示不同的字符，方法 main() 创建 Question 类对象 q，并用 q 调用 ask() 方法取得随机的常量值，由 answer() 显示出来。

【例 2.9】 类与接口配合示例。

```java
import java.util.Random;
interface SharedConstants {
    int NO = 1;
    int YES = 2;
    int LATER = 3;
    int SOON = 4;
    int NEVER = 5;
}
class Question implements SharedConstants {
    Random rand = new Random();
    int ask() {
        int prob = (int)(100*rand.nextDouble());
        if (prob<30)
            return NO;
        else if (prob<60)
            return YES;
        else if (prob<75)
            return LATER;
        else if (prob<98)
            return SOON;
        else
            return NEVER;
    }
}
class Shar implements SharedConstants{
    static void answer(int result) {
        switch (result) {
            case NO:
                System.out.println("NO");
                break;
```

```java
            case YES:
                System.out.println("YES");
                break;
            case LATER:
                System.out.println("Later");
                break;
            case SOON:
                System.out.println("Soon");
                break;
            case NEVER:
                System.out.println("Never");
                break;
        }
    }
    /**
     * @param args
     */
    public static void main(String[] args) {
        // TODO Auto-generated method stub
        Question q = new Question();
        answer(q.ask());
        answer(q.ask());
        answer(q.ask());
        answer(q.ask());
    }
}
```

程序的运行结果是 4 个随机出现的上述字符串，如图 2-8 所示。

图 2-8　例 2.9 的运行结果

5. 默认方法

如前所述，在 Java 8 之前，接口中只能有方法的声明，不能包含任何方法的实现。实现接口的类，要重写接口中所有的方法。但在实际应用中，有时会碰到这样一种情况：以前定义好的接口已经被很多类实现，现在想在接口中再增加一些方法来进一步扩充接口的功能，可问题是这样做就需要重新修改所有该接口的实现类代码。为了解决这样的问题，Java 8 新增了一个接口功能，允许为接口方法定义默认实现。添加了默认实现的接口方法被称为默认方法。默认方法的主要应用是在不破坏原有代码的基础上，提供一种合理的机制来扩充和增强已有接口的功能。

声明默认方法时，前面要加 default 关键字。例如有个接口定义如下：

```java
interface Myable2 {
    void draw();
    default void getAuthorInfo(){
        System.out.println("These are not available to the public!");
    }
}
```

该接口声明了两个方法：第 1 个方法 draw()是一个抽象方法；第 2 个方法 getAuthorInfo()则是一个默认方法，它包含一个默认的方法实现。

如果有类要实现 Myable2 这个接口，那么它必须重写 draw()方法，但是对于 getAuthorInfo()方法，它可以选择重写或者不重写，例如：

```java
class Myclass2 implements Myable2 {
    public void draw() {
        System.out.println("********************");
    }
}
```

很显然，Myclass2 类只重写了 draw()方法，没有重写 getAuthorInfo ()方法，这是允许的。并且仍然可以通过 Myclass2 的实例对象来调用 getAuthorInfo()方法，调用时使用的就是该方法的默认实现。例如：

```java
public class Mypaint {
    public static void main(String[] args) {
        Myclass2 insObj=new Myclass2();
        insObj.draw();
        insObj.getAuthorInfo();
    }
}
```

程序的运行结果如图 2-9 所示。

```
Console
<terminated> Mypaint [Java Application] D:\Java\bin\javaw.exe
********************
These are not available to the public!
```

图 2-9　默认方法示例

2.7　多　　态

多态（polymorphism）是面向对象编程的特色，指的是一个方法可以有多种行为，如例 2.7 中的 Point3d 类的 distance()方法就有三种不同的求空间点距离的形式。多态与方法重载（overloading）、方法重写（overriding）、上转（upcasting）、下转（downcasting）等概念密切相关。本节主要介绍利用抽象类和接口，通过方法重写实现的多态。

2.7.1 抽象类与多态

类的继承性使程序员可以定义一个较抽象的超类，仅有一部分公共的行为，这部分代码可以通用，例如定义抽象超类 Figure；而把具体的不同行为放在各种子类，可以扩充超类的功能，例如定义子类 Rectangle 类和 Triangle 类。当父类的方法被其子类重写时，就可以各自产生自己的功能行为，这就是多态程序设计。使用多态进行程序设计的核心是使用上转，将抽象类声明的对象作为其子类的上转型对象，再通过其调用子类重写的方法。

上转是指子类的类型转换成超类的类型，例如鸟类有燕子、鸭子、鸵鸟、企鹅等子类，这些子类的运动形式都不太一样。将子类上转成超类后，具体的运动形式忽略掉，只保留"移动"这个鸟类的基本特点，就容易用一个方法去处理"移动"，也就是说，简化了程序设计。Java 编译器总是支持上转，并不需要特别条件。

下转则是指超类的类型转换成子类的类型，如果知道鸟的移动特性，那么鸵鸟如何移动呢？这时需要转回子类，绑定子类的方法才能得到鸵鸟的移动轨迹。Java 规定下转一定要显式转换，编译器监视超类对象是否是子类的一个实例，若不是，则出现转换异常。例如一个鸟对象是燕子，想转换成鸵鸟实例是不成功的。

例 2.10 说明了抽象类与上转在设计多态程序时的应用。其中，Figure 类有一个求面积的方法 getArea(int w,int h)，但是无方法体，是抽象的，因此 Figure 类是抽象类；Rectangle 类和 Triangle 类是 Figure 类的子类，它们重写了 getArea(int w,int h)方法；Area 类创建了一个 Figure 类型的数组 f,两个子类对象上转成超类对象,然后用超类对象 fig 调用 getArea(4,5)方法求面积。由于 Java 虚拟机发现第 1 个 fig 对象实际是 Rectangle 类实例，因此绑定了 Rectangle 类的求面积方法；第 2 个 fig 对象实际是 Triangle 类实例，因此第 2 次绑定的是 Triangle 类的求面积方法。

【例 2.10】 抽象类与多态应用示例。

```java
abstract class Figure {
    abstract int getArea(int w,int h);
}
class Rectangle extends Figure {
    int getArea(int w,int h) { //求矩形面积方法
        return w*h;
    }
}
class Triangle extends Figure {
    int getArea(int w,int h) { //求三角形面积方法
        return (w*h)/2;
    }
}
class Area {
    /**
     * @param args
     */
    public static void main(String[] args) {
```

```
            // TODO Auto-generated method stub
            Figure[] f=new Figure[2];
            f[0]=new Rectangle();        //上转
            f[1]=new Triangle();         //上转
            for(Figure fig: f)
            System.out.println(fig.getArea(4,5));
        }
    }
```

程序的运行结果如图 2-10 所示。

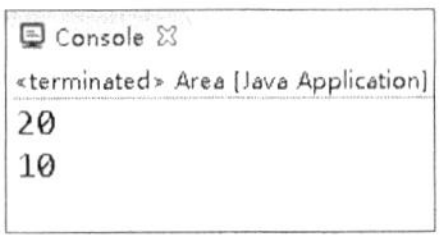

图 2-10　例 2.10 的运行结果

2.7.2　接口与多态

接口是 Java 中一种重要的数据类型，用接口声明的变量称为接口变量，接口变量中可以存放实现该接口的类的实例对象。当用这个接口变量调用方法时，它会根据实际存放的类的实例对象来判断具体调用哪个方法，这和超类对象引用访问子类对象的机制类似，也可以实现多态。

【例 2.11】　接口与多态应用示例。

```
interface Bike{
   public final boolean isPublic=true;
   public float Charge(float h);
   public String getBikeName();
}
class Mobike implements Bike {
   public float Charge(float h){     //求使用费用
      return 2*h;
   }
public String getBikeName(){
     return "摩拜单车";
  }
}
class Ofo implements Bike {
 public float Charge(float h){       //求使用费用
      return 1*h;
   }
public String getBikeName(){
     return "小黄车";
  }
}
```

```java
public class UseBike {
    /**
     * @param args
     */
    public static void main(String[] args) {
        // TODO Auto-generated method stub
        Bike[] b=new Bike[2];
        b[0]=new Mobike();   //上转
        b[1]=new Ofo();      //上转
        for(Bike bik: b)
        {   System.out.println(bik.getBikeName());
            System.out.println(bik.Charge(4));
         }
    }
}
```

程序的运行结果如图 2-11 所示。

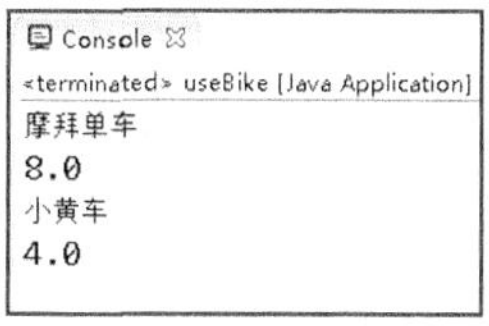

图 2-11 例 2.11 的运行结果

2.8 泛 型

引入泛型（generics）是 Java SE5 的重要改进，如果代码可以与某种未指定的类型一起工作，就可以写出更通用的代码。例如，如果一个类只接受整数类型，那么无法加入浮点类型；如果用 Object 类对象取代整数类型，那么编译器要经常判断当前对象实际是哪一种类型，这会很消耗时间；如果用某个未指定的类型 T 取代整数类型，实际使用时再代入具体类型，那么就可以处理多种类型的对象。例如：

```java
public class Store<T> {
    private T t;
    public void put(T t) {
        this.t = t;
    }
    public T get() {
        return t;
    }
}
```

在 Store 类中，加入了一个参数化类型 T，意味着成员变量 t 的类型未定，因此该程序通用性好。当使用这个类时，用具体的类型取代 T 就行了，可以用类类型、接口类型和其他引用类型取代 T，但不能用基本类型取代。例如，Store<Car>意味着 t 的类型现在是 Car，实例化 Store 类的语法可以是"Store<Car> c1 = new Store<Car>();"，或者是"Store<Car> c1 = new Store<>();"。

例 2.12 给出了泛型的应用。

【例 2.12】 泛型应用示例。

```java
class Store<T> {
    private T t;
    public void put(T t) {
        this.t = t;
    }
    public T get() {
        return t;
    }
}
public class TestStore {
    /**
     * @param args
     */
    public static void main(String[] args) {
        // TODO Auto-generated method stub
        Store<Integer> i1 = new Store<>();
        i1.put(new Integer(3));
        Integer i2 = i1.get();
        System.out.println(i2);
        Store<String> s1 = new Store<>();
        s1.put(new String("abc"));
        String s2 = s1.get();
        System.out.println(s2);
    }
}
```

程序的运行结果如图 2-12 所示。

图 2-12 例 2.12 的运行结果

从本例可以看到，Store 类用了泛型参数 T 后，可以用于保存整型类对象和字符串型对象，提高了复用度。

2.8.1 定义泛型类型

定义泛型类型时用尖括号包含一个单个大写字母代表的类型参数跟在类名后，常用的大写字母及其含义见表 2-2。

表 2-2 常用类型参数名

字母	含义	字母	含义
E	元素	T	类型
K	关键字	V	值
N	数	S、U、V 等	第二、第三、第四种类型

泛型类型可以有多个类型参数，但每一个参数在该类或接口中是唯一的。如 Store<T, U>表明 Store 类里有两个类型参数。

1. 泛型接口

接口也可以使用泛型，称为泛型接口。实现泛型接口的类可以指定或者不指定具体的泛型类型，例 2.13 给出了泛型接口的具体应用。

【例 2.13】 泛型接口示例。

```
interface Room <T> {
    void find(T t);
}
class RoomImp1<T> implements Room<T>{        //未指定具体的泛型类型
    public void find(T t){
        System.out.println("您预定的是："+t);
    }
}
class RoomImp2 implements Room<Integer>{     //指定具体的泛型类型
    public void find(Integer t){
        System.out.println("您的房间号是："+t);
    }
}
public class TestRoomImp1{
    /**
     * @param args
     */
    public static void main(String[] args) {
        // TODO Auto-generated method stub
        RoomImp1<String> r=new RoomImp1<>();//创建对象时指定具体的类型
        r.find("金柏丽酒店");
        RoomImp2 r2=new RoomImp2();
        r2.find(603);
    }
}
```

程序的运行结果如图 2-13 所示。

图 2-13 例 2.13 的运行结果

2. 泛型方法

方法本身也可以定义为泛型类型，称为泛型方法，比声明整个类为泛型更实用。定义泛型方法时，把尖括号部分放在方法的返回值前，例 2.14 给出了泛型方法的具体应用。

【例 2.14】 泛型方法示例。

```
class Gen{
    public<T> void show(T t) {    //泛型方法定义
        System.out.println("T: " + t.getClass().getName());
    }
}
public class TestGen{
    /**
     * @param args
     */
    public static void main(String[] args) {
        // TODO Auto-generated method stub
        Gen g=new Gen();
        g.show("abc");             //用字符串类型的参数调用泛型方法
        g.show(123);               //用整数类型的参数调用泛型方法
    }
}
```

程序的运行结果如图 2-14 所示。

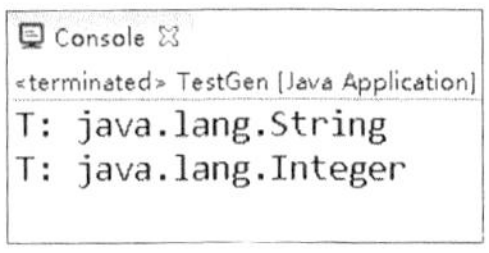

图 2-14 例 2.14 的运行结果

同理，构造方法也可以定义为泛型类型，此处不再赘述。

2.8.2 限界类型参数

限界类型参数（Bounded Type Parameter）是限定可以取代类型参数的实际类型的范围。上面的 Store<T>没有限定用什么类型代替 T，如果希望只能用水果类型 Fruit 及其子类取代 T，可以用 extends Fruit 加在 T 后，例如：

```
public class Store<T extends Fruit> {
```

其中 extends 后面的类型是 T 的上界（upper bound）。限定了可替换的类型范围后，用该范围之外的类型代入会出现编译错误。

2.8.3 通配符

泛型中所用的通配符（wildcard）用问号?表示，代表某种未知类型，有无界通配符（unbounded wildcard）、限界通配符（bounded wildcard）和下界通配符（lower bound wildcard）

三种用法。

（1）无界通配符的形式是<?>，代表任意类型，相当于它的上界是 Object，即<? extends Object>。

（2）限界通配符的形式是<? extends T>，表示任意字符限定在 T 类型或 T 的某个未知子类型内。如<? extends Fruit >意味着可以用水果类型 Fruit 及其某个子类取代问号。

（3）下界任意字符的形式是<? super T>，表示任意字符限定在 T 类型或 T 的未知超类型内。如<? super Fruit >意味着可以用水果类型 Fruit 或 Fruit 的超类取代问号。

2.8.4 类型擦除

类型擦除（type erasure）是指编译器去掉类或方法中有关类型参数和类型变量的所有信息，目的是使得用了泛型的 Java 应用程序能够与未用泛型时创建的类库和应用程序保持兼容性。因此，在运行时刻，需要知道类型才能执行的运算无法对泛型类型进行运算。例如 new 运算、instanceof 运算都无法执行，在编程时要注意此类问题。

2.9 枚 举

枚举类型是一个类型的域中包含一组设定好的常数，例如，一年四季可以用一个枚举类型来定义：

```
public enum Season {
    SPRING, SUMMER, AUTUMN, WINTER
}
```

其中，enum 是关键字，Season 是类型名，4 个域是固定常量，所以都是大写字母。定义好 Season 后可以用该名字去访问这些域，见例 2.15。

【例 2.15】 枚举示例。

```
enum Season {
    SPRING, SUMMER, AUTUMN, WINTER
}
public class Myenum {
    /**
     * @param args
     */
    public static void main(String[] args) {
        // TODO Auto-generated method stub
        Season s1=Season.WINTER;
        System.out.println(s1);
        Season s2=Season.SUMMER;
        System.out.println(s2);
    }
}
```

程序的运行结果如图 2-15 所示。

图 2-15 例 2.15 的运行结果

编译器把枚举类型当作类来处理，编译时会自动在 enum 中加入一些有用的方法，例如 ordinal()方法可以指出一个枚举常量的声明次序，static values()方法可以产生一个保持枚举常量声明次序的数组，等等。因此，可以像类一样在枚举类型中定义其他域和方法。

注意： enum 一定是继承 java.lang.Enum，所以它不能再继承其他类，但可以实现接口。另外，如果枚举类型内有枚举常量、域和方法，要先定义常量，各常量用逗号分隔，常量结束时用分号分隔，然后再定义域和方法等。

2.10 基本类型的类封装

Java 类库中的很多方法只接收引用类型的参数，基本数据类型不属于引用类型，所以不能被接收，这样方法的使用就不是很方便。为此，Java 对 8 种基本的数据类型进行了类的封装设计，形成了对应的封装类（wrapper class），并将它们置于 java.lang 包中。表 2-3 列出了各基本数据类型对应的封装类及其构造方法。

表 2-3 基本数据类型对应的封装类

基本数据类型	封装类	构造方法
byte	Byte	Byte(String s), Byte(byte value)
short	Short	Short(String s), Short(short value)
int	Integer	Integer(String s), Integer(int value)
long	Long	Long(String s), Long(long value)
float	Float	Float(String s), Float(float value), Float(double value)
double	Double	Double(String s), Double(double value)
boolean	Boolean	Boolean(String s), Boolean(boolean value)
char	Character	Character(char value)

封装类的主要用途有两个。

（1）将基本数据类型封装成类，方便涉及类和对象的操作；

（2）将基本数据类型相关的性质和操作定义成封装类的属性或方法，可直接引用或调用。

例如，"int x=Integer. parseInt("356");" 就是调用 Integer 类中的 parseInt()方法将 string 类型的数据转换成 int 类型，再将其赋值给 int 类型的变量 x。

另外，封装类使用过程中经常需要和基本数据类型进行相互转换，为了方便操作，Java 专门提供了自动装箱（autoboxing）和自动拆箱（autounboxing）的功能。自动装箱，是指在需要某种基本数据类型的对象时，Java 自动把该基本数据类型转换成和其对应的封装类的过程；自动拆箱，则是指在需要某种基本数据类型时，Java 自动把封装类类型转换成与其对应的基本数据类型。下面举例说明自动装箱和自动拆箱的过程。

```
int m=5;
Integer n=m;          //自动装箱
Integer i=new Integer(20);
int j=i;              //自动拆箱
```

2.11 包与版本识别

2.11.1 包

Java 的包（package）是一组相关的类和接口，它有三种作用。

（1）Java 以包的形式包含类库，相当于其他编程语言的标准库。

Java 把相关的类和接口放在同一个包中，例如与语言有关的类和接口放在 java.lang 包，与网络有关的类与接口放在 java.net 包等。这些包中有许多已编写好的类与接口让编程人员引用，充分体现了面向对象语言的代码可复用性。

（2）包管理大型名字空间，对应于文件系统的目录管理。

通过包来组织类，可以避免同名的类发生冲突。若类名相同，只要包名不同就不会冲突。包名"."指明目录的层次，如 java.awt.image 表明 image 包在 java\awt\目录下。

（3）包提供访问限制。

在无修饰符的情况下，包是友好的，允许同一包中的类与接口互相访问对方的非私有成员，其他包则不能访问该包；若有 public 修饰符，则所有包的类与接口都可以访问该包。

除了 Java 的开发环境提供了许多包之外，Java 语言还提供了 package 语句让编程人员自己定义包，另外提供了 import 语句让编程人员引入各包中的类。

1. 自定义包

如果希望把自己编写的类与接口放在一个包中，可以用 package 语句来定义一个包。格式如下：

```
package pkgname;
```

该语句位于 Java 源文件(编译单元)的第一句，指明下面声明的类与接口都位于 pkgname 包中，例如：

```
package Mypack;
class Myclass {
    …
}
```

意味着 Myclass 类存放在 Mypack 包中。

注意：一个 Java 源文件中只能有一个 package 语句，若源文件中没有该语句，则当前的文件中声明的类与接口都放在一个无名包中。

2. 引入包中的类

如果希望引入已有的包中的类与接口,可以有三种方法。

(1) 用 import 语句加包名和类名,格式如下:

```
import pkgname[.pkgname1…].classname;
```

该格式指明引入某个包中的一个具体对象,例如:

```
import java.applet.Applet;
```

是引入 java.applet 包中的 Applet 类。

(2) 用 import 语句引入某个包中的所有对象,格式为:

```
import pkgname[.pkgname1…].*;
```

例如:

```
import java.applet.*;
```

引入 java.applet 包中的所有类与接口。

(3) 在类名前指明它所在的包,例如:

```
class Myclass extends java.applet.Applet {
    …
}
```

这种引入与下面两句等价:

```
import java.applet.Applet;
class Myclass extends Applet {
    …
}
```

当引入的类比较多时,用第 2 种方法较为方便。

注意:Java 编译器为所有程序自动引入 java.lang 包,所以编程时不必引入它,但其他包都要用 import 语句引入。一个 Java 源文件中可以有多个 import 语句,表明它引入了多个包。

3. 完整的 Java 源文件

前面介绍了类、对象、接口与包之后,现在可以给出一个完整的 Java 源文件的格式了。Java 源文件又称为编译单元(compilation unit),单独编译,扩展名为.java。除了注释之外,该文件只能包含 4 个部分,顺序如下:

(1) package 语句部分。
(2) import 语句部分。
(3) 类声明部分。
(4) 接口声明部分。

package 语句可以出现 0 次或最多 1 次；import 语句可以出现 0 次或多次；属性为 public 的类可以有 0 个或最多 1 个；其他类可以有 0 个或多个；接口可以有 0 个或多个。文件名与 public 类的类名要一致，如 public 类名叫 HelloWorld，文件名就应取为 HelloWorld.java，如果文件中没有 public 类，就可以用其他名字作为文件名。

2.11.2 版本识别

每个 Java 包由 class 文件和可选的源文件组成，用于识别包内容的信息与包内容存放在一起，用于实现的版本信息不能用来识别包，包版本号是用于识别规格说明与实现之间的不同的，如错误等。实现的新版本专门用于去除错误的行为，所以特意不向后兼容。因此，包版本字符串可以有任意唯一的值，不能用来比较相等性。

2.12 小 结

本章介绍了 Java 语言的面向对象结构，这是它的核心部分，必须认真掌握。类的继承是面向对象编程的重要特点，可以节省重复性劳动；嵌套类增加了类结构的可读性和可维护性；多态性也是面向对象编程的重要特点，增加了 Java 的动态变化能力；抽象类与接口有重要的继承意义，包是 Java 重要的库组织形式。

习 题 2

1．什么叫类？什么叫对象？两者有什么区别？
2．什么是继承？子类和超类的关系如何？
3．什么是抽象类？什么是最终类？
4．什么是成员变量？成员变量有几种访问限制？
5．如何声明类方法和实例方法？
6．什么是抽象方法？什么是构造方法？
7．什么是方法的重写与重载？
8．this 和 super 有什么作用？
9．new 运算有什么作用？
10．抽象类与接口有何区别与联系？
11．什么是包？有何作用？
12．设计一个包含书名、作者、月销售量属性的 Book 类，另有两个构造方法（一个不带参数，另一个带参数）和两个成员方法 setBook()、printBook() （前者用于设置属性，后者用于输出属性），在另一个类 TestBook 中编写 main()方法测试以上功能。
13．设计一个名为 Rectangle 的矩形类，包含构造方法（用于设置矩形的宽度和高度）、getArea()方法（用于求矩形的面积）、getPerimeter()方法（用于求矩形的周长）和 Draw()方法（使用星号*字符画出矩形），在另一个类 TestRectangle 中编写 main()方法测试以上功能。
14．设计一个包含姓名、年龄、性别、配偶属性的 Person 类，另有一个 marry(Person p)

方法来判断两个人是否可以结婚（结婚必须满足以下三个条件：必须是异性；必须是单身；必须达到适婚年龄），如果可以，将 partner 属性赋值为其配偶。在另一个类 TestPerson 中编写 main()方法测试以上功能。

15．设计一个包含姓名、入职时间、所在部门、工资属性的 Employee 类，另有一个带参数的构造方法（用于初始化各个属性值，特别要求带有年月日的参数）以及 set()和 get()方法（分别用于设置属性和获取属性值），在另一个类 TestEmployee 中创建一个可以存放三个对象的 Employee 类的数组，并编写 main()方法测试 Employee 类的各项功能。

16．设计一个包含名称、速度、价格属性的 Vehicle 类，另有两个方法（一个用于涨价，一个用于降价），在另一个类 TestVehicle 中编写 main()方法测试以上功能。

17．设计三个类：学生类 Student、本科生类 Undergraduate 和研究生类 Postgraduate。Student 类设计为一个抽象类（包含学号、姓名、平均成绩等属性，同时包含一个计算奖学金等级的抽象方法）；Undergraduate 类和 Postgraduate 类是其子类，它们计算奖学金等级的方法有所不同（自己设计）；在另一个类 TestStudent 中编写 main()方法测试以上功能。

18．构造一个具有重载构造方法的类，并在构造方法内打印一条消息，针对不同的构造方法为这个类创建对象。

19．构建一个具有 4 种访问权限的成员变量和成员方法的类 Test，并定义一个该类的子类。在子类中、同一包中以及不同的包中创建类 Test 的实例对象，看看在不同情况下试图调用所有类成员时，会得到什么样的编译信息，并根据编译结果进行分析总结。

20．设计一个描述图形的类，并定义图形的几个子类，描述图形的类中要包括成员变量、构造方法和成员方法，定义的子类要重写父类的成员方法；并构造各种子类的实例对象来调用父类的成员方法，根据运行结果进行分析总结。

21．设计两个接口，每个接口包含两个方法。构造一个新接口，继承上述两个接口，并增加一个新的方法。构造一个类 Test 实现这个新的接口，并继承另一个类。创建类 Test 的实例对象，并调用类 Test 中全部的成员方法。

第3章 lambda 表达式及其应用

lambda 表达式是 Java 8 提供的一种新特性，它使得 Java 也能像 C#和 C++语言一样进行简单的"函数式编程"，这不仅简化了某些通用结构的实现方式，也大大增强了 Java 语言的表达功能。

3.1 lambda 表达式简介

lambda 表达式是基于数学中的λ演算得名，本质上就是一个没有方法名的匿名方法。例如，有一个方法定义如下：

```
int myX(int x,int y) {
    return x*y+10;
}
```

这个方法如果用λ表达式可以表示为：

```
(int x, int y) -> x*y+10;
```

表 3-1 给出了几个简单的 lambda 表达式示例。

表 3-1　lambda 表达式示例

lambda 表达式	说明	等价的方法实现

() -> System.out.print ("Example!")	不带任何形参	void myPrint(){
		　　System.out.print("Example!");
		}

(double x) -> x/2.0 或
(x) -> x/2.0 或
x -> x/2.0
	带有 1 个 double 类型的形参，形参的类型及括号均可省略，返回 double 类型	double myX() {
		　　return x=x/2.0;
		}

(int x, int y) -> x*y+10 或
(x,y) -> x*y+10
	带有 2 个 int 类型的形参，形参的类型可省略，返回 int 类型	int myX(int x, int y) {
		　　return x*y+10;
		}

1. lambda 表达式的格式

lambda 表达式通常以"(argument)->(body)"这样的格式书写，"->"被称为 lambda 运算符或箭头运算符，具体有两种形式。

（1）(arg1, arg2…) -> {body}　　　　　　　　//省略参数类型

（2）(Type1 arg1, Type2 arg2…)->{body}　　　//指定参数类型

在 lambda 表达式中，参数可以是零个或多个；参数类型可指定，可省略，若参数类型

省略，Java 编译器会根据表达式的上下文推导出参数的类型；表达式主体 body 可以是 0 条或多条语句，包含在花括号中；当表达式主体只有一条语句时，花括号可省略。

2. lambda 表达式的类型

lambda 表达式的类型指的就是其返回值的类型。lambda 表达式的返回值类型不必明确指出，但它可以是 Java 中任何有效的类型。当表达式主体有一条以上语句时，表达式的返回类型与代码块的返回类型一致；当表达式只有一条语句时，表达式的返回类型与该语句的返回类型一致。

3.2　lambda 表达式应用

lambda 表达式不是独立执行的，而是经常被应用在函数式接口定义的抽象方法实现中。先来介绍一下函数式接口。

1. 函数式接口（functional interface）

函数式接口是只包含有一个抽象方法的接口，又被称为单例抽象类（SAM:Single Abstract Method）接口。例如，Java 标准库中的 java.lang.Runnable 定义为：

```
public interface Runnable {
    void run();
}
```

该接口中只包含有一个抽象方法 run()，所以是一个典型的函数式接口。

函数式接口中的抽象方法指明了接口的目标用途。定义了函数式接口之后，就可以把 lambda 表达式赋值给该接口的一个引用，lambda 表达式定义了函数式接口声明的抽象方法的行为。当通过接口引用调用该方法时，就会自动创建实现了函数式接口的一个类的实例，并执行 lambda 表达式所定义的类的行为。

例 3.1 的程序定义了一个函数式接口，如果不用 lambda 表达式，用传统方法来表达该接口的 4 种不同情况的实现的话，就需要定义 4 个不同的类来实现接口中的方法。

【例 3.1】 传统方法示例。

```
interface myInter{                                //函数式接口
   double compute(double x,double y);             //唯一的抽象方法
}

class myImple1 implements myInter{                //实现类1
   public double compute(double x,double y){      //抽象方法的第1种实现
      return x+y;
   }
}

class myImple2 implements myInter{                //实现类2
   public double compute(double x,double y){      //抽象方法的第2种实现
      return x-y;
   }
```

```
    }
    class myImple3 implements myInter{          //实现类3
       public double compute(double x,double y){  //抽象方法的第3种实现
         return x*y;
       }
    }

    class myImple4 implements myInter{          //实现类4
       public double compute(double x,double y){  //抽象方法的第4种实现
         return x/y;
       }
    }

    public class nolambdaTest{
      public static void main(String args[]){
        myImple1 add=new myImple1();
        System.out.println("90.0和5.0两个数求和,结果为："+add.compute(90.0,5.0));
        myImple2 subtract=new myImple2();
        System.out.println("90.0和5.0两个数求差,结果为："+subtract.compute(90.0,
        5.0));

        myImple3 multiply=new myImple3();
        System.out.println("90.0和5.0两个数求积,结果为："+multiply.compute(90.0,
        5.0));
        myImple4 divide=new myImple4();
        System.out.println("90.0和5.0两个数求商,结果为："+divide.compute(90.0,
        5.0));
      }
    }
```

程序的运行结果如图3-1所示。

```
Console
<terminated> nolambdaTest [Java Application] D:\Java\
90.0和5.0两个数求和,结果为：95.0
90.0和5.0两个数求差,结果为：85.0
90.0和5.0两个数求积,结果为：450.0
90.0和5.0两个数求商,结果为：18.0
```

图3-1 例3.1的运行结果

例3.1的程序功能如果用lambda表达式来实现,就会比较简洁,也容易理解,见例3.2。

【例3.2】 lambda表达式示例。

```
interface myInter{                    //函数式接口
  double compute(double x,double y);  //唯一的抽象方法
}
```

```
class lambdaTest1{
  public static void main(String args[]){
    myInter add=(m,n)->m+n;         //lambda表达式赋值给该接口的一个引用
    System.out.println("90.0和5.0两个数求和，结果为："+add.compute(90.0,5.0));
    myInter subtract=(m,n)->m-n;    //lambda表达式赋值给该接口的一个引用
    System.out.println("90.0和5.0两个数求差,结果为："+subtract.compute(90.0,5.0));
    myInter multiply=(m,n)->m*n;    //lambda表达式赋值给该接口的一个引用
    System.out.println("90.0和5.0两个数求积,结果为："+multiply.compute(90.0,5.0));

    myInter divide=(m,n)->m/n;      //lambda表达式赋值给该接口的一个引用
    System.out.println("90.0和5.0两个数求商，结果为："+divide.compute(90.0,5.0));
  }
}
```

程序的运行结果与例 3.1 相同。

注意：使用 lambda 表达式时，函数式接口所定义的抽象方法的类型必须与 lambda 表达式的类型兼容，如果不兼容，就会导致编译出错。

2. 泛型函数式接口

在实际应用中，与 lambda 表达式关联的函数式接口也有可能是泛型的。在这种情况下，lambda 表达式的目标类型部分由声明函数式接口引用时指定的实参类型来决定。

例 3.3 说明了 lambda 表达式在泛型函数式接口中的应用。

【例 3.3】 lambda 表达式在泛型函数式接口中的应用示例。

```
interface myInter<T>{                    //泛型函数式接口
   T compute(T x,T y);
}

class lambdaTest2{
  public static void main(String args[]){
    myInter<Integer> add1=(m,n)->m+n;    //指定lambda表达式中的参数为int类型
    System.out.println("90和5两个数求和，结果为："+add1.compute(90,5));
    myInter<Double> add2=(m,n)->m+n;
    //指定lambda表达式中的参数为double类型
    System.out.println("90.0和5.0两个数求和，结果为："+add2.compute(90.0,5.0));
    myInter<Integer> subtract1=(m,n)->m-n;
    System.out.println("90和5两个数求差，结果为："+subtract1.compute(90,5));
    myInter<Double> subtract2=(m,n)->m-n;
    System.out.println("90.0和5.0两个数求差,结果为："+subtract2.compute(90.0,5.0));
```

```
        myInter<Integer> multiply1=(m,n)->m*n;
        System.out.println("90和5两个数求积,结果为:"+multiply1.compute(90,5));
        myInter<Double> multiply2=(m,n)->m*n;
        System.out.println("90.0和5.0两个数求积,结果为:"+multiply2.compute(90.0,
        5.0));
        myInter<Integer> divide1=(m,n)->m/n;
        System.out.println("90和5两个数求商,结果为:"+divide1.compute(90,5));
        myInter<Double> divide2=(m,n)->m/n;
        System.out.println("90.0和5.0两个数求商,结果为:"+divide2.compute(90.0,
        5.0));
    }
}
```

程序的运行结果如图 3-2 所示。

```
Console
<terminated> lambdaTest2 [Java Application] D:\Java\bin\
90和5两个数求和,结果为: 95
90.0和5.0两个数求和,结果为: 95.0
90和5两个数求差,结果为: 85
90.0和5.0两个数求差,结果为: 85.0
90和5两个数求积,结果为: 450
90.0和5.0两个数求积,结果为: 450.0
90和5两个数求商,结果为: 18
90.0和5.0两个数求商,结果为: 18.0
```

图 3-2 例 3.3 的运行结果

3.3 方法引用

学习完 lambda 表达式之后，通常会使用 lambda 表达式来创建匿名方法。但是，某些情况下 lambda 表达式里面可能仅仅只有一个方法调用。在这种情况下，可以不用 lambda 表达式，而直接通过方法名称来引用方法，这就是方法引用（Method References）。方法引用是 Java 8 新增的语言特性，也是一种更简洁易懂的 lambda 表达式。

方法引用的标准形式是：

className::methodName

类名（className）与方法名（methodName）之间用::隔开，该符号也是 Java 8 新增的分隔符。

表 3-2 列出了常见的 4 种形式的方法引用。

表 3-2 方法引用的类型

类型	语法格式
静态方法的方法引用	ContainingClass::staticMethodName
某个对象的实例方法的方法引用	ContainingObject::instanceMethodName
某个类型的任意对象的实例方法的方法引用	ContainingType::methodName
构造方法的方法引用	ClassName::new

1. 静态方法的方法引用

例 3.4 说明了静态方法的方法引用所使用的情形。

【例 3.4】 静态方法的方法引用示例。

```java
interface myInter{
   void test(int x,int y);
}
class myCompare{
  static void compare(int m, int n){
     if (m<n) System.out.println("经过比较可知："+m+" < "+n);
     if (m>n) System.out.println("经过比较可知："+m+" > "+n);
     if (m==n) System.out.println("经过比较可知："+m+" == "+n);
  }
    static void isDivided(int m, int n){
      if (m%n==0)
         System.out.println(m+"可以被"+n+"整除！");
      else
         System.out.println(m+"不可以被"+n+"整除！");
    }
}
class methodReferTest1{
   static void compTest(myInter p, int op1,int op2){
      p.test(op1,op2);
   }
  public static void main(String args[]){
     compTest(myCompare::compare,16,8);        //引用静态方法compare
     compTest(myCompare::isDivided,16,8);      //引用静态方法isFactor
   }
}
```

程序的运行结果如图 3-3 所示。

```
Console
<terminated> methodReferTest1 [Java Application]
经过比较可知：16 > 8
16可以被8整除！
```

图 3-3 例 3.4 的运行结果

2. 实例方法的方法引用

例 3.5 说明了实例方法的方法引用所使用的情形。

【例 3.5】 某个对象的实例方法的方法引用示例。

```java
interface myInter{
   void test(int x,int y);
}
class myCompare{
```

```java
    void compare(int m, int n){
       if (m<n) System.out.println("经过比较可知："+m+" < "+n);
       if (m>n) System.out.println("经过比较可知："+m+" > "+n);
       if (m==n) System.out.println("经过比较可知："+m+" == "+n);
    }
    void isDivided(int m, int n){
       if (m%n==0) System.out.println(m+"可以被"+n+"整除！");
       else
         System.out.println(m+"不可以被"+n+"整除！");
    }
}
class methodReferTest2{
    public static void main(String args[]){
    myCompare compare1=new myCompare();
    myInter m1=compare1::compare;      //通过对象进行实例方法的方法引用
    m1.test(30,15);
    myCompare compare2=new myCompare();
    myInter m2=compare2::isDivided;    //通过对象进行实例方法的方法引用
    m2.test(30,15);
    }
}
```

程序的运行结果如图 3-4 所示。

```
Console
<terminated> methodReferTest2 [Java Application]
经过比较可知：30 > 15
30可以被15整除！
```

图 3-4 例 3.5 的运行结果

例 3.5 展示的是通过对象进行实例方法的方法引用的情形，实际应用中还可能会遇到另外的情形：例如，指定一个实例方法，想使其能够用于给定类的任何对象，而不是某些已经指定了的对象，例 3.6 说明了这方面的应用。

【例 3.6】 某个类型的任意对象的实例方法的方法引用示例。

```java
interface myInter{
    void test(myTest mt);
}
class myTest{
    private int m,n;
    myTest(int op1,int op2){
      m=op1;   n=op2;
    }
    void compare(){
       if (m<n) System.out.println("经过比较可知："+m+" < "+n);
       if (m>n) System.out.println("经过比较可知："+m+" > "+n);
```

```
        if (m==n) System.out.println("经过比较可知: "+m+" == "+n);
    }
    void isDivided(){
        if (m%n==0) System.out.println(m+"可以被"+n+"整除！");
        else
           System.out.println(m+"不可以被"+n+"整除！");
    }
}
class methodReferTest3{
    public static void main(String args[]){
      myTest mt1=new myTest(30,15);
      myInter m1=myTest::compare;         //myTest类型的任意对象的实例方法的方法引用
      m1.test(mt1);
      myTest mt2=new myTest(20,6);
      myInter m2=myTest::isDivided;       //myTest类型的任意对象的实例方法的方法引用
      m2.test(mt2);
    }
}
```

程序的运行结果如图 3-5 所示。

```
Console
<terminated> methodReferTest3 [Java Application]
经过比较可知: 30 > 15
20不可以被6整除！
```

图 3-5 例 3.6 的运行结果

3. 构造方法的方法引用

与创建一般的方法引用类似，也可以创建构造方法的方法引用，例 3.7 说明了构造方法的方法引用所使用的情形。

【例 3.7】 构造方法的方法引用示例。

```
interface myInter{
   myTest test(int op1,int op2);
}
class myTest{
   private int m,n;
   myTest(int op1,int op2){
      m=op1;   n=op2;
   }
   int getM(){return m;}
   int getN(){return n;}
}
class methodReferTest4{
   public static void main(String args[]){
      myInter m1=myTest::new;          //构造方法的方法引用
```

```
    myTest mt1=m1.test(20,6);
    System.out.println("The value of m in class myTest is:"+mt1.getM());
    System.out.println("The value of n in class myTest is:"+mt1.getN());
  }
}
```

程序的运行结果如图 3-6 所示。

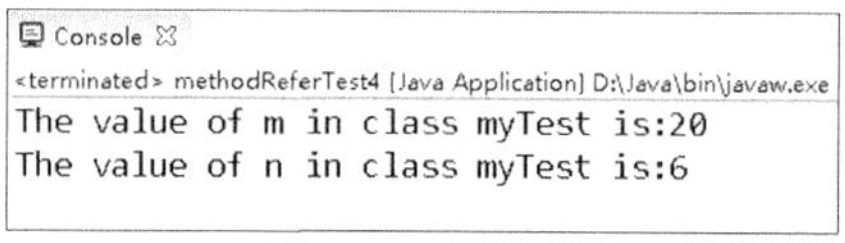

```
Console
<terminated> methodReferTest4 [Java Application] D:\Java\bin\javaw.exe
The value of m in class myTest is:20
The value of n in class myTest is:6
```

图 3-6 例 3.7 的运行结果

3.4 小　　结

本章介绍了 Java 8 提供的一种新特性 lambda 表达式,并且举例说明了其在函数式接口中的应用；同时还分多种情形讲解了与 lambda 表达式相关的方法引用的使用。

习　题　3

1. 什么是 lambda 表达式？
2. 什么是函数式接口？
3. 举例说明 lambda 表达式和函数式接口是如何关联的。
4. 什么是方法引用？
5. 举例说明方法引用和 lambda 表达式有何关联。

第 4 章 常用实用类

Java 类库中有很多类在编程中会经常用到，本章将介绍一些常用类的使用方法。

4.1 数 学 类

Math 类提供了许多实现标准数学运算功能的方法，还有一些数学值如 PI。所有的 Math 成员都是静态的，不必为该类创建实例，直接用 Math.method(variable) 就可以调用这些方法，注意其返回类型和参数变量。例如：

```
int a=-1;
a=Math.abs(a);
```

是使 a 经过绝对值运算后变为 1。

常用的数学方法有：

- public static double sin(double a)
- public static double cos(double a)
- public static double tan(double a)
- public static double asin(double a)
- public static double acos(double a)
- public static double atan(double a)
- public static double exp(double a)
- public static double log(double a)
- public static double sqrt(double a)
- public static double ceil(double a)
- public static double floor(double a)
- public static double rint(double a)
- public static double atan2(double a, double b)
- public static double annuity(double a, double b)
- public static double pow(double a, double b)
- public static int round(float a)
- public static int round(double a)
- public static void srandom(double a)
- public static double random()
- public static int abs(int a)

- public static long abs(long a)
- public static float abs(float a)
- public static double abs(double a)
- public static int max(int a，int b)
- public static long max(long a，long b)
- public static float max(float a，float b)
- public static double max(double a，double b)
- public static int min(int a，int b)
- public static long min(long a，long b)
- public static float min(float a，float b)
- public static double min(double a，double b)

例 4.1 为求弧度角的正弦值的程序。

【例 4.1】 数学类使用示例。

```
class Mysin {
    /**
     * @param args
     */
    public static void main(String[] args) {
        // TODO Auto-generated method stub
        double PI = 3.1416;
        System.out.println("Sin(PI/2)="+Math.sin(PI/2));
        System.out.println("产生0～10之间的随机整数："
        +Math.round(Math.random()*10));
    }
}
```

程序的运行结果如图 4-1 所示。

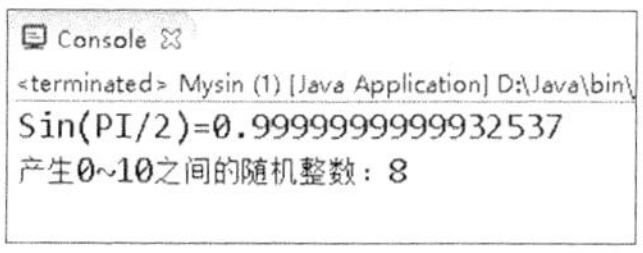

图 4-1　例 4.1 的运行结果

4.2　正则表达式支持类

正则表达式（regular expression）是功能强且灵活的文本处理工具，它用某字符串集合中各串的公共特征来描述这个字符串集。这种特征可以称为模式（pattern），利用模式处理文本比利用字符串更有效。Java 核心 API 中包含了 java.util.regex 程序包，包中包含有 Pattern、Matcher、PatternSyntaxException 三个类支持正则表达式。

4.2.1 正则表达式基础

正则表达式是含有一些具有特殊意义字符（即元字符）的字符串。例如，若想表示一个数可能是负值，可以用负号加问号放在数前，例如 "-?8"；若想表示一位数字，可以用反斜线和 d 表示，写为 "\\d"；若想表示一位数以上，正则表达式写为 "\\d+"；若想表示一个数前面可能有正号或负号，应该写为 "-|\\+"，其中 "|" 是逻辑或。

【例 4.2】 正则表达式示例。

```java
class ReguBasic {
    /**
     * @param args
     */
    public static void main(String[] args) {
        // TODO Auto-generated method stub
        System.out.println("+123".matches("(-|\\+)?\\d+"));
        System.out.println("-45".matches("(-|\\+)?\\d+"));
        System.out.println("6789".matches("(-|\\+)?\\d+"));
    }
}
```

程序的运行结果如图 4-2 所示。

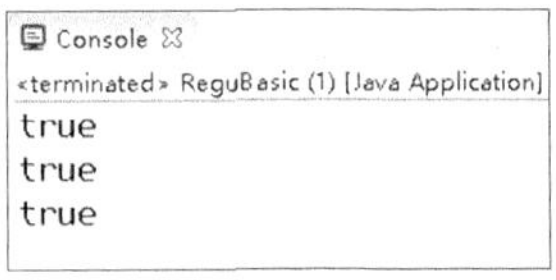

```
Console
<terminated> ReguBasic (1) [Java Application]
true
true
true
```

图 4-2 例 4.2 的运行结果

正则表达式 "(-|\\+)?\\d+" 表明一位以上的数前面可能有正号或负号，所以三次输出都是 true。

4.2.2 正则表达式字符类

正则表达式中可以用方括号括起若干字符表示一个字符类（character classes），表 4-1 列出了构造正则表达式的字符类，表中方括号内的构造可以匹配一定范围的字符串。

表 4-1 字符类

字符类	含义
[abc]	a、b 或 c（简单类）
[^abc]	除了 a、b 或 c 外的任何字符（非）
[a-zA-Z]	a~z 或 A~Z（含）（范围）
[a-d[m-p]]	a~d 或 m~p，等价于[a-dm-p]（并）
[a-z&&[def]]	d、e 或 f（交）
[a-z&&[^bc]]	a~z，除了 b 和 c，等价于[ad-z]（差）
[a-z&&[^m-p]]	a~z，且非 m~p，等价于[a-lq-z]（差）

【例 4.3】 字符类示例。

```
class CharaClass {
    /**
     * @param args
     */
    public static void main(String[] args) {
        // TODO Auto-generated method stub
        System.out.println("apple".matches("[^abc]pple"));
        System.out.println("banana".matches("[a-d]anana"));
        System.out.println("cherry".matches("[abc][d-h][a-z&&e]rry")); }
}
```

程序的运行结果如图 4-3 所示。

图 4-3 例 4.3 的运行结果

4.2.3 预定义字符集

正则表达式中含有许多有用的预定义字符，这些字符提供了常用正则表达式的某种缩写，见表 4-2。

表 4-2 预定义字符集

预定义字符	含 义
.	任何字符 (不一定匹配行终止符)
\d	一位数字：[0-9]
\D	一位非数字：[^0-9]
\s	一个空白字符：[\t\n\x0B\f\r]
\S	一个非空白字符：[^\s]
\w	一个词字符：[a-zA-Z_0-9]
\W	一个非词字符：[^\w]

【例 4.4】 预定义字符集示例。

```
class PreChara {
    /**
     * @param args
     */
    public static void main(String[] args) {
        // TODO Auto-generated method stub
        System.out.println("1".matches("\\D"));
        System.out.println("@".matches("\\W"));
```

```
            System.out.println(" ".matches("\\s"));
    }
}
```

程序的运行结果如图 4-4 所示。

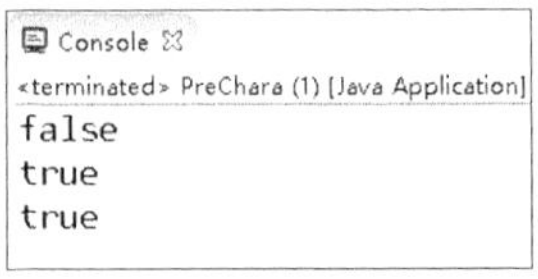

```
Console
<terminated> PreChara (1) [Java Application]
false
true
true
```

图 4-4 例 4.4 的运行结果

4.2.4 量词

正则表达式中的量词用于指定匹配出现的次数，有三种读入文本的方式：贪心的（Greedy）、不情愿的（Reluctant）和占有的（Possessive）。

（1）贪心的是指匹配器先读入整个输入串进行匹配，不行再减少一个字符重新匹配；
（2）不情愿的是指匹配器一次只读入一个字符进行匹配，最后才会读整个字符串；
（3）占有的是指匹配器读入整个输入串进行匹配一次，不减少字符。

量词的含义见表 4-3。

表 4-3 量词

贪心的（Greedy）	不情愿的（Reluctant）	占有的（Possessive）	含义
X?	X??	X?+	X，一次或没有
X*	X*?	X*+	X，零次或多次
X+	X+?	X++	X，一次或多次
X{n}	X{n}?	X{n}+	X，正好 n 次
X{n,}	X{n,}?	X{n,}+	X，至少 n 次
X{n,m}	X{n,m}?	X{n,m}+	X，至少 n 次但不超过 m 次

例如，a?表示一个 a 或无 a；a*表示 0 个 a 或多个 a；ab+表示一个 a 后面跟随一个或多个 b；a{2,5}表示至少两个 a，但不超过五个 a；(abc)+表示一次或多次出现 abc。

4.2.5 边界匹配符

正则表达式中的边界匹配符可以指明匹配在哪里进行，从而使模式匹配更为精确。表 4-4 列出了这些符号。

表 4-4 边界匹配符

边界匹配符	含义
^	行的开头
$	一行的尾部
\b	一个词的边界
\B	一个非词的边界
\A	输入的开头
\G	前次匹配的尾部

续表

边界匹配符	含义
\Z	输入的尾部，但是用于最后终止符（如果有）
\z	输入的尾部

例如，^abc$ 表示一行开始和结束之间是 abc；\s*abc$ 表示开头允许有若干个空白符，行尾是 abc；^abc\w* 表示一行开始是 abc，后面跟随若干个词字符；\babc\b 表示整个词是 abc，而不是某个子串是 abc；\babc\B 表示以词边界开头，结尾处不是词的边界；\Gabc 表示 abc 正好出现在前次匹配结束位置后面。

4.2.6 Pattern 类

Pattern 类的主要作用是进行正则规范的编写，Pattern 类的常用方法如表 4-5 所示。

表 4-5 Pattern 类的常用方法

方法	描述
public static Pattern compile（String regex, int flag）	指定正则表达式规则，参数 regex 表示输入的正则表达式，flag 表示模式匹配的方式（可以省略）
public Matcher matcher（CharSequence input）	返回 Matcher 类实例，参数 input 表示输入的待处理字符串
public String[] split（CharSequence input）	字符串拆分，参数 input 表示待拆分的字符串

1. compile()方法

编译方法 compile() 可接受一组标志（flag）影响模式匹配的方式。例如，Pattern.CANON_EQ，允许标准对等；Pattern.CASE_INSENSITIVE，允许不分大小写字母匹配；Pattern.COMMENTS，允许模式中有空白字符和注释；Pattern.MULTILINE，允许多行方式；Pattern.DOTALL，允许"."代表任何字符；Pattern.LITERAL，允许模式字面解析；Pattern.UNICODE_CASE，允许也按统一码匹配；Pattern.UNIX_LINES，允许 UNIX 行方式等。

compile() 是一个 static() 方法，要用 Pattern 类名来调用，例如 Pattern. compile ("\\d")。

2. matcher()方法

通过 Pattern 类 matcher() 方法可以获取到 Matcher 类的一个实例，通过这个实例就可以调用 Matcher 类的 matches() 方法，快速检查给定输入字符串中有无指定模式。

3. split()方法

Pattern 类还提供了 split() 方法，把按正则表达式分界的字符串分解为一个子串数组。例 4.5 是把以数字为界的字母子串解析出来放进字符串数组 letter 中。

【例 4.5】 Pattern 类示例。

```java
import java.util.regex.Pattern;
public class Mysplit {
    private static final String REGEX = "\\d+";
    private static final String INPUT = "abc5defg64hijk72lmnop19qrst2000uv";
    /**
     * @param args
```

```java
        */
    public static void main(String[] args) {
        // TODO Auto-generated method stub
        Pattern p = Pattern.compile(REGEX);
        String[] letter = p.split(INPUT);
        for(String s : letter) {
            System.out.println(s);
        }
    }
}
```

程序的运行结果如图 4-5 所示。

```
Console
<terminated> Mysplit (1) [Java Application]
abc
defg
hijk
lmnop
qrst
uv
```

图 4-5　例 4.5 的运行结果

4.2.7　Matcher 类

Matcher 类的主要作用是验证字符串是否符合编译好的正则规范，Matcher 类的常用方法如表 4-6 所示。

表 4-6　Matcher 类的常用方法

方法	描述
public boolean matches()	执行验证，对整个输入字符串按编译好的正则表达式进行模式匹配
public boolean find（int start）	从字符串的 start 位置处开始匹配正则表达式所表示的模式
public String replaceAll（String replacement）	字符串替换，用给定的 replacement 串替换符合模式匹配的部分

除了这些常用方法，Matcher 类还提供了解释模式和执行匹配操作的其他一些方法，如 start()、end()、lookingAt()、appendReplacement(StringBuffer sb, String replacement)、appendTail(StringBuffer sb)、replaceFirst(String replacement)，quoteReplacement(String s)等。例 4.6 就用到了其中的几个方法。

【例 4.6】　Matcher 类示例。

```java
import java.util.regex.Pattern;
import java.util.regex.Matcher;
public class Mymatch {
    private static final String REGEX = "abc";
    private static final String INPUT = "abcdaabcabbbcabccabcaabcabbc";
```

```java
/**
 * @param args
 */
public static void main(String[] args) {
    // TODO Auto-generated method stub
    Pattern p = Pattern.compile(REGEX);
    Matcher m = p.matcher(INPUT);
    int i = 0;
    while(m.find()) {
        i++;
        System.out.print("Match "+i);
        System.out.print(": "+m.start());
        System.out.println("-"+m.end());
    }
  }
}
```

程序的运行结果如图 4-6 所示。

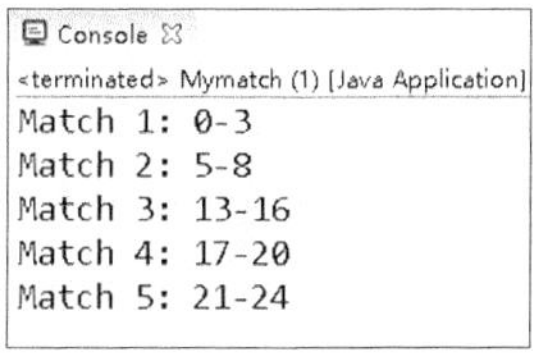

```
Console
<terminated> Mymatch (1) [Java Application]
Match 1: 0-3
Match 2: 5-8
Match 3: 13-16
Match 4: 17-20
Match 5: 21-24
```

图 4-6 例 4.6 的运行结果

4.2.8 PatternSyntaxException 类

这个类用于检查正则表达式模式中的语法错误，它提供了几个方法帮助查找错误，如 getDescription()、getIndex()、getPattern()、getMessage()等。

4.3 字 符 串 类

Java 开发环境提供了几个类用于存储和处理字符串数据：String 类用于不变的字符串；新加入的 StringBuilder 用于可变的字符串；早期版本的 StringBuffer 现在主要用于并发计算的环境，因为它有同步的功能，但比 StringBuilder 速度慢。C、C++只是用字符数组来存放字符串，这种用法相当不安全，经常有数组越界的危险。Java 用类来封装字符串，编程人员无须担心越界问题。

字符串常量又称为串字面量，是用双引号包括起来的任意数量的字符。Java 用 String 类存放字符串常量，不能修改，可以作为参数传递，也可以被多个并发执行的线程所共享，而不会引起任何副作用。

如果字符串要变动，则采用 StringBuilder 类来操作。该类相当于有二个字符缓冲区，用所提供的方法修改串中的字符。若修改后不会再变，可用 toString 方法转换为 String 类，因为 String 类比较简单，容易操作。

4.3.1 String 类

创建 String 类对象可以用串字面量：

```
String s="Good morning";
```

它与下式等价：

```
String s = new String("Good morning");
```

可以用数组作参数（但注意不要改变数组内容），例如：

```
String s = new String(char value[]);
```

String 类有许多方法，可以访问字符串。常用的有如下几个方法。

1. public int length()方法

该方法返回串中的字符数，例如：

```
int len = s.length();
```

2. public char charAt(int index)

该方法返回参数中指定的串中位置的字符。例如：

```
char ch = s.charAt(2);
```

3. public int indexOf(String str)

该方法返回串中首次出现 str 串的位置，返回–1 表示串中无 str 串。例如：

```
int ind = s.indexOf('.');
```

4. public String substring(int beginIndex，int endIndex)

该方法返回起始位置和末尾位置间的子串。例如：

```
String sub = s.substring(0,4);
```

4.3.2 String 类和正则表达式

在 String 类中也有支持正则表达式操作的方法，如表 4-7 所示。

表 4-7 String 类中支持正则表达式操作的方法

方法	描述
public boolean matches()	执行字符串模式匹配
public String replaceAll(String regex, String replacement)	执行字符串模式匹配替换
public String[] split(String regex)	执行字符串模式匹配拆分

例 4.7 就用到了其中的几个方法。

【例 4.7】 String 类中支持正则表达式操作的方法示例。

```java
public class Mystring {
    /**
     * @param args
     */
    public static void main(String[] args) {
        // TODO Auto-generated method stub
        String str1="name;telephone;address";
        String str2="word123text456file";
        String str3="1983/05/18";
        String s[]=str1.split(";");
        System.out.println("str1 has been splited:");
        for (String stemp:s){
            System.out.println(stemp+" ");
        }
        str2=str2.replaceAll("\\d+"," ");
        System.out.println("str2 has been replaced:"+str2);
        System.out.println("Is str3 in the correct format?"+
        str3.matches("\\d{4}/\\d{2}/\\d{2}"));
    }
}
```

程序的运行结果如图 4-7 所示。

```
str1 has been splited:
name
telephone
address
str2 has been replaced:word text file
Is str3 in the correct format?true
```

图 4-7 例 4.7 的运行结果

4.3.3 StringBuilder 类

StringBuilder 类对象是可以修改的字符串，它除了有长度方法 length()外，还有容量方法 capacity()。创建 StringBuilder 类对象格式如下：

```
StringBuilder strb = new StringBuilder();
//建立空的Stringbuilder对象，缓冲区初始容量是16字符单元
```

（1）可以带整型参数（即指定缓冲区大小），例如：

```
StringBuilder strb = new StringBuilder(int initCapacity);
```

以后加入字符时缓冲区会自动扩展。

（2）还可以用字符串作参数，例如：

```
StringBuilder sb = new StringBuilder("Good morning");
```

StringBuilder 类有许多方法,用于修改字符串,常用的有如下几个方法。

1. StringBuilder append(type variable)

该方法将数据追加到 StringBuilder 的尾端,数据类型可以是 Object、int、long、float、double、boolean、char[],它们都被转换为字符串。该方法用法如下:

```
while ((ch = System.in.read()) !='\n')
    strb.append(ch);
```

其中,strb 是 StringBuilder 类的对象。

2. StringBuilder insert(int offset type variable)

该方法把数据插入到 StringBuilder 的指定位置,数据类型同上。例如:

```
StringBuilder strb = new StringBuilder("A book");
strb.insert(2, "good");
```

插入后的结果是"A good book",记住位置从 0 开始。若要插入字符到串的前端,则位置参数为 0。

3. StringBuilder setCharAt(int offset, char ch)

该方法将指定位置的字符改为指定字符。该方法用法如下:

```
strb.setCharAt(2, 'B');
```

将 strb 中的第三个字符改为 B。

例 4.8 程序同时用了 String 和 StringBuilder 类来转换一串字符。类 ReverseStr 中有一个方法 reverseIt(),接收 String 类参数 source,创建 StringBuilder 类对象 dest,把 source 字符串的所有字符反向放入 dest 字符缓冲区,最后把 dest 转换为字符串返回。

【例 4.8】 字符串示例。

```java
class ReverseStr {
    public static String reverseIt(String source) {
        int i,len = source.length();
        StringBuilder dest = new StringBuilder(len);
        for (i=(len-1); i>=0; i--) {
            dest.append(source.charAt(i));
        }
        return dest.toString();
    }
}
class Myrever {
    /**
     * @param args
     */
    public static void main(String[] args) {
        // TODO Auto-generated method stub
```

```
        System.out.println("abcdefg is reversed to:"+ReverseStr.reverseIt
        ("abcdefg"));
    }
}
```

程序的运行结果如图 4-8 所示。

```
Console
<terminated> Myrever (1) [Java Application] D:\Java\bin\
abcdefg is reversed to:gfedcba
```

图 4-8 例 4.8 的运行结果

4.4 日期时间类

设计程序时，经常会遇到日期时间有关的操作。Java 的日期时间类主要有 Date、Calendar、GregorianCalendar 等，它们位于 java.util 包中。利用日期时间类提供的方法，可以获取当前的日期和时间、创建日期和时间参数、计算和比较时间。

4.4.1 Date

Date 表示特定的瞬间，精确到毫秒。Date 类提供了很多的方法，但是多数已经过时，不推荐使用。程序中一般会使用 Calendar 类来实现日期时间字段之间的转换，使用 DateFormat 或 SimpleDate Format 类格式化和分析日期时间字符串。

下面简单介绍 Date 类中常用的两个方法。

（1）Date()：构造方法，使用当前的日期和时间初始化一个对象。

（2）long getTime()：返回自标准基准时间（1970 年 1 月 1 日 00:00:00GMT）以来此 Date 对象表示的毫秒数。

例 4.9 给出一个利用 Date 类中的方法显示日期时间的简单程序。

【例 4.9】 Date 类使用示例。

```
import java.util.Date;
public class myDate{
    /**
    * @param args
    */
    public static void main(String args[]){
        Date da=new Date(); //使用当前的日期和时间创建时间对象
        System.out.println(da);
        long msec=da.getTime();
        System.out.println("从1970年1月1日0时到现在共有：" + msec + "毫秒");
    }
}
```

程序的运行结果如图 4-9 所示。

```
Console ⊠
<terminated> myDate [Java Application] D:\Java\bin\javaw.exe (2017年3月8日 下午8:48:28)
Wed Mar 08 20:48:29 GMT+08:00 2017
从1970年1月1日0时到现在共有：1488977309512毫秒
```

图 4-9　例 4.9 的运行结果

4.4.2　Calendar

Calendar 类是一个抽象类，它的功能比 Date 类强大得多。Calendar 类提供了一组方法，可以实现特定瞬间与 YEAR、MONTH、DAY_OF_MONTH、HOUR 等日历字段之间的转换。不能直接使用 Calendar 类来创建对象，但可以使用该类提供的静态方法 getInstance() 获得代表当前日期的日历对象。例如：

```
Calendar cal=Calendar.getInstance();
```

一个 Calendar 的实例对象是系统时间的抽象表示。

（1）通过实例对象调用 Calendar 类的 get() 方法就可以知道年、月、日、星期等信息。get() 方法的声明格式如下：

```
int get(int field);
```

其中，参数 field 的值由 Calendar 类的静态常量决定。如：YEAR 代表年；MONTH 代表月；Date 代表日；HOUR 代表小时；MINUTE 代表分；SECOND 代表秒；DAY_OF_WEEK 代表星期几。

下面的语句：

```
cal.get(Calendar.MONTH);
```

如果返回值为 0，代表当前日历是一月份；如果返回值为 1，代表二月份；以此类推。

（2）通过实例对象调用 Calendar 类的 set() 方法就可以将日历翻到一个指定的时间。set() 方法的声明格式有以下几种。

```
① void set(int year,int month,int date);//同时设定年、月、日
② void set(int year,int month,int date,int hour,int minute,int second);
                        //同时设定年、月、日、时、分、秒
③ void set(int field,int value);    //只设定日期中的一个字段，例如年或者月
```

例如：

```
① cal.set(2017,3-1,9);              //设定当前日期为2017年3月9日
② cal.set(2017,3-1,9,10,13,25);     //设定当前时间为2017年3月9日10点13分25秒
③ cal.set(Calendar.YEAR,2017);      //设定当前日期为2017年
```

（3）通过实例对象调用 Calendar 类的 getTime() 和 setTime() 方法可以实现 Calendar 类对象和 Date 对象的相互转换。

① getTime ()方法的声明格式如下：

```
Date getTime();                    //返回一个和调用对象时间相等的Date对象
```

② setTime ()方法的声明格式如下：

```
void setTime(Date date);           //从Date对象中获得日期和时间
```

4.4.3 GregorianCalendar

GregorianCalendar 是 Calendar 类的子类，提供了 Calendar 类中所有的抽象方法的实现，同时还提供了一些附加的方法。Calendar 类的 getInstance()方法返回一个 GregorianCalendar，它被初始化为默认的地域和时区下的当前日期和时间。

下面举例说明该类的使用。

【例 4.10】 GregorianCalendar 类使用示例。

```
import java.util.*;
  public class myGreCalendar {
    public static void main(String[] args)  {
        Calendar cal = new GregorianCalendar();
        cal.setTime(new Date()); //获取当前日期
        System.out.print(cal.get(Calendar.YEAR)+"年");
        System.out.print((cal.get(Calendar.MONTH)+1)+"月");
        System.out.print(cal.get(Calendar.DATE)+"日");
        System.out.print(cal.get(Calendar.HOUR )+"时");
        System.out.print(cal.get(Calendar.MINUTE)+"分");
        System.out.print(cal.get(Calendar.SECOND)+"秒");
        System.out.print("星期"+(cal.get(Calendar.DAY_OF_WEEK)-1));
    }
}
```

程序的运行结果如图 4-10 所示。

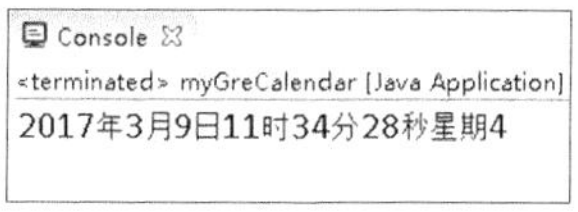

图 4-10 例 4.10 的运行结果

注意：Calendar 类中周日用 1 表示，周一用 2 表示，周二用 3 表示，以此类推。

4.5 小   结

本章主要介绍了数学类、正则表达式相关类以及字符串类的使用方法。通过一些示例程序，重点阐述了正则表达式在程序中的应用。

习   题   4

1. 编程练习 Math 类的常用方法。
2. 以下程序测试 String 类的各种构造方法，试选出其运行效果。

```
class STR{
  public static void main(String args[]){
    String s1=new String();
    String s2=new String("String 2");
    char chars[]={'a',' ','s','t','r','i','n','g'};
    String s3=new String(chars);
    String s4=new String(chars,2,6);
    byte bytes[]={0,1,2,3,4,5,6,7,8,9};
    StringBuffer sb=new StringBuffer(s3);
    String s5=new String(sb);
    System.out.println("The String No.1 is "+s1);
    System.out.println("The String No.2 is "+s2);
    System.out.println("The String No.3 is "+s3);
    System.out.println("The String No.4 is "+s4);
    System.out.println("The String No.5 is "+s5);
  }
}
```

A． The String No.1 is
The String No.2 is String 2
The String No.3 is a string
The String No.4 is string
The String No.5 is a string

B． The String No.1 is
The String No.2 is String 2
The String No.3 is a string
The String No.4 is tring
The String No.5 is a string

C． The String No.1 is
The String No.2 is String 2
The String No.3 is a string
The String No.4 is strin
The String No.5 is a string

D． 以上都不对

3．下面哪些语句能够正确地生成五个空字符串？

A． String a[]=new String[5]; for(int i=0;i<5;a[++]="");
B． String a[]={"","","","",""};
C． String a[5];
D． String[5]a;
E． String []a=new String[5]; for(int i=0;i<5;a[i++]=null);

4．使用正则表达式编写程序进行邮件地址的正确性验证。

5．说明 Calendar 类和 GregorianCalendar 类的区别和联系。

第 5 章　增强性能类

Java 有很多类是用于提高性能的,如异常处理、并发和反射等,本章将介绍 Java 的这些增强性能类。

5.1　异常处理

Java 语言采用"异常(exception)"来为其程序提供错误处理能力,异常是一个事件,当执行中的程序中断其正常的指令流时出现;Java 代码能检测出错误,向运行系统指明是什么错误,抛出一个异常。通常,抛出的事件使线程终止,显示其错误信息。如果想自己处理异常,可以用一个 catch 语句捕获异常。

5.1.1　异常

异常实际上是异常事件的简称,许多不同的错误可以引起异常。有硬件错误,如硬盘坏了;有编程错误,如试图访问越界数组元素。若这些错误出现在 Java 的方法中,该方法创建一个异常对象,对象中包含异常类型、错误出现时程序的状态等信息,交到运行系统,这叫抛出一个异常。

运行系统负责找出处理错误的方法,它往回搜索方法调用栈(call stack),直到找出一个合适的异常处理器,所谓合适,是指抛出的异常类型与异常处理器处理的类型相同。选择异常处理器称为捕获异常,若运行系统找不到合适的异常处理器,系统就终止运行。

用异常处理错误有三个优点。

(1) 处理错误的代码与正常代码分开。

这样做既不会影响正常代码的逻辑结构,而且还可以知道哪一步出现错误,并分清楚出错后要做的事情。

(2) 沿调用栈向上传送错误。

Java 的方法可以避开它抛出的异常,由它上一层调用方法处理。只有关心错误的方法才检测错误,其他方法可以声明一个 throws 子句,把错误往上传。

(3) 按错误类型和错误区别分组。

异常可以分类成组,例如,处理数组时的一些错误(下标超出数组范围,插入数组的元素类型不对,所搜索的元素不在数组中等)可以归为一组。Java 的异常都是对象,异常分组是类与子类的自然结果。

异常必须是 Throwable 型,即是 Throwable 类与子类的实例。Throwable 类在 java.lang 包中定义,其继承关系如图 5-1 所示。

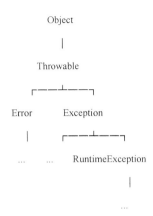

图 5-1 Throwable 类的继承关系

从图 5-1 中可见，Throwable 是 Object 的子类，它本身又有两个子类 Error 和 Exception。

（1）Error 是动态链接失败或虚拟机出现"硬"失效后出现的，由虚拟机抛出。普通的 Java 程序不会抛出 Error，也不需要捕获它。

（2）Exception 表明出现了问题，但不是严重的系统问题。大多数程序都可以抛出和捕获它。Java 包中定义了许多 Exception 的后继类，指明各种类型的异常。例如，IllegalAccessException 表明不能访问某个方法；InstantiationException 表明程序试图实例化一个抽象类或接口。

Exception 可分为运行时刻异常（RuntimeException）和非运行时刻（Non-runtime）异常。

① RuntimeException 是 Exception 的一个重要子类，代表运行时刻出现在 Java 虚拟机的异常，包括算术异常（如被零除）、指针异常（如试图通过 null 引用访问对象）和下标异常（如用太大或太小的下标访问数组元素）等，表 5-1 列出了这类异常中常见的类型。

表 5-1 运行系统抛出的 RuntimeException

运行系统抛出的 RuntimeException	含义
ArithmeticException	除以零
NullPointerException	试图访问空对象的变量和方法
IncompatibleClassChangeException	类变化后将影响该类其他对象对方法和变量的引用，那些对象没有重编译
ClassCastException	不正确的类转换
NegativeArraySizeException	数组的长度为负数
OutOfMemoryException	执行 new 操作，但没有多余内存空间给该对象
NoClassDefFoundException	引用一个类，但系统找不到它
IncompatibleTypeException	试图实例化一个接口，可抛出
ArrayIndexOutOfBoundsException	试图引用数组中的非法元素，可抛出
UnsatisfiedLinkException	一个 native 方法在运行时不能链接，可抛出
InternalException	不可抛出，代表运行系统本身的问题

运行时刻异常在程序中到处可出现，数量很多，检查它们所花的代价超过了捕捉与声明带来的好处，因此编译器不要求捕捉或声明运行时刻异常（RuntimeException）。

② 非运行时刻（Non-runtime）异常代表合法操作所调用方法必须知道的有用信息，例如磁盘满了、没有访问权限等，非运行时刻异常必须抛出或捕获。

5.1.2 捕获与声明的要求

Java 语言要求各方法捕获或声明（declare）在方法的作用范围内可能抛出的所有非运行时刻（Non-runtime）异常。如果编译器检查到某个方法没有满足要求，它会显示出错信息，并拒绝编译程序。例如，源程序中有一句：

```
while (System.in.read()!=-1)
```

用到了 I/O 操作 read()，可能会出现 IOException，如果程序中没有 catch 部分，就要在方法的声明部分用 throws 子句说明可以抛出它，如：

```
public static void main(String args[]) throws java.io.IOException {
  ...
}
```

这样编译程序才认可，否则会出现下列出错信息：

```
warning: Exception java.io.IOException must be caught, or it must be declared
in throws clause of this method.
```

为什么方法不捕获异常时就要声明会抛出异常？因为方法抛出的任何异常实际上是该方法的公共编程接口的一部分，方法的调用者必须知道该方法抛出的异常，以便决定如何处理这些异常。

5.1.3 处理异常

异常可以分类成组，Throwable 类加上子类就构成一组，如 Exception 类是 Throwable 的子类，本身又有一个子类 ArrayException，而 ArrayException 又有 InvalidIndexException、ElementTypeException 和 NoSuchElementException 三个子类。这三个子类都是具体的错误类型。方法可以捕获具体类型的错误，例如：

```
catch (InvalidIndexException e) {
  ...
}
```

ArrayException 代表一组异常，方法也可以按组捕获异常，例如：

```
catch (ArrayException e) {
  ...
}
```

例 5.1 进一步说明如何处理异常。

【例 5.1】 异常示例。

```
import java.io.*;
import java.util.Vector;
```

```java
class ListOfNumbers {
  private Vector<Integer> victor;
  final int size=10;
  public ListOfNumbers() {
     int i;
     victor=new Vector<> (size);
     for (i=0; i<size; i++)
        victor.addElement(new Integer(i));
  } //构造方法，创建向量victor，包含10个整数0~9
  public void writeList() {
     PrintStream pStr = null;
     System.err.println("Entering try statement");
     int i;
     pStr=new PrintStream(new BufferedOutputStream(new
     FileOutputStream("OutFile.txt")));
     for (i=0; i<size; i++)
        pStr.println("Value at:"+i+"="+victor.elementAt(i));
     pStr.close();
  } //将一列数字写入文本文件OutFile.txt
  public static void main(String[] args) {
      // TODO Auto-generated method stub
       ListOfNumbers lofn = new ListOfNumbers();
       lofn.writeList();
  }
}
```

程序的运行结果如图 5-2 所示。

```
Console
<terminated> ListOfNumbers (1) [Java Application] D:\Java\bin\javaw.exe (2017年3月6日 上午11:13:40)
Exception in thread "main" java.lang.Error: Unresolved compilation problem:
    Unhandled exception type FileNotFoundException

    at tt.ListOfNumbers.writeList(ListOfNumbers.java:17)
    at tt.ListOfNumbers.main(ListOfNumbers.java:26)
```

图 5-2 例 5.1 的运行结果

分析：该类可能出现两个异常：第 1 个是 IOException，由 FileOutputStream("OutFile.txt")构造方法打不开该文件时抛出；第 2 个是 ArrayIndexOutOfBoundsException，由 victor.elementAt(i)遇到过大或过小的 i 时抛出。编译时编译器会指出要抛出 IOException 异常的信息，但不会指出要抛出 ArrayIndexOutOfBounds 异常，因为前者属于非运行时刻异常，后者是运行时刻异常，Java 只要求处理非运行时刻异常。

建造一个异常处理器处理上述异常，由三个部分组成：try 块、catch 块和 finally 块。

1. try 块

建造异常处理器的第一步是把会出现异常的 Java 语句放入 try 块，由 try 块管理所包含的语句，定义异常处理器的作用范围。其格式为：

```
try {
    Java语句
}
```

对于本例,可以定义如下 try 块:

```
try {
    int i;
    System.err.println("Entering try statement");
    pStr=new PrintStream(new BufferedOutputStream(new
                        FileOutputStream("OutFile.txt")));
    for (i=0; i<size; i++)
      pStr.println("Value at:"+i+"="+victor.elementAt(i));
}
```

try 块后面必须跟随一个或多个 catch 块,或一个 finally 块。

2. catch 块

catch 块紧跟在 try 块后面,构成异常处理器:

```
try {
  ...
} catch (…) {
  ...
} catch (…) {
  ...
}
  ...
```

catch 块的格式为

```
catch (SomeThrowableClassName variableName) {
    Java语句
}
```

其中有一个参数,其类型 SomeThrowableClassName 定义了异常处理器可处理的异常类型,且必须是 Throwable 类的后继类。参数名 variableName 是处理器用于引用异常对象的,假如异常名为 e,就可以用 e 调用异常的实例变量和方法,如 e.getMessage()得到错误的其他信息,getMessage()是 Throwable 类提供的方法。

catch 中的 Java 语句是调用异常处理器时执行的,当异常的类型与 catch 参数类型匹配时,运行系统就调用异常处理器。

对于本例,可以设置两个 catch 块,构造两个异常处理器:

```
try {
...
} catch (ArrayIndexOutOfBoundsException e) {
    System.err.println("Caught ArrayIndexOutOfBoundsException:"+ e.getMessage());
```

```
    } catch (IOException e) {
      System.err.println("Caught IOException:"+ e.getMessage());
    }
```

catch 块的顺序就是运行系统检查异常处理器的顺序，所以要注意排序。当 FileOutputStream 出现 IO 异常时，运行系统检查到第 2 个 catch 块是处理 IOException 的处理器，就调用它，显示

```
Caught IOException: OutFile.txt
```

上述两个异常处理器各处理一种异常，Java 语言允许编写处理多种类型异常的通用处理器。对于本例，可以设置一个 catch 块，构造一个通用的异常处理器：

```
try {
...
} catch(ArrayIndexOutOfBoundsException|IOException e){
    System.err.println("Caught Exception:"+e.getMessage());
}
```

但是，捕获太多异常的处理器对错误恢复没有帮助，因为无法知道具体发生了哪类异常。

3. finally 块

设置异常处理器的最后一步是提供一种机制清除方法的状态，把控制传给程序的其他部分，这种机制就由 finally 块实现。其格式为

```
try {
   ...
} catch (…) {
   ...
} finally {
   ...
}
```

不管 try 块发生了什么事情，运行系统总会执行 finally 块中的语句。

对于本例，不管发生了哪种异常，打开了的输出流 PrintStream 总要关闭，所以 finally 块安排如下：

```
finally {
 if (pStr!=null) {
    System.err.println("Closing PrintStream");
    pStr.close();
  } else {
    System.err.println("PrintStream not open");
    }
}
```

如果没有 finally 块，万一出现了运行时刻异常而没有适当的处理器，PrintStream 就无法关闭。

例 5.1 的程序加上了 try 块、catch 块和 finally 块后成为例 5.2 的程序，该程序就可以处理异常发生的各种情况。

【例 5.2】 处理异常示例。

```java
import java.io.*;
import java.util.Vector;
class ListOfNumbers {
    private Vector<Integer> victor;
    final int size=10;
    public ListOfNumbers() {
      int i;
      victor=new Vector<> (size);
      for (i=0; i<size; i++)
         victor.addElement(new Integer(i));
    } //构造方法，创建向量victor，包含10个整数0~9
    public void writeList() {
      PrintStream pStr = null;
      try {
        int i;
        System.err.println("Entering try statement");
        pStr=new PrintStream(new
            BufferedOutputStream(new FileOutputStream("OutFile.txt")));
        for (i=0; i<size; i++)
          pStr.println("Value at:"+i+"="+victor.elementAt(i));
      } catch (ArrayIndexOutOfBoundsException e) {
        System.err.println("Caught ArrayIndexOutOfBoundsException:"+
                                        e.getMessage());
      } catch (IOException e) {
        System.err.println("Caught IOException:"+ e.getMessage());
      } finally {
        if (pStr!=null) {
          System.err.println("Closing PrintStream");
          pStr.close();
        } else {
          System.err.println("PrintStream not open");
        }
      } //结束异常处理
    } //结束writeList()方法
    /**
     * @param args
     */
    public static void main(String[] args) {
        // TODO Auto-generated method stub
```

```
            ListOfNumbers lofn = new ListOfNumbers();
            lofn.writeList();
        }
    }
```

程序的运行结果有三种情况：

（1）FileOutputStream 执行失败，抛出 IOException，此时 PrintStream 没能打开。运行系统立即退出 try 块，寻找合适的处理器。调用栈顶是 FileOutputStream 构造方法，但它没有异常处理器。栈中下一方法是 writeList()，它有两个 catch 块，第一块类型不匹配，第二块类型正合适，所以运行系统执行此块。最后执行 finally 块，各种输出信息如下：

```
Enter try statement
Caught IOException: OutFile.txt
PrintStream not open
```

（2）传给 Vector 的 elementAt() 参数太大，抛出 ArrayIndexOutOfBoundsException。运行系统退出 try 块，找到第一个 catch 块进行处理，然后执行 finally 块。因为 PrintStream 已经打开，所以 finally 块把它关闭。显示如下输出信息：

```
Entering try statement
Caught ArrayIndexOutOfBoundsException:10 >= 10
Closing PrintStream
```

（3）不出现异常，执行完 try 块后执行 finally 块，最终控制台显示如图 5-3 所示的信息。

并在当前目录产生一个 outFile.txt 文件，图 5-4 展示了文件的内容。

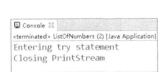

图 5-3 例 5.2 的运行结果

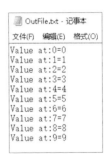

图 5-4 outFile.txt 文件内容

5.1.4 新形式的 try 块语句

在 5.1.3 节的例 5.2 中，当文件使用完之后，在 finally 字句中显式地调用了 close() 来关闭文件。从 JDK 7 开始，Java 增加了一种新的异常处理机制用以自动关闭文件或释放资源。这种机制通过一种新形式的 try 块语句（即 try-with-resources）来实现。

try-with-resources 语句的格式为

```
try(resource-specification){
```

```
    ...
}
```

其中，resource-specification 用来声明并初始化文件或资源；若是多个文件或资源，需用分号隔开。当 try 块结束的时候，资源会自动释放；文件也会自动关闭，无须再调用 close() 语句。

如果使用 try-with-resources 结构，例 5.2 中的 try 块语句可以改写为

```
try(PrintStream pStr=new PrintStream(new
          BufferedOutputStream(new FileOutputStream("OutFile.txt")))) {
    int i;
    System.err.println("Entering try statement");
    for (i=0; i<size; i++)
      pStr.println("Value at:"+i+"="+victor.elementAt(i));
} catch (ArrayIndexOutOfBoundsException e) {
    System.err.println("Caught ArrayIndexOutOfBoundsException:"+
    e.getMessage());
} catch (IOException e) {
    System.err.println("Caught IOException:"+ e.getMessage());
}
```

其中，pStr 是 try 块语句中 final 类型的局部变量。try 块结束时，与 pStr 关联的文件会被自动关闭。

5.1.5 抛出异常

任何 Java 代码都可以抛出异常，如自己编写的代码、包中别人写的代码，甚至 Java 运行系统。抛出异常通常有两种方式：throws 语句或者是 throw 语句。

1. throws 子句

如果在一个方法中生成了一个异常，但是该方法并不想处理或者是不清楚该如何处理这一异常，那就可以在方法的 throws 子句部分声明抛出这个异常对象：

```
throws ExceptionObject;
```

ExceptionObject 可以是 Throwable 类的任何子类的实例，如果不是，编译器会提示出错信息并拒绝编译程序。

对于例 5.1，如果不想编写异常处理器，那就在 writeList()方法的声明中加上 throws 子句来声明抛出这些异常：

```
public void writeList() throws IOException,ArrayIndexOutOfBoundsException
{
    ...
}
```

第 2 个对象 ArrayIndexOutOfBoundsException 是运行时刻异常，不声明也行。

然而对于 IOException 这个异常，如果 writeList()方法声明将其抛出不作处理，那么调

用 writeList()的 main()方法就必须处理该异常。即，例 5.1 中的 main()方法要改写为

```java
public static void main(String[] args) {
  // TODO Auto-generated method stub
  ListOfNumbers lofn = new ListOfNumbers();
  try{
    lofn.writeList();
  } catch (IOException e) {
    System.err.println("Caught IOException:"+ e.getMessage());
  }
}
```

2. throw 子句

除了在方法的声明部分用 throws 子句来抛出异常外，在方法体中还可以使用 throw 语句来抛出异常，例如：

```java
if (size==0) throw new EmptyStackException();
```

这是由程序自己抛出异常。

注意：可以抛出的异常必须是 Throwable 或其子类的实例。

5.1.6 创建自己的 Exception 类

Java 开发环境提供了许多 Error 和 Exception 类，用户也可以建立自己的错误和异常类，表示在编写的程序中可能出现的问题。当设计一个包，提供一些有用的类给用户，也必须花时间设计一些类会抛出的异常。

编写自己的异常类时，若它从 Exception 类派生而来，则用 Exception 作类名的结尾；若从 Error 类派生而来，则名字后加 Error。

关于异常有几个规则：

（1）通常方法应抛出 Exception，派生 Exception 的子类。只有虚拟机错误才属于 RuntimeException；

（2）一个方法可以抛出虚拟机运行时的错误 RuntimeException，但是由虚拟机检查并抛出它更容易；

（3）不要因为 RuntimeException 类不需声明就创建它的子类。

例如，编写链表(linked list)类，其中有三个方法。

（1）addElement(Object o)——向列表中添加元素，当元素个数超出列表长度时抛出异常；

（2）getElement(int n)——返回列表中第 n 个位置的元素，若整数 n 小于 0 或大于列表长度，会抛出异常；

（3）FirstElement()——返回列表中第一个对象，若列表中无任何对象会抛出异常。

若 Java 运行系统没有提供上述异常类，就必须编写它们。可以设计一个 LinkedListException 代表链表类抛出的所有可能异常，用户可以用一个异常处理器：

```
        catch (LinkedListException) {
            ...
        }
```

捕获这些异常，当然也可以为上面三种异常各编写一个异常处理器。

LinkedListException 必须是 Throwable 对象，而程序中的抛出对象又属于 Exception 类，所以可将 LinkedListException 作为 Exception 类的子类。

【例 5.3】 创建自己的 Exception 类示例。

```
class LinkedListException extends Exception {
    /**
     *
     */
    private static final long serialVersionUID = 1L;
    public LinkedListException() {
        super();
    }
    public LinkedListException(String s) {
        super(s);
    }
}

class List {
    Object[] items;                     //对象数组存储列表元素
    int size=0;
    public List(int len) {
      items = new Object[len];   //初始化数组
    }
    public void addElement(Object o) throws LinkedListException{
      if(size==items.length){
        throw new LinkedListException("列表已满！");
      }
      else {
        items[size]=o;
        size++;
      }
    }
    public Object getElement(int n) throws LinkedListException{
       if (n<0||n>=items.length){
         throw new LinkedListException("列表下标越界！");
       }
       else
         return items[n];
    }
```

```java
    public Object FirstElement() throws LinkedListException{
       if (items.length==0){
          throw new LinkedListException("列表中无任何对象！");
       }
       else
          return items[0];
    }
}

public class myLinkedList {
    public static void main(String[] args) {
        List list=new List(2);    //生成一个5个元素的列表
        try {
            list.addElement("广东");
            list.addElement("浙江");
            list.addElement("山东");
        } catch (LinkedListException e) {
            System.out.println("err: "+e.getMessage());
        }
        try {
            System.out.println(list.getElement(2));
        } catch (LinkedListException e) {
            System.out.println("err: "+e.getMessage());
        }
        try {
            System.out.println(list.FirstElement());
        } catch (LinkedListException e) {
            System.out.println("err: "+e.getMessage());
        }
    }
}
```

程序的运行结果如图 5-5 所示。

```
Console
<terminated> myLinkedList [Java Application]
err：列表已满！
err：列表下标越界！
广东
```

图 5-5　例 5.3 的运行结果

5.2　并　　发

并发（concurrency）机制支持程序员编写可以同时执行多个任务的应用程序，Java 平台的编程语言和类库都支持基本并发机制，5.0 版本以上加入了高层的并发 API。在 Java 编程语言中，并发编程主要与线程（thread）有关。

5.2.1 线程

线程是程序中单个顺序控制流，有时又称为执行上下文（execution context）或轻量级进程（lightweight process）。线程有起点、终点和顺序，但它不能独立运行，而要在程序中运行。Java 的重要优点之一是它可以在一个程序中同时运行多个执行不同任务的线程，例如同时演奏音乐和播放动画，前台响应用户输入而后台打印文件等，避免了在单线程的情况下一个任务未完就不能执行另一个任务的现象。

Java 在编程语言级就具有支持多线程的能力，有两种方式可以创建多线程的类。

（1）派生 Thread 类的子类，Thread 类在 java.lang 包中定义，它实现了 Runnable 接口；

（2）创建实现 Runnable 接口的类，Runnable 接口也在 java.lang 包中定义，接口中定义了一个 run()方法。

为了编写用户的线程，必须了解线程的属性，下面将介绍与线程有关的内容，如线程体、线程状态、ThreadGroup 类等。

1. 线程体

线程的各种活动都发生在线程体中，线程体在 run()方法中编写。有两种方式可以构造用户的线程体。

（1）重写 Thread 类的子类中的 run()方法，例如：

```
class className extends Thread {
   public void run() {
     ...
   }
}
```

（2）重写 Runnable 接口的 run()方法，例如：

```
class className implements Runnable {
   public void run() {
     ...
   }
}
```

多线程编程主要就是为线程编写 run()方法。如何选用这两种方法？其规则是：如果编写的类必须从其他类中导出，则选用第二种方法实现多线程。因为 Java 不支持多重继承，继承了其他类后不能再继承 Thread 类，只能利用 Runnable 接口。

例 5.4 用第一种方式编写线程体。

【例 5.4】 编写线程体示例。

```
class AThread extends Thread {
   public AThread(String str) { //构造方法初始化
     super(str);
   }
```

```java
        public void run() {                              //线程体
          for (int i=0; i<10; i++) {
             System.out.println(i+" "+getName());        //取得线程名显示
             try {  //异常处理
                 sleep((int)(Math.random()*1000));       //休眠0~1秒随机时间间隔
               } catch (InterruptedException e) {
                 System.out.println(e.getMessage()); }
             }
              System.out.println("END!"+getName());
           }
         }
        class MyThread {
           /**
            * @param args
            */
           public static void main(String[] args) {      //主程序
               // TODO Auto-generated method stub
                new AThread("Win").start();              //启动一个线程
                new AThread("Lost").start();             //启动另一个线程
            }
        }
```

程序的运行结果如图 5-6 所示。

图 5-6 例 5.4 的运行结果

主程序启动两个线程同时运行，线程体中用 For 循环打印 10 次线程名，每次休眠 0～1 秒。10 次结束后打印 END!和线程名。运行结果是随机出现 Win 或 Lost，没有规律，表明两个线程运行不分先后。

2. 线程的状态

线程与进程一样，也有自己的生命周期。线程的生命周期分为新线程（New Thread）态、可运行（Runnable）态、不可运行（Not Runnable）态以及死亡（Dead）态。

1）新线程态

当用 new 运算符创建了一个线程，只要未调用 start()方法，就只是新线程态，例如：

```
MyThread = new Thread(this, "Clock");
```

这时线程只是空的对象，没有分配任何系统资源，可用 stop()方法把新线程态变为死亡态。

2）可运行态

当调用 start()方法启动新线程，它就变为可运行态，例如：

```
MyThread.start();
```

启动后，该线程获得了必要的系统资源，并调用线程的 run()方法。这种状态不等于运行（running），只相当于"就绪"，因为系统可能只有一个处理器，不可能同时运行所有的可运行态线程，任何时刻都只有一个线程在运行。

3）不可运行态

当调用了 suspend()方法、sleep()方法或者是调用 wait()方法等候一个条件变量或被 I/O 阻塞，线程就从可运行态变为不可运行态。即使处理器有空余时间，也不能执行不可运行态的线程。要重返可运行态，只有消除原来的不可运行原因，例如被 suspend() 挂起的线程再调用 resume()方法恢复可运行态，sleep()时间已结束，所等候的条件变量的拥有对象调用了 notify()或 notifyAll()方法，输入输出命令已经完成等。

4）死亡状态

线程可以自然死亡，例如它的 run()方法正常退出运行；也可以被杀死，如调用 stop()方法。stop()方法抛出一个 ThreadDeath 对象给线程，当线程收到 ThreadDeath 异常后才死。

注意：在 Thread 类中，suspend()、resume()以及 stop()等方法不是线程安全的，所以不建议使用。

以上是线程的 4 种状态，各状态间有规律地转换，若调用方法不对，会产生异常。

Thread 类有个 isAlive()方法，可以检查线程是否活着。若线程已经开始，还没有停止，如处于可运行或不可运行态，isAlive()就返回 true；若返回 false，则表明线程处于新线程态或死亡态。

例 5.5 是个 Java 小应用程序（有关小应用程序的内容详见 8.1 节），用 Eclipse 运行该程序后弹出一个小程序查看器窗口，里面显示一个数字时钟，逐秒进行更新。

【例 5.5】 线程状态示例。

```
import java.applet.Applet;
import java.awt.Graphics;
import java.util.*;
public class Clock extends Applet implements Runnable {
    /**
```

```java
     * @param args
     */
    private static final long serialVersionUID = 1L;
    Thread clockThread;                                  //声明类变量
    public void start() {                                //启动线程方法
      if (clockThread==null) {
        clockThread = new Thread(this,"Clock");          //创建新线程
        clockThread.start();                             //启动线程
      }
    }
    @Override
    public void run() {
        // TODO Auto-generated method stub
        while (clockThread != null) {
          repaint();                                     //刷新
          try {                                          //异常处理
            Thread.sleep(1000);                          //线程睡眠
          } catch (InterruptedException e) { System.out.println(e.getMessage());
          }
        }
    }
    public void paint(Graphics g) {
      Calendar now=new GregorianCalendar();
      g.drawString(now.get(Calendar.HOUR_OF_DAY)
      +":"+now.get(Calendar.MINUTE)+":"+now.get(Calendar.SECOND),5,10);
    }
}
```

程序的运行结果如图 5-7 所示。

图 5-7 例 5.5 的运行结果

3. 线程优先级

在单个 CPU 上运行多个线程需要调度（scheduling），Java 运行系统支持简单的确定性调度算法，称为固定优先级调度（fixed priority scheduling），选择各可运行态的线程中优先级最高的先运行，同级线程则排队执行。调度算法也是抢先式（preemptive）的，新进入可运行态的线程若优先级高也可抢先获得运行权。

Java 线程的优先级是继承创建它的线程而来的，可以用 setPriority()方法修改，范围在 1~10 之间，数字越大，优先级越高。Thread 类的常量 MIN_PRIORITY、NORM_PRIORITY 和 MAX_PRIORITY 分别代表优先级 1、5 和 10。一个线程的默认优先级别为 5，可以用 getPriority()方法获取一个线程的优先级别。

Java 运行系统不为同级的线程分配时间片，所以不需要编写依赖时间片调度的程序。

若一个线程调用 yield()方法暂停执行从而放弃 CPU 的资源占用，同级的线程可以有机会运行，调度程序按排队调下一个线程运行。如果其他可运行态线程优先级低，则 yield()方法不起作用。

例 5.6 的程序说明了线程优先级如何设置。

【例 5.6】 线程优先级示例。

```
class pThread extends Thread{
    String name;
    public pThread(String str){
        name=str;
    }
    public void run() {
        for(int i=0;i<2;i++) {
            System.out.println(name+": "+ getPriority());
        }
    }
}
public class myPriority{
    public static void main(String[] args) {
    pThread Th1=new pThread("Win");
    Th1.setPriority(Thread.MIN_PRIORITY);
    Th1.start();

    pThread Th2=new pThread("Lost");
    Th2.setPriority(Thread.MAX_PRIORITY);
    Th2.start();

    pThread Th3=new pThread("Once more");
    Th3.setPriority(Thread.NORM_PRIORITY);
    Th3.start();
    }
}
```

程序的某次运行结果如图 5-8 所示。

图 5-8　例 5.6 的运行结果

例 5.6 的 myPriority 类中创建了三个 pThread 线程对象：第一个线程的优先级被置为 1（Thread.MIN_PRIORITY）；第二个线程的优先级则被置为 10（Thread.MAX_PRIORITY）；

而第三个线程的优先级则被置为 5（Thread.NORM_PRIORITY）。从程序的运行结果可以看到：程序根据优先级的大小来决定哪个线程先运行，优先级相同的线程则由启动顺序来决定运行顺序。需要注意的是，该程序的运行结果并不唯一，也可能出现优先级低的线程先运行的情况，因为线程的具体运行顺序还受虚拟机调度策略等因素的影响。但相对来讲，优先级高的线程更有可能被先执行。

4. Daemon 线程

Daemon 线程专为同一进程中的其他线程或对象提供服务，它是一个独立的线程，其 run()方法通常是一个无限循环，等候服务请求。

为了定义一个线程为 Daemon 线程，要调用 setDaemon()方法，并令布尔参数为 true，isDaemon()方法判断一个线程是否为 Daemon。

5. 线程组

Java 的所有线程都是线程组（thread group）的成员，线程组用 java.lang 包中的 ThreadGroup 类来实现。线程组提供一种机制将多个线程收集成为一个对象，在组中一起处理它们，如在组中调用一个方法挂起所有的线程。

要建立线程组，必须在创建时进行。创建组后，线程不能换到另一组。Thread 类有三个构造方法设置线程组：

（1）Thread(ThreadGroup, Runnable)

（2）Thread(ThreadGroup, String)

（3）Thread(ThreadGroup, Runnable, String)

例如：

```
Thread myThread = new Thread(myThreadGroup, "my group");
```

其中，myThreadGroup 就是一个 ThreadGroup 类对象。

如果不显式为一个线程设置线程组，则系统自动把它放在创建它的线程的同一组中，称为当前线程组（current thread group）。对于应用程序 application，Java 运行系统为它创建一个叫 main 的线程组，而对于小应用程序 applet，线程组不一定是 main，这取决于浏览器。若想知道一个线程在哪个组，可以用 getThreadGroup()方法查明，例如：

```
whatGroup = myThread.getThreadGroup();
```

6. ThreadGroup 类

ThreadGroup 类可以包含任意多个线程，也可以包含其他 ThreadGroup，形成树状的线程与线程组结构。它提供了一组方法管理一列线程，允许其他对象访问线程列表。例如，activeCount()方法可以取得组中的线程数，enumerate()方法可以枚举组中所有的线程和其他线程组，还有 activeGroupCount()和 List()等方法。

ThreadGroup 类还支持一些设置和取得线程组属性的方法，例如，getMaxPriority()和 setMaxPriority()是取得或设置组中任意线程的最大优先级；getDaemon()和 setDaemon() 是取得或设置线程为 Daemon 线程；getName()是取得线程名字；getParent()和 parentOf()是取得或设置线程组的组名；toString()是变为字符串。注意，它们只影响组的属性，不影响组中的线程。

ThreadGroup 类有一些方法允许修改组中所有线程的当前状态,如 resume()恢复线程、stop()停止线程、suspend()挂起线程。这些方法会改变组中每个线程和子组中所有线程的状态。

ThreadGroup 类支持安全管理器(security manager),对线程组成员加以访问限制。其 checkAccess()方法检查当前安全管理器何时允许规则的访问,若抛出一个安全异常,则表示不允许访问。规则的访问(regulated access)是必须得到安全管理器批准的访问,如创建新 ThreadGroup、setDaemon()、setMaxPriority()、sleep()、suspend()、resume()、destroy()等。对于应用程序 application,一般没有访问限制,可以自己加以限制。对于小应用程序 applet,不同的浏览器会有不同的限制。

5.2.2 同步与锁定

前面的例子中的多个线程是彼此独立的,不需要共享数据,也不必关心另一线程的状态。然而有时同时运行的多个线程需要共享数据,就要考虑其他线程的状态和行为,有同步、死锁等问题出现。当多个线程在系统内并发执行,程序的行为将是复杂和难以控制的,线程间的同步就显得非常重要。

Java 语言从最基本的 Object 类开始就提供了实现线程同步的机制,如 notify()、notifyAll()、wait()等方法。为了防止竞争资源,Java 通过调用 synchronized()方法进行监视,用它锁定某个对象,同一时刻只有一个线程可以取用这个资源,这样就可以解决竞争问题。没有资源的互斥访问,线程同步也就无从谈起。

1. 监视器

多个线程异步地执行,试图同时访问一个对象,因此出现错误结果,这种问题称为竞争条件(race condition)。

Java 通过条件变量(condition variable)解决竞争条件问题,针对条件变量采用监视器(monitor)同步各线程。监视器通常提供一个锁(lock),获得锁的线程进入监视器,相当于获得接力棒的运动员才可以跑,其他队员不能跑,直到被锁的线程退出监视器,等待的线程才有机会进入监视器。

程序中能使并行线程访问共同数据对象的代码段称为关键部分 (critical section),Java 语言用 synchronized 关键字标识关键部分,该部分通常在方法一级。标有 syschronized 的方法称为同步方法,当某线程访问某一资源时,被同步的方法不能同时使用这一资源。具有一个同步方法的每个对象都有唯一一个监视器与之关联,当这个对象调用同步方法时,它首先试图获得监视器,锁定该对象,防止其他对象调用同步方法,等到同步方法返回,这个对象才释放监视器,对象解锁。若无法获得监视器,表明当前系统中有另一段代码正在访问该对象的资源,于是该方法所在的线程只有等待锁被释放。

获得监视器与释放监视器都由 Java 运行系统自动完成,保证线程间数据完整和不出现竞争条件。

以称为"生产者/消费者"的编程问题为例,说明用监视器同步线程的方法。生产者(Producer)是产生一串数据流的线程,而消费者(Consumer)是消耗流中数据的线程。例如,当在键盘上敲入字符串,生产者线程把键事件放入事件队列;消费者线程从同一个队列读出事件。两个并行线程共享同一个资源:事件队列,所以必须引入某种同步机制。

例 5.7 的生产者类产生 0~9 之间的整数，存入一个 Store1 对象，显示这些整数，还休息一段随机时间；消费者类则"狼吞虎咽"地消耗从 Store1 获得的所有整数。生产者类和消费者类共同访问 Store1 对象，但两者都没有采取同步措施。

【例 5.7】 线程未同步示例。

```java
class Producer extends Thread {            //生产者Producer线程
    private Store1 store;
    private int num;
    public Producer(Store1 s,int num) {   //构造方法
        store=s;
        this.num=num;
    }
    public void run() {                    //线程体
        for (int i=0; i<10; i++) {
            store.put(i);                  //放i到store对象
            System.out.println("Producer #"+this.num+"put:"+i); //显示放数i
            try {
                sleep((int)(Math.random()*100));    //休眠0~100毫秒
            } catch(InterruptedException e) {       }
        }
    }
}
class Consumer extends Thread {            //消费者Consumer线程
    private Store1 store;
    private int num;
    public Consumer(Store1 s,int num) {   //构造方法
        store=s;
        this.num=num;
    }
    public void run() {                    //线程体
        int value=0;
        for (int i=0; i<10; i++) {
            value=store.get();             //从store对象取值
            System.out.println("Consumer #"+this.num+"got:"+value);
            try {
                sleep((int)(Math.random()*100));    //休眠0~100毫秒
            } catch(InterruptedException e) {       }
        }
    }
}
public class MyProCon {
    /**
     * @param args
     */
    public static void main(String[] args) {
```

```
            // TODO Auto-generated method stub
            Store1 s=new Store1();
            Producer p1=new Producer(s,1);
            Consumer c1=new Consumer(s,1);
            p1.start();
            c1.start();
        }
    }
    class Store1 {
        private int seq;
        public int get() {
            return seq;
        }
        public void put(int value) {
            seq=value;
        }
    }
```

程序的某次运行结果如图 5-9 所示。

```
Console
<terminated> MyProCon (2)
Consumer #1got:0
Producer #1put:0
Producer #1put:1
Producer #1put:2
Consumer #1got:2
Producer #1put:3
Consumer #1got:3
Producer #1put:4
Consumer #1got:4
Producer #1put:5
Consumer #1got:5
Producer #1put:6
Producer #1put:7
Producer #1put:8
Consumer #1got:8
Consumer #1got:8
Producer #1put:9
Consumer #1got:9
Consumer #1got:9
Consumer #1got:9
```

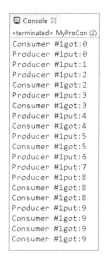

图 5-9　例 5.7 的运行结果

上述的运行结果出现两种现象：

（1）当 Producer 比 Consumer 快时（如图 5-10 所示），生产了三个数才消费了一个数，这样 6 和 7 就没有被消费。

（2）当 Consumer 比 Producer 快时（如图 5-11 所示），取了两个数才生产出一个数，这样 8 就被消费了两次。

```
Consumer #1got:5
Producer #1put:6
Producer #1put:7
Producer #1put:8
Consumer #1got:8
```

图 5-10　Producer 比 Consumer 快

```
Producer #1put:8
Consumer #1got:8
Consumer #1got:8
Producer #1put:9
```

图 5-11　Consumer 比 Producer 快

这种现象就是竞争条件，解决的办法就是采用条件变量。本例的条件变量是 Store1 对象，对它的关键部分（如 get()方法和 put()方法）用 synchronized 关键字标识：

```
class Store2 {
    private int seq;
    private boolean available=false;
    public synchronized int get() {
       while (available==false) {
         try {
            wait();
         } catch (InterruptedException e) {   }
       }
       available=false;
       notify();
       return seq;
    }
    public synchronized void put(int value) {
       while (available==true) {
         try {
            wait();
         } catch (InterruptedException e) {   }
       }
       seq=value;
       available=true;
       notify();
    }
}
```

这个 Store2 类在 get()和 put()前标识了 synchronized 关键字，称为同步方法。拥有同步方法的 Store2 类对象有唯一一个监视器，当 Producer 调用 Store2 类的 put()方法，生产者获得监视器，防止消费者调用 Store2 类的 get()方法，这就是锁定。只有 put()方法返回，Producer 释放监视器，才解锁 Store 对象。同理，当 Consumer 调用 Store2 类的 get()方法时，消费者获得监视器，防止生产者调用 Store2 类的 put()方法。这样就保证了 Producer 与 Consumer 两个线程的同步运行，即生产一个消费一个。

例 5.8 程序调用具有同步方法的 Store2 类运行。

【例 5.8】 线程同步示例。

```
class Producer1 extends Thread {              //生产者Producer线程
    private Store2 store;
    private int num;
    public Producer1(Store2 s,int num) {      //构造方法
       store=s;
       this.num=num;
    }
    public void run() {                       //线程体
```

```java
        for (int i=0; i<10; i++) {
            store.put(i);                                   //放i到store对象
            System.out.println("Producer #"+this.num+"put:"+i); //显示放数i
            try {
                sleep((int)(Math.random()*100));            //休眠0~100毫秒
            } catch(InterruptedException e) {    }
        }
    }
}
class Comsumer1 extends Thread {                            //消费者Consumer线程
    private Store2 store;
    private int num;
    public Comsumer1(Store2 s,int num) {                    //构造方法
        store=s;
        this.num=num;
    }
    public void run() {                                     //线程体
        int value=0;
        for (int i=0; i<10; i++) {
            value=store.get();                              //从store对象取值
            System.out.println("Consumer #"+this.num+"got:"+value);
        }
    }
}
public class MyProCon1 {
    /**
     * @param args
     */
    public static void main(String[] args) {
        // TODO Auto-generated method stub
        Store2 s=new Store2();
        Producer1 p2=new Producer1(s,2);
        Comsumer1 c2=new Comsumer1(s,2);
        p2.start();
        c2.start();
    }
}
class Store2 {
    private int seq;
    private boolean available=false;
    public synchronized int get() {
        while (available==false) {
            try {
                wait();
            } catch (InterruptedException e) {
```

```
            }
        }
        available=false;
        notify();
        return seq;
    }
    public synchronized void put(int value) {
        while (available==true) {
            try {
                wait();
            } catch (InterruptedException e) {
            }
        }
        seq=value;
        available=true;
        notify();
    }
}
```

程序的运行结果如图 5-12 所示。

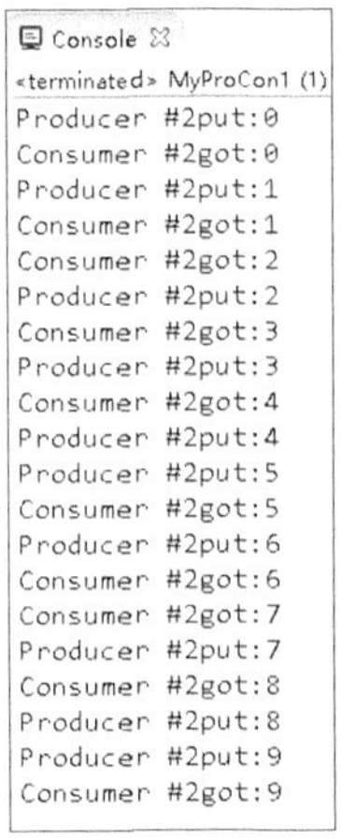

图 5-12　例 5.8 的运行结果

2. wait()方法

该方法使当前线程（也就是 wait()方法的调用者）进入不可运行态，以等待某种条件的改变，线程将持续等待到其他线程调用 notify() 或 notifyAll() 方法来通知它。当线程处于 wait()状态，会自动释放监视器，当它退出等待状态，又重新获得监视器。

例 5.8 的 Store2 类中的 put()方法和 get()方法都采用了 wait()方法进行同步。若生产者没有产生数，available==false，调用 get()方法的 Consumer 线程进入 wait 状态，等 Producer 线程放好数后令 available==true，并用 notify()方法唤醒 Consumer 取数。

3. notify()与 notifyAll()方法

notify()唤醒一个调用了当前对象的 wait 方法而进入等待状态的线程，notifyAll() 通知全部进入等待状态的线程，告诉其他线程条件已满足，可以继续执行。唤醒之后的线程才可以获得监视器。

例 5.8 的 Store2 类中的 put()方法和 get()方法都采用了 notify()方法进行同步。若消费者没有取走数，available==true，调用 put()方法的 Producer 线程进入 wait 状态，等 Consumer 线程取走数后令 available==false，并用 notify()方法唤醒 Producer 放数。

4. 死锁（Deadlock）

当两个线程同时等待对方的资源，没有收到对方资源前不释放自己的资源，造成谁也不能运行，这就是死锁。好像一双筷子被两人各拿走一只，结果谁也吃不了菜一样。

可以采用一定的策略避免死锁，例如规定吃饭时每人只取他右手边的一双筷子一样。万一发生了死锁，就要杀死一些线程，向一个线程抛出一个 ThreadDeath 对象就可以杀死该线程。ThreadDeath 类在 java.lang 包中定义。

在例 5.8 中，若消费者调用 get()方法取数并获得了监视器，然而生产者没有产生数，这时消费者自然等待。但生产者没有监视器如何调用 put()方法放数呢？这就是潜在的死锁问题。同理，若生产者调用 put()方法放数并获得了监视器，然而消费者没有取走数，这时生产者自然等待。但消费者没有监视器如何调用 get()方法取数呢？这同样是潜在的死锁问题。幸好 Java 采取了有力措施避免这种死锁，当线程处于 wait 状态时释放监视器，让其他线程获得机会运行。这样生产者和消费者都在对方等待时获得监视器运行，把对方需要的数放好或取走。

5.3 反　　射

反射（reflection）通常用于使程序有能力检查或修改在 Java 虚拟机上运行的应用程序，由于它功能强，需要熟练掌握 Java 技术，又可能带来一些副作用，所以初学者能够不用反射就不用。

5.3.1 Class 类

Class 类提供一些方法可以检查对象运行时刻的属性，包括对象的成员和类型信息；Class 类也提供能力创建新类和对象。所有反射操作的入口就是 java.lang.Class，Java 虚拟机为各种类型的对象创建一个 java.lang.Class 实例，必须用某种方法访问这个 Class 对象。

1. 用 Object.getClass()方法

如果有一个对象的实例，就可以用.getClass()方法访问 Class 对象，如有字符串对象"abc"，就可以用 "Class c ="abc".getClass();" 访问 String 类的 Class 对象。

2. 用.class 语法

如果有一个类型，但没有实例，那么可以用.class 加在类型名后访问 Class 对象。对于基本类型来说，这也是访问 Class 对象的简单方法。例如，有个接口叫 Abc，那么 "Class c = Abc.class;" 就访问了 Abc 接口的 Class 对象。"Class c = boolean.class;" 是访问布尔类型的 Class 对象。如果是包装类型，改用包装类型的 TYPE 域访问，如 "Class c = Boolean.TYPE;"。

3. 用 Class.forName()方法

如果知道完整类名，可以用 Class.forName()方法访问 Class 对象。例如有个类名是"com.mypackage.Efg"，则"Class c = Class.forName("com.mypackage.Efg");"可以访问 Efg 类的 Class 对象。

5.3.2 检查类信息

有了 Class 对象后，可以用有关方法获得类信息。如 Class.getSuperclass()返回该类的超类；Class.getClasses()返回该类的成员；Class.getDeclaredClasses()返回该类中显式声明的类、接口、枚举等；Class.getModifiers()返回类声明的修饰符等等。

Class 有两类方法可以访问域、方法和构造方法：一类是枚举这些成员的方法，另一类是搜索特定成员的方法，表 5-2 列出了这些方法。

表 5-2 找到成员的 Class 方法

成员	ClassAPI	列出成员	列出继承成员	列出私有成员
域	getDeclaredField()	否	否	是
	getField()	否	是	否
	getDeclaredFields()	是	否	是
	getFields()	是	是	否
方法	getDeclaredMethod()	否	否	是
	getMethod()	否	是	否
	getDeclaredMethods()	是	否	是
	getMethods()	是	是	否
构造方法	getDeclaredConstructor()	否	无	是
	getConstructor()	否	无	否
	getDeclaredConstructors()	是	无	是
	getConstructors()	是	无	否

例 5.9 访问例 5.8 创建的类 MyProCon1 的信息，包括类名、超类名、修饰符名、接口名、方法名等。

【例 5.9】 检查类信息示例。

```
import java.lang.reflect.*;
class Myreflect {
    /**
     * @param args
     */
    public static void main(String[] args) {
        // TODO Auto-generated method stub
        Class<MyProCon1> c = MyProCon1.class;
        System.out.println(c.getName());
        System.out.println(c.getSuperclass());
        System.out.println(Modifier.toString(c.getModifiers()));
        Type[] ifs = c.getInterfaces();
        if (ifs.length != 0) {
```

```
        for (Type inf : ifs)
           System.out.println(inf.toString());
     } else {
        System.out.println("No Interfaces");
     }
     Member[] mes = c.getMethods();
     if (mes.length != 0) {
      for (Member mef : mes)
           System.out.println(mef.toString());
     } else {
        System.out.println("No Methods");
     }
   }
}
```

程序的运行结果如图 5-13 所示。

```
MyProCon1
class java.lang.Object
public
No Interfaces
public static void MyProCon1.main(java.lang.String[])
public final void java.lang.Object.wait() throws java.lang.InterruptedException
public final void java.lang.Object.wait(long,int) throws java.lang.InterruptedException
public final native void java.lang.Object.wait(long) throws java.lang.InterruptedException
public boolean java.lang.Object.equals(java.lang.Object)
public java.lang.String java.lang.Object.toString()
public native int java.lang.Object.hashCode()
public final native java.lang.Class java.lang.Object.getClass()
public final native void java.lang.Object.notify()
public final native void java.lang.Object.notifyAll()
```

图 5-13 例 5.9 的运行结果

反射还有许多其他功能，在此不再一一介绍。

5.4 小　　结

通过本章的介绍，对 Java 语言的各种增强性能类应该有所了解。异常处理提高了 Java 的健壮性；并发可以实现语言级多线程；反射可以发现 Java 的运行时刻信息。后面章节将会讲述 Java 语言的各种应用，同时会充分描述 Java 语言的特点。

习　题　5

1．什么是异常？ 哪些异常需要捕获或声明？
2．异常处理器分几个组成部分？
3．如何抛出异常？

4．Throwable 类有几种重要的子类？
5．常见的运行时刻异常有哪些？
6．如何创建自己的异常？
7．什么是线程？线程有多少种状态？
8．有什么方法可以创建多线程类？线程体由什么方法实现？
9．线程的优先级如何设置？
10．什么是 Daemon 线程？
11．什么是线程组？ThreadGroup 类有哪些属性方法？
12．如何解决多线程同步？
13．什么是死锁？Java 用什么机制锁定对象？
14．什么是反射？
15．请用多线程编程模拟三个售票窗口同时售卖火车票的过程，并编写测试类进行测试。
16．请用两个线程模拟银行账户的存取款操作，两个线程分别操作三次，每次随机存取 1000～5000 元，实时显示两线程的操作过程对账户的影响。

第 6 章　输入输出流

程序运行时少不了要输入数据和输出数据，最常用的输入设备是键盘，输出设备是显示器，其次较常用的输入输出设备就是文件系统。对 Java 语言来说，所有这些输入输出(I/O)活动都叫读写流（stream）。

流是一串顺序流动的字符。用流作为数据处理模式可以独立于操作系统，只从编程语言的角度来使用，而不管流的起点（source）和终点（destination）是什么。程序从用输入流对象表示的起点中读入一串字符得到输入数据，而输出一串字符到用输出流对象表示的终点中产生输出数据，这种数据流的概念组成了 Java 的 I/O 系统。支持 Java I/O 的包有 java.io 和 java.nio，Java 的 I/O 从字节流（byte streams）发展到字符流（character streams），后来又增加了新 I/O 以提高速度。

下面介绍 Java 的基本 I/O 与相关问题。

6.1　文件访问

文件访问是输入输出的基础，java.io 包中有些类和接口与文件有关，例如：
（1）File 类，描述本地文件系统中的一个文件。
（2）FileDescriptor 类，描述一个打开的文件或 Socket 的文件柄（file handle）。
（3）FilenameFilter 接口，文件名过滤器。
（4）RandomAccessFile 类，描述一个随机访问文件。
本节介绍 File 类和 RandomAccessFile 类两个概念。

6.1.1　File 类

File 类是一个重要的文件操作和管理工具，它提供了一套独立于操作系统的方法，使用户能访问文件系统中的文件与目录信息，可以用 4 种方式创建 File 类的实例。

1. File(String path)

这种构造方法以路径目录结构创建一个 File 目录对象。假如有个文件的路径为 C:\java\demo\abc.txt，可以用下式建立 dir 对象：

```
File dir = new File("C:\java\demo");
```

这是把目录的绝对路径作为参数。也可以用下式建立 dir 对象：

```
File dir = new File("demo");
```

这是用相对于当前 C:\java 目录的相对路径作参数。

2. File(String path, String name)

这种构造方法为具体文件创建 File 类实例：

```
File afile = new File("demo", "abc.txt");
```

对象 afile 指向文件\demo\abc.txt。

3. File(File dir, String name)

这种构造方法与第 2 种类似，只是直接用 File 类实例作目录，例如：

```
File afile = new File(dir, "abc.txt");
```

dir 就是用第 1 种方法产生的目录对象。

4. File(URI uri)

这种构造方法用 URI 作绝对路径名。

注意：File 类对象不是文件，而只是用于存放文件或目录的引用（reference）。

创建了 File 类对象，就可以调用 File 类的各种方法来得到文件和目录信息，表 6-1 列出了 File 类的常用方法。

表 6-1 File 类的常用方法

方法名	描述
public String getName()	返回用串表示的文件名，不包括文件所在的目录
public String getPath()	返回文件的路径
public String getAbsolutePath()	返回文件的绝对路径，包括文件名
public String getParent()	返回父目录名，如果没有则为 null
public boolean exists()	若文件存在则返回真，找不到文件则返回假
public boolean isFile()	若 File 实例有效且为普通文件则返回真，否则返回假
public boolean canWrite()	若文件存在且可写则返回真，否则返回假
public boolean canRead()	若文件存在且可读则返回真，否则返回假
public long lastModified()	返回文件最后被修改的时间，只用于比较修改时间，而不是打印出一个时间
public boolean renameTo(File dest)	以 File 类的 dest 文件名对一个实际文件改名，改名成功返回真，否则返回假
public boolean mkdir()	以 File 类创建一个当前目录的相对目录，若成功建立目录则返回真，否则返回假
public boolean mkdirs()	与上一方法相同，只是它会建立整个目录结构
public String list()	以 File 类列目录的内容，返回一组文件名，该方法只对 File 类目录实例工作

例 6.1 说明部分方法的应用。

【例 6.1】 File 类方法应用示例。

```
import java.io.*;
class Finput {
    /**
     * @param args
```

```
     */
    public static void main(String[] args) {
        // TODO Auto-generated method stub
        File dir = new File(".\\src");
        File afile = new File(dir,"Finput.java");
        if (afile.exists()) {
         System.out.println("File Name:"+afile.getName());
         System.out.println("File Path:"+afile.getPath());
         System.out.println("Readable?:"+afile.canRead());
         System.out.println("Writable?:"+afile.canWrite());
        }
        else {
            System.out.println("File Not Found");
        }
    }
}
```

本程序首先引入 java.io 包中的各类与接口，然后产生一个当前目录的子目录 src 中的 File 对象，调用方法 exists()看文件 Finput.java 是否存在？若存在，则打印它的文件名、路径名，看是否可读可写（程序运行结果如图 6-1 所示）；若不存在，则打印"File not Found"。

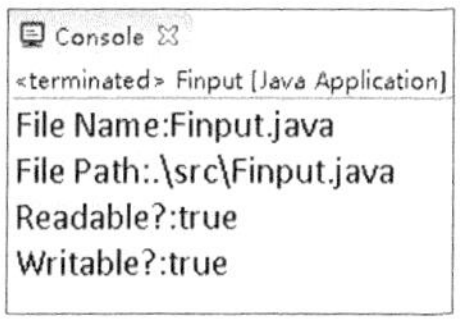

图 6-1 例 6.1 的运行结果

6.1.2 RandomAccessFile 类

这是一个很有价值的访问文件的类，它既可以读文件，又可以写文件，还可以任意地访问文件的任何地方。6.2 节将介绍的文件输入输出流是按顺序来访问文件的，所以 Random AccessFile 有更高的灵活性。

RandomAccessFile 同时实现了 DataInput 和 DataOutput 接口，所以它同时具有各种 readxxx()和 writexxx()方法。RandomAccessFile 还支持文件指针（file pointer）的概念，文件指针用于指示当前的读写位置。当最初打开文件时，文件指针指向文件的开始位置，除了由 read/write 方法可以隐式地移动指针外，表 6-2 列出了 RandomAccessFile 类提供的一些进行显式指针操作的方法。

表 6-2 RandomAccessFile 类的常用方法

方法名	描述
public int length()	返回文件的长度
public void seek(int pos)	移动文件指针到指定的位置
public int getFilePointer()	返回文件指针的当前位置
public int skipByte(int n)	使文件指针向前移动指定的 n 个字节

当创建 RandomAccessFile 类的对象时，必须指明要读还是写文件（要写则必须能读），有两种创建格式。

（1）用字符串给出文件名，并且用字符串给出访问方式，格式如下：

```
public RandomAccessFile(String name, String mode)
```

如果程序没有访问该文件的权限，会产生一个 IOException。访问方式用 r 表示读，rw 表示读/写，例如：

```
RandomAccessFile raf = new RandomAccessFile("abc.txt", "r");
```

表明准备读文件 abc.txt。

（2）由于文件名与系统相关，所以用 File 类实例表示文件名更好，格式如下：

```
public RandomAccessFile(File file, String mode)
```

这种构造方法用 File 类实例描述文件，例如：

```
File afile = new File("demo", "abc.txt");
RandomAccessFile raf = new RandomAccessFile(afile, "rw");
```

其中，afile 是 File 类对象，表明准备读写文件 abc.txt。

创建了 RandomAccessFile 对象后就可以用它调用各种读写方法对文件进行操作，RandomAccessFile 提供了所有所需的读写文件的方法，如 read()、read(byte b[])、read(byte b[], int off, int len)以及 DataInput 中的各种 readxxx()方法，还有 write()、write(byteb[])、write(byte b[], int off, int len)以及 DataOutput 中的各种 writexxx()方法，还提供了读写结束后关闭文件的 close()方法。

对于 RandomAccessFile 类中的方法 readxxx()，如果到达文件的末尾，则会生成 EOFException，而不是像方法 read()那样返回-1。另外，方法 readLine()返回 null 表示流的结束。

例 6.2 把 4 个 float 类型的数写到一个名字为 ra.dat 的文件中，然后将文件指针移动到第 12 个字节位置处，读取文件中最后一个数。

【例 6.2】 RandomAccessFile 类方法应用示例。

```
import java.io.*;
class RandomFile {
    /**
     * @param args
     */
    public static void main(String[] args) {
    // TODO Auto-generated method stub
    float data[]={14.3f, 4.5f, 5.7f, 6.8f};
    File afile = new File(".\\src\\ra.dat");
    try {
      RandomAccessFile rwfile = new RandomAccessFile(afile,"rw");
      for (float a:data) {
         rwfile.writeFloat(a);
      }
```

```
            rwfile.seek(12);    //float类型的数占4个字节,12是第4个数的开始位置
            System.out.println("The forth number is :"+rwfile.readFloat ());
            rwfile.close();
        } catch (FileNotFoundException e){
            System.out.println("File Not Found");
        }catch (IOException e){
            System.out.println(e);
        }
    }
}
```

程序运行结果如图 6-2 所示。

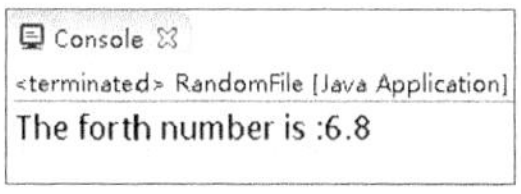

图 6-2　例 6.2 的运行结果

6.2　字　节　流

　　Java 的 java.io 包中定义了两种类型的流：字节流和字符流。字节流以字节为单位进行数据处理，读写二进制数据时就会使用字节流；字符流以 Unicode 码表示的字符为单位进行数据处理，通常进行文本数据读写时会使用字符流。在最底层，所有的输入输出操作都是以字节为单位进行的，字符流只是为方便高效地处理字符的输入输出才设计的，本节先来介绍字节流。

　　字节流的顶端是两个抽象超类：InputStream 和 OutputStream，它们定义了支持字节流（byte stream）输入输出的共有操作。所有的字节输入流都是 InputStream 类的子类；所有的字节输出流都是 OuputStream 类的子类，如前面经常用到的 System.out.println 方法就来自 OuputStream 的后继类 PrintStream 的 println 方法。

6.2.1　InputStream 及其子类

　　InputStream 是一个抽象超类，由它派生出各种输入流，其类继承关系如下：

```
                    ┌ FileInputStream
                    ├ PipedInputStream        ├ DataInputStream
                    ├ FilterInputStream  ────┼ BufferedInputStream
InputStream     ┼ ByteArrayInputStream       └ PushbackInputStream
                    ├ SequenceInputStream
                    ├ ObjectInputStream
```

表 6-3 列出了它们的具体含义。

表 6-3 InputStream 的子类及其含义

类名	描述
FileInputStream	以本地文件系统作为输入流起点，与其他和文件有关的类配合可以对文件进行读写操作
PipedInputStream	是管道（pipe）的输入部件，管道是把一个程序的输出连通到另一个程序的输入
ByteArrayInputStream	以字节数组为输入流起点，可以用 read()方法读内存中的数组数据
SequenceInputStream	把几个输入流变为单个输入流，可以用来连接文件。如果有两个已建立好的输入流 is1 和 is2，可用下述格式把它们连在一起： SequenceInputStream is12 = new SequenceInputStream(is1，is2); 如果要连接多个输入流，则要实现接口 Enumeration
ObjectInputStream	对象的输入流，利用其中的 readObject()方法可以直接读取一个对象
FilterInputStream	这是一种过滤输入流，使用过滤输入流的特点是把过滤流连接到另一个输入流上，例如将过滤流连接到标准输入流： FilterInputStream fis = new FilterInputStream(System.in.read()); 其中，fis 是过滤流对象名

表 6-3 中的 FilterInputStream 本身又是一个超类，为过滤流（filtered Stream）定义了接口，有三个常用的子类。

（1）DataInputStream：以独立于机器的格式读 Java 的基本数据类型；它是 FilterInputStream 的子类，也是过滤流，同时还实现了 java.io 中的 DataInput 接口，具体用法见 6.2.5 节的介绍。

（2）BufferedInputStream：在读数据时对其进行缓冲，可减少对数据源的访问次数，具体用法见 6.2.6 节的介绍。

（3）PushbackInputStream：这种过滤流有一字节的放回缓冲区，读数据时可预取下一字节，决定下一步的动作。预取后当然要放回原位，这就是放回缓冲区的作用，支持这一功能的方法是 unread()。

InputStream 是所有输入流的超类，除了有几个直接子类外，还提供了最少的编程接口和一部分实现了的输入流。InputStream 的基本任务是读字节，有两个重要属性：

（1）当调用 InputStream 的方法时，它会一直等待输入，直到读完数据；

（2）InputStream 类读取字节（byte），而不是字符（character）。

表 6-4 列出了 InputStream 类的输入流接口声明的一系列方法。

表 6-4 InputStream 类的输入流接口声明的方法

方法名	描述
available	返回可读取的字节数
close	关闭数据流
mark	将现在的输入位置做标记
marksupported	确定输入流是否支持 mark 和 reset
read	从流中读数据
reset	将输入位置放到 mark 处
skip	跳过部分数据

上述方法中最主要的方法是 read()，最常用的调用方法是 System.in.read()，这是系统

的标准输入流，从标准输入设备（键盘）中读入字符。用 System.in.read()时不需要用 import 语句引入 java.io 包，见例 6.3。

【例 6.3】 read()方法示例。

```
class CountApp {
    /**
     * @param args
     */
    public static void main(String[] args)throws java.io.IOException {
        // TODO Auto-generated method stub
        int count=0;
        while (System.in.read()!=-1)
            count++;
        System.out.println("Total chars="+count);
    }
}
```

该类的 main()方法有个 throws 部分，列出了可能出现的 IO 异常。while 语句判断从键盘读入的数据是否为-1（有些计算机按 Ctrl+d 键输入-1，有些计算机按 Ctrl+z 键输入-1），不是则累计输入字符个数。例如，输入 abcd 回车，再按 Ctrl+d 键（或 Ctrl+z 键），则程序的输出结果如图 6-3 所示。

图 6-3　例 6.3 的运行结果

也就是说，连回车键（算两个字符）在内累计了 6 次。

read()方法有三种重载方式。

（1）public abstract int read()。

这就是 System.in.read()调用的方法，它是抽象方法，必须在子类中实现。该方法从输入流读入一个字节，返回时变为 int 型范围在 0～255 间的整数。

（2）public int read(byte b[])。

该方法有一个 byte 数组作参数，可用于从标准输入一次读入若干字符，但长度不超过 b.length，返回读取的字节数，见例 6.4。

【例 6.4】 read()方法示例。

```
class ArrayinPut {
    /**
     * @param args
     */
    public static void main(String[] args)throws java.io.IOException {
        // TODO Auto-generated method stub
        byte b[] = new byte[40];
```

```
            System.in.read(b);
            String astr = new String(b);
            System.out.println("astr="+astr);
        }
    }
```

运行时在键盘输入 12345 后回车，则程序的输出结果如图 6-4 所示。

图 6-4　例 6.4 的运行结果

在"astr=12345"后面会输出剩余的空格。

本例中"String astr=new String(b,0); "一句是调用 String 构造方法把字节数组转变为字符串。

（3）public int read(byte[], int off, int len)。

该方法有三个参数，int off 是指明从数组中 off 的位置开始放数据，int len 指明读入的长度，返回读取的字节数。

将例 6.4 的"System.in.read(b);"变为"System.in.read(b,5,20);"，就是指明将读入的 20 个字节放入 b 中第 5 个字节开始的地方。

注意：read 方法的返回值是个整数，若返回-1，则表明输入流到达末尾位置。

System.in.read()对 Java 应用程序是很有用的。

6.2.2　OutputStream 及其子类

OutputStream 是一个抽象超类，由它派生出各种输出流，其类继承关系如下：

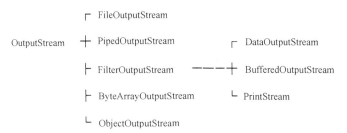

表 6-5 列出了它们的具体含义。

表 6-5　OutputStream 的子类及其含义

类名	描述
FileOutputStream	它的输出流终点是本地文件系统，与其他和文件有关的类配合可以对文件进行读写操作
PipedOutputStream	管道的输出部分
ByteArrayOutputStream	写数据到内存的字节数组

续表

类名	描述
FilterOutputStream	这是一种过滤输出流,使用过滤输出流的特点是把过滤流连接到另一个输出流上,例如将过滤流连接到文件输入流: FilterOutputStream fos=new FilterOutputStream(new FileOutputStream ("Myfi")); 其中,fos 是过滤流对象名
DataOutputStream	以独立于机器的格式写 Java 的基本数据类型
BufferedOutputStream	写数据时对其进行缓冲,可减少对数据目的地的访问次数
PrintStream	是带有方便的打印方法的输出流
ObjectOutputStream	对象的输出流

表 6-5 中,FilterOutputStream 本身又是一个超类,有三个子类,它们都是相当重要的输出流。

1. DataOutputStream

它是 FilterOutputStream 的子类,也是过滤流,同时还实现了 java.io 中的 DataOutput 接口,具体用法见 6.2.5 节的介绍。

2. BufferedOutputStream

在写数据时对其进行缓冲,可减少对数据源的访问次数,具体用法见 6.2.6 节的介绍。

3. PrintStream

这是最方便的输出流,它提供了系统的标准输出,有两个方法 print()和 println()。具体用法见 6.2.7 节的介绍。

OutputStream 是所有输出流的超类,除了有 4 个直接子类外,还提供了最少的编程接口和一部分实现了的输出流。表 6-6 列出了 OutputStream 类的输出流接口声明的一系列方法。

表 6-6 OutputStream 类的输出流接口声明的方法

方法名	描述
write	将数据输出到数据流中
close	关闭输出数据流,释放所占用的资源
flush	将缓冲区内的数据输出,刷空输出流

上述方法中最主要的方法是 write(),有三种重载方式。

(1) public abstract void write(int b)。

该方法将指定的字节 b 写到输出流,它是抽象方法,必须在子类中实现。

注意:若 b 的值大于 255,则只输出它的低位字节所表示的值。

(2) public void write(byte b[])。

该方法有一个 byte 数组作参数,把 b 中的 b.length 个字节写到输出流,即输出整个数组。

(3) public void write(byte[], int off, int len)。

该方法有三个参数,int off 是指明从数组中 off 的位置开始输出,int len 指明输出 len 个字节。例如,"write(b,5,20);"就是指明从 b 中第 5 个字节开始输出 20 个字节。

注意：用 write()方法输出数据，如果对方没有将数据取走，程序流程将等待下去，直到对方取走数据。

6.2.3 文件字节流

1. FileInputStream

FileInputStream 是 InputStream 的直接子类，它重写了超类 InputStream 中的 read()、skip()、available()和 close()方法，但不支持 mark()和 reset()方法。

可以用下面的格式创建 FileInputStream 类的对象，称为建立一个文件输入流：

```
FileInputStream fis = new FileInputStream("Myfile");
```

其中，fis 是对象名，Myfile 是文件名。若文件存在，则以它作为输入流起点；若文件不存在，会产生一个异常 FileNotFoundException。

2. FileOutputStream

FileOutputStream 是 OutputStream 的直接子类，它重写了超类 OutputStream 中的 write()和 close()方法。

可以用下面的格式创建 FileOutputStream 类的对象，称为建立一个文件输出流：

```
FileOutputStream fos = new FileOutputStream("Myfile");
```

其中，fos 是对象名，Myfile 是文件名。若该文件不存在，则建立一个新文件；若文件存在，则用新内容覆盖旧内容。若用 FileOutputStream 打开一个只读文件，会产生 IOException。

3. FileInputStream 和 FileOutputStream 的使用

FileInputStream 以本地文件系统作为输入流起点； FileOutputStream 以本地文件系统作为输出流终点。两者与其他与文件有关的类配合可以对文件进行读写操作。

例 6.5 是 FileInputStream 和 FileOutputStream 配合使用的例子，该程序首先引入 java.io 包中的各类与接口，然后定义文件输入流 fis 和文件输出流 fos。fis 调用方法 read()读一字节（返回为整数）；fos 调用 write()把读入数据写到输出文件，直到文件读完，两者都用 close()方法关闭流。

【例 6.5】 文件字节流示例。

```
import java.io.*;
class Fio {
    /**
     * @param args
     */
    public static void main(String[] args)throws java.io.IOException {
        // TODO Auto-generated method stub
        FileInputStream fis=new FileInputStream(".\\src\\"+"Fio.java");
        FileOutputStream fos=new FileOutputStream("Myoutput");
        int a;
        while((a=fis.read())!=-1) {
```

```
            fos.write(a);
        }
        fis.close();
        fos.close();
    }
}
```

运行前当前目录的子目录 src 中要有 Fio.java 文件，运行后当前目录中多了一个 Myoutput 文件，内容与前者完全一样。

6.2.4 管道流

所谓管道，是把一个程序的输出连通到另一程序的输入。若某个应用程序的输出结果必须送往另一应用程序作为输入数据进行处理，这时用管道数据流是最方便的，还可以利用管道流进行不同线程间的通信。

1. PipedInputStream

管道输入流是管道的接收端，以管道的发送端（管道输出流）为输入流起点，发送端和接收端必须一起使用。PipedInputStream 是管道（pipe）的输入部件，PipedInputStream 提供了 connect() 方法进行连接，并且重写了 read() 方法。

可以用下面的格式创建 PipedInputStream 类的对象：

```
PipedInputStream pis = new PipedInputStream();
```

其中，pis 是对象名。假如有个管道输出流对象 pos，可以用

```
pis.connect(pos);
```

将输入输出流连接起来，也可以直接用下式连接：

```
PipedInputStream pis = new PipedInputStream(pos);
```

2. PipedOutputStream

管道输出流作为管道的发送端，与管道的接收端（管道输入流）配合，把数据送到输入流中。PipedOutputStream 是管道（pipe）的输出部件，把一个程序的输出连通到另一程序的输入，PipedOutputStream 提供了 connect() 方法进行连接，并且重写了 write() 方法。

可以用下面的格式创建 PipedOutputStream 类的对象：

```
PipedOutputStream pos = new PipedOutputStream();
```

其中，pos 是对象名。假如有个管道输入流对象 pis，可以用

```
pos.connect(pis);
```

将输入输出流连接起来，也可以直接用下式连接：

```
PipedOutputStream pos = new PipedOutputStream(pis);
```

3. PipedInputStream 和 PipedOutputStream 的使用

例 6.6 简单示范了管道输入流和管道输出流如何一起使用，该程序把字节 a 输出到管道流 pos，用管道流 pis 读入，显示到控制台，然后用 close()方法关闭两个流。如果输入流和输出流分别在不同的程序或线程，就可以在程序或线程间进行通信。

【例 6.6】 管道流使用示例。

```java
import java.io.*;
class Pio {
    /**
     * @param args
     */
    public static void main(String[] args)throws java.io.IOException {
        // TODO Auto-generated method stub
        byte a=123;
        PipedInputStream pis=new PipedInputStream();
        PipedOutputStream pos=new PipedOutputStream(pis);
        pos.write(a);
        System.out.println(pis.read());
        pis.close();
        pos.close();
    }
}
```

程序的输出结果如图 6-5 所示。

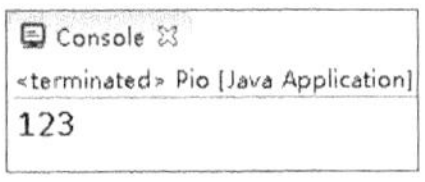

图 6-5　例 6.6 的运行结果

6.2.5　数据流

数据流（data stream）支持基本数据类型（boolean、char、byte、short、int、long、float、double）和字符串值的二进制 I/O，这些数据流实现了 DataInput 接口和 DataOutput 接口，前者描述可以用与机器无关的格式读 Java 基本类型数据的流，后者描述可以用与机器无关的格式写 Java 基本类型数据的流。

1. DataInput 接口

该接口描述了各种独立于机器的读 Java 基本数据类型的 readxxx() 方法（如表 6-7 所示），由 DataInputStream 类和 RandomAccessFile 类实现这些方法。

表 6-7　DataInput 接口定义的方法

方法名	描述
public final boolean readBoolean()	读布尔型数据
public final byte readByte()	读字节(8 位)数据

续表

方法名	描述
public final char readChar()	读字符(16 位)数据
public final short readShort()	读短整型(16 位)数据
public final int readInt()	读整型(32 位)数据
public final long readLong()	读长整型(64 位)数据
public final float readFloat()	读单精度(32 位)浮点数
public final double readDouble()	读双精度(64 位)浮点数
public final String readLine()	读整行字符串，以'\n'或 EOF 结束
public final String readUTF()	读 UTF 格式文件的字符串，即以 Unicode 编码，以'\n'结束的字符串
public final void readFully(byte[] b)	一次读数个字节的数据，程序等待到所有数据读完

注意：若在 RandomAccessFile 中实现这些方法，除了读数之外，文件指针还应移动相应的位置量。

2. DataOutput 接口

该接口描述了各种独立于机器的写 Java 基本数据类型的 writexxx()方法（如表 6-8 所示），由 DataOutputStream 类和 RandomAccessFile 类实现这些方法。

表 6-8　DataOutput 接口定义的方法

方法名	描述
public final void writeBoolean(boolean b)	写布尔型数据
public final void writeByte(byte b)	写字节(8 位)数据
public final void writeBytes(String s)	写字符串(8 位 ASCII)数据
public final void writeChar(char c)	写字符(16 位)数据
public final void writeChars(String s)	写字符串(16 位)数据
public final void writeShort(short s)	写短整型(16 位)数据
public final void writeInt(int i)	写整型(32 位)数据
public final void writeLong(long l)	写长整型(64 位)数据
public final void writeFloat(float f)	写单精度(32 位)浮点数
public final void writeDouble(double d)	写双精度(64 位)浮点数
public final void writeLine(String line)	写整行字符串，以'\n'或 EOF 结束
public final void writeUTF(String utf)	写 UTF 格式文件的字符串，即以 Unicode 编码，以'\n'结束的字符串

注意：同样，若在 RandomAccessFile 中实现这些方法，除了写数之外，文件指针也应移动相应的位置量。

3. DataInputStream

DataInputStream 是 FilterInputStream 的子类，也是过滤流，同时还实现了 java.io 中的 DataInput 接口。因此 DataInputStream 具有读字节、布尔值、浮点数等各种数据的能力。

要使用 DataInputStream 过滤流，必须把它连接到另一个输入流，例如：

```
DataInputStream dis = new DataInputStream(new FileInputStream("Myfile"));
```

把 dis 连到文件输入流,然后就可以调用 DataInputStream 专用的不同的 readxxx()方法读数,并转换成适当类型返回,例如:

(1) dis.readBoolean()是读布尔型数据;
(2) dis.readChar()是读字符(16 位)数据;
(3) dis.readDouble()是读双精度浮点数(64 位)。

4. DataOutputStream

DataOutputStream 是 FilterOutputStream 的子类,也是过滤流,同时还实现了 java.io 中的 DataOutput 接口。因此,DataOutputStream 具有写字符、布尔值、浮点数等各种数据的能力。

要使用 DataOutputStream 过滤流,必须把它连接到另一个输出流,例如:

```
DataOutputStream dos = new DataOutputStream(new FileOutputStream("Myfile"));
```

把 dos 连到文件输出流,然后就可以调用 DataOutputStream 专用的 writexxx()方法把输出数据按各种基本类型写到输出流,例如:

(1) dos.writeBoolean()是输出布尔型数据;
(2) dos.writeChar()是输出字符(16 位)数据;
(3) dos.writeDouble()是输出双精度浮点数(64 位)。

5. DataInputStream 和 DataOutputStream 的使用

例 6.7 说明了 DataInputStream 和 DataOutputStream 用法,该程序先利用 DataOutputStream 的 writeInt()和 writeUTF()把整数 30 和字符串"abc"写入文件 data.txt 中;然后再利用 DataInputStream 的 readInt()和 readUTF()把它们从文件中读出并显示到控制台。

【例 6.7】 数据流使用示例。

```java
import java.io.*;
class MyDataStream {
    static final int i = 30;
    static final String s = "abc";
    /**
     * @param args
     */
    public static void main(String[] args) throws IOException{
        // TODO Auto-generated method stub
        DataOutputStream out = new DataOutputStream(new
        FileOutputStream("data.txt"));
        out.writeInt(i);
        out.writeUTF(s);
        out.close();
        DataInputStream in = new DataInputStream(new FileInputStream("data.txt"));
        int j = in.readInt();
        String t = in.readUTF();
        System.out.println(j+", "+t);
        in.close();
```

        }
}

程序的输出结果如图 6-6 所示。

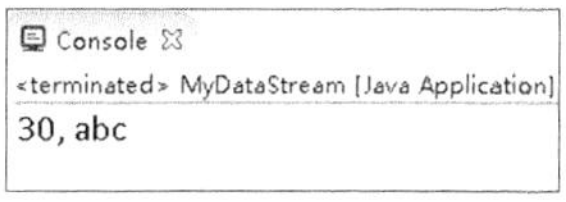

```
Console
<terminated> MyDataStream [Java Application]
30, abc
```

图 6-6　例 6.7 的运行结果

6.2.6　字节缓冲流

1. BufferedInputStream

这种过滤流具有缓冲机制，若将它连接到某个输入流，会把输入数据读入缓冲区，其后的读操作直接访问缓冲区，这就减少了计算机访问数据源的次数，提高程序执行效率。除此之外，BufferedInputStream 还可以实现 mark() 和 reset() 功能。

创建 BufferedInputStream 类对象的格式有两种。

（1）采用默认的缓冲区，大小为 8192 字节：

```
InputStream is = new BufferedInputStream(InputStream in);
```

（2）自己定义缓冲区的大小，通常小于 8192 字节：

```
InputStream is = new BufferedInputStream(InputStream in, int size);
```

其中，in 表示底层输入流；size 表示缓冲区大小。例如：

```
InputStream is=new BufferedInputStream(new FileInputStream("Myfile"),1024);
```

这是定义缓冲区大小为 1024 字节。

2. BufferedOutputStream

这种过滤流具有缓冲机制，若将它连接到某个输出流，会把输出数据写到缓冲区，这就减少了计算机访问数据终点的次数，提高了程序执行效率。数据送到缓冲区后，若缓冲区不满，数据不会送到所连的输出流。若用 BufferedOutputStream 的 flush() 方法，就会强迫缓冲区的内容全部送到输出流。

创建 BufferedOutputStream 类对象的格式有两种。

（1）采用默认的缓冲区，大小为 8192 字节：

```
OutputStream os = new BufferedOutputStream(OutputStream out);
```

（2）自己定义缓冲区的大小，通常小于 8192 字节：

```
OutputStream os=new BufferedOutputStream(OutputStream out, int size);
```

其中，out 表示底层输出流；size 表示缓冲区大小。例如：

```
OutputStream os=new BufferedOutputStream(new FileOutputStream("Myfile"),1024);
```

这是定义缓冲区大小为 1024 字节。

3. BufferedInputStream 和 BufferedOutputStream 的使用

例 6.8 说明了 BufferedInputStream 和 BufferedOutputStream 的用法，该程序把字符串"My Java Program!"写入文件 buffer.txt，之后再读出并在控制台输出。

【例 6.8】 字节缓冲流使用示例。

```
import java.io.*;
public class MyBufferedStream{
    /**
     * @param args
     */
    public static void main(String[] args) {
    File file = new File(".\\src\\"+"buffer.txt");
    try (BufferedOutputStream fos = new BufferedOutputStream(new
    FileOutputStream(file));                    //创建缓冲文件输出流
        BufferedInputStream fis = new BufferedInputStream(new
        FileInput Stream(file)) )
                                                //创建缓冲文件输入流
    {
      fos.write("My Java Program!".getBytes());  //写数据到缓冲区
      fos.flush();                               //清空缓冲区数据
      byte[] buf = new byte[50];
      int len = fis.read(buf);
      System.out.println(new String(buf, 0, len));
    } catch (FileNotFoundException e){
        e.getMessage();
     } catch (IOException e){
       e.getMessage();
    }
  }
}
```

程序的输出结果如图 6-7 所示。

图 6-7 例 6.8 的运行结果

6.2.7 字节打印流

PrintStream 是最方便的输出流，它提供了系统的标准输出，有两个方法：print()和 println()。所谓标准输出，是将字符送到显示器上，经常用的 System.out 就是 PrintStream 的对象，用 System.out 来调用 print()和 Println()，不用引入 java.io 包。

系统标准输出包括两种。

（1）System.out.print()。

print()方法送字符到一个缓冲区，直到有换行符'\n'把它们送到显示器，这意味着字符不会马上显示到屏幕上。print()方法的格式如下：

```
public void print(type variableName)
```

其中，type 可以是 Object、integer、long、float、double、boolean。

除了上述格式外，print()还有一个重写的同步格式：

```
public synchronized print(type variableName)
```

其中，type 是 String 或 char[]。

（2）System.out.println()。

println()方法的作用除了与 print()方法一样外，还在最后输出一个换行符，所以它的输出可以立刻显示。println()的格式如下：

```
public synchronized println(type variableName)
```

其中，type 可以是 print()的所有格式。

可以用下面的格式创建 PrintStream 类的对象：

```
PrintStream ps = new PrintStream(new ByteArrayOutputStream());
```

然后可以用 ps 调用 print()、println()以及 printf()方法。

【例 6.9】 字节打印流使用示例。

```
import java.io.*;
class MyPrintStream {
    static final int i = 789;
    static final String s = "Java Program";
    /**
    ** @param args
    */
    public static void main(String[] args) throws IOException{
        // TODO Auto-generated method stub
        PrintStream pout = new PrintStream(".\\src\\"+"pdata.txt");
        pout.println(i);
        pout.println(s);
        pout.printf("题号: %d; 题型: %s",i,s);
        pout.close();
        }
}
```

运行时会在当前目录的子目录 src 下创建 pdata.txt 文件，并把整数 789、字符串"Java Program"以及"题号：789; 题型：Java Program"按行写入该文件中。写入后，文件 pdata.txt 的内容如图 6-8 所示。

图 6-8　文件 pdata.txt 的内容

6.2.8　字节数组流

1. ByteArrayInputStream

ByteArrayInputStream 以字节数组为输入流起点，可以用 read()方法读内存中的数组数据。除了 read()外，ByteArrayInputStream 还重写了超类 InputStream 中的 skip()、available()和 reset()方法，其中 reset()方法会把输入起始位置放回数组开头，意味着可以从头再读。

可以用下面两种格式创建 ByteArrayInputStream 类的对象。

（1）以数组名作参数。

```
byte b[] = {1,2,3,4,5,6,7,8,9,10};
ByteArrayInputStream bais = new ByteArrayInputStream(b);
```

其中，bais 是对象名。

（2）以数组名作参数并指明数组的起始位置和字节长度：

```
ByteArrayInputStream bais = new ByteArrayInputStream(b,3,5);
```

表明数据流从数组 b 的第 3 个字节开始，读 5 个字节的数据。

2. ByteArrayOutputStream

ByteArrayOutputStream 的输出流终点是字节数组，可以用 write()方法写数据到内存中的数组。除了 write()外，表 6-9 还列出了 ByteArrayOutputStream 定义的其他方法。

表 6-9　ByteArrayOutputStream 定义的方法

方法名	描述
reset	清除输出流缓冲区
size	返回输出流中的有效字节数
writeTo	将当前输出内容写入另一输出流
toByteArray	将当前输出内容复制到一个字节数组中，并返回该数组
toString	将当前输出内容复制到一个字符串中，并返回该字符串

可以用下面两种格式创建 ByteArrayOutputStream 类的对象。

（1）采用默认的字节输出缓冲区，例如：

```
ByteArrayOutputStream baos = new ByteArrayOutputStream();
```

（2）也可以自己定义缓冲区大小，例如：

```
ByteArrayOutputStream baos = new ByteArrayOutputStream(1024);
```

是指定输出缓冲区为 1024 字节。如果缓冲区不够大，Java 会自动增大缓冲区。

3. ByteArrayInputStream 和 ByteArrayOutputStream 的使用

例 6.10 简单说明了 ByteArrayInputStream 和 ByteArrayOutputStream 的用法。该程序把字节数组中的"Hello"字符串进行简单加密后输出。

【例 6.10】 字节数组流使用示例。

```java
import java.io.*;
public class MyByteArrayStream{
 public static void main(String[] args) {
   int ch=0;
   String password = "hello";
   byte[] b= password.getBytes();  //b为内存字节数组
   try (ByteArrayInputStream in = new ByteArrayInputStream(b);
       ByteArrayOutputStream out = new ByteArrayOutputStream())
   {
     while((ch=in.read()) != -1){
       ch = ch+2;
       out.write(ch); }
     byte[] encryption = out.toByteArray();//encryption为加密后的内存字节数组
     System.out.println(new String(encryption));
   } catch (IOException e) {
     e.printStackTrace();
   }
 }
}
```

程序的输出结果如图 6-9 所示。

```
Console
<terminated> MyByteArrayStream [Java Application]
jgnnq
```

图 6-9 例 6.10 的运行结果

6.2.9 对象流

序列化（serialize）一个对象是指将它的状态按某种方式转为字节流，使得该字节流以后能还原为对象的副本。如果一个 Java 对象的类或它的超类实现了 java.io.Serializable 接口或其子接口 java.io.Externalizable，该对象就可以序列化。反序列化（deserialization）是将序列化形式的对象还原回该对象的副本的过程。

注意：序列化一个对象时，识别其类的信息记录在序列流中，但该类的定义即 class 文件没被记录。反序列化该对象的系统有责任确定如何定位和装载必要的 class 文件。

字节流中的 ObjectInputStream 和 ObjectOutputStream 可以创建对象流（object stream）支持对象的输入输出，能够序列化的对象才可以形成对象流。

ObjectInputStream 和 ObjectOutputStream 实现了 ObjectInput 和 ObjectOutput 接口，这两个接口分别继承了 DataInput 和 DataOutput 接口，增加了读写对象的方法 readObject()和 writeObject()，不过它们的参数是类创建的对象。这意味着对象流也包含数据流的读写方法，可以在读写对象时也进行数据流读写。

例 6.11 说明了 ObjectInputStream 和 ObjectOutputStream 的用法，程序把 book 对象的内容以二进制的形式保存到文件 book.txt 中，需要的时候又通过反序列化的形式重新读取输出。

【例 6.11】 对象流使用示例。

```java
import java.io.*;
class Book implements Serializable{
 //实现Serializable接口无须实现任何方法，只需表明该对象是可序列化的
 int book_id;
 String book_name;
 Float book_price;
 public Book(int id, String name, float price) {
  book_id=id;
  book_name=name;
  book_price=price;
 }
 public void show() {
  System.out.println("书号："+ book_id+"   书名："+ book_name+"   价格："+ book_price);
 }
}
 public class ObjectSave {
 /**
  * @param args
  */
 public static void main(String[] args)throws java.io.IOException {
  // TODO Auto-generated method stub
  Book book=new Book(1,"Java程序设计",32.0f);
  File ofile=new File("book.txt");
  try{      //对象串行化存储
     FileOutputStream fout=new FileOutputStream(ofile);
     ObjectOutputStream oout=new ObjectOutputStream(fout);
     oout.writeObject(book);
     oout.close();
  }catch (IOException e) {
     System.out.println(e);
  }
  try{      //对象反串行化提取
     ObjectInputStream oin=new ObjectInputStream(new FileInputStream(ofile));
     Book booktemp=(Book) oin.readObject();
     oin.close();
     booktemp.show();
  }catch (IOException e) {
     e.printStackTrace();
```

```
}catch (ClassNotFoundException e) {
    e.printStackTrace();
}
    }
}
```

程序的输出结果如图 6-10 所示。

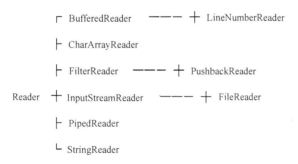

图 6-10　例 6.11 的运行结果

6.3　字　符　流

字符流（character stream）是以字符为单位读写数据的输入输出流，Java 平台采用 16 位的 Unicode 字符集处理字符，既可以和 8 位的 ASCII 码兼容，又可以满足国际化各种文字的需要，例如中文处理等。字符流是由 Reader/Writer 类及其子类对象产生的。

6.3.1　Reader 类及其子类

Reader 类是读字符流的抽象类，它的子类有 BufferedReader、CharArrayReader、FilterReader、InputStreamReader、PipedReader、StringReader 等。它们重写了 Reader 类的某些方法，提供了更多的功能和更高的效率，其继承关系如下：

```
         ┌ BufferedReader    ──── ┬ LineNumberReader
         ├ CharArrayReader
         ├ FilterReader      ──── ┬ PushbackReader
Reader ──┼ InputStreamReader ──── ┬ FileReader
         ├ PipedReader
         └ StringReader
```

表 6-10 列出了它们的具体含义。

表 6-10　Reader 类的子类及其含义

类名	描述
BufferedReader	缓冲输入字符流，与 BufferedInputStream 类似
CharArrayReader	从指定的字符数组创建字符输入流，与 ByteArrayInputStream 类似
FilterReader	过滤输入字符流，与 FilterInputStream 类似，不过只有一个子类 PushbackReader
InputStreamReader	这是从字节流到字符流的一座桥，它读入字节并按指定字符集转成字符
PipedReader	管道字符输入流，与 PipedInputStream 类似
StringReader	从字符串读入字符流，类似于 StringBufferInputStream

6.3.2 Writer 类及其子类

Writer 类是写字符流的抽象类，它的子类有 BufferedWriter、CharArrayWriter、FilterWriter、OutputStreamWriter、PrintWriter、PipedWriter、StringWriter 等。各子类重写了 Writer 类的某些方法，提供了更多的功能和更高的效率，其继承关系如下：

```
            ┌ BufferedWriter
            ├ CharArrayWriter
            ├ FilterWriter
Writer ─┼─ OutputStream Writer ─── + FileWriter
            ├ PrintWriter
            ├ PipedWriter
            └ StringWriter
```

表 6-11 列出了它们的具体含义。

表 6-11 Writer 类的子类及其含义

类名	描述
BufferedWriter	缓冲输出字符流，与 BufferedOutputStream 类似
CharArrayWriter	输出字符流到字符数组中，与 ByteArrayOutputStream 类似
FilterWriter	过滤输出字符流，类似于 FilterOutputStream
OutputStreamWriter	这是从字符流到字节流的一座桥，将字符用指定字符集转成字节
PipedWriter	管道字符输出流，与 PipedOutputStream 类似
PrintWriter	打印对象的格式化表示到文本输出流，类似于 PrintStream
StringWriter	字符流用字符串缓冲器收集输出，用来构造字符串

6.3.3 字符缓冲流

1. BufferedReader

BufferedReader 是带缓冲功能的字符输入流类，其构造方法有两种：

（1）Public BufferedReader (Reader in);

（2）Public BufferedReader (Reader in, int size);

其中，in 表示一个 Reader 类的对象；size 表示缓冲区的大小。

BufferedReader 类不但提供了通用的缓冲方式进行文本读取，而且还提供了很实用的可以读取分行文本的 readLine()方法。

2. BufferedWriter

BufferedWriter 是带缓冲功能的字符输出流类，其构造方法有两种：

（1）Public BufferedWriter (Writer out);

（2）Public BufferedReader (Writer out, int size);

其中，out 表示一个 Writer 类的对象；size 表示缓冲区的大小。

使用 BufferedWriter 类时，写入的数据先存储至缓冲区，然后通过 flush()方法一次性把缓冲区的数据写入到输出流中。BufferedWriter 类还提供了可以写入行分隔符的 newLine()

方法。

3. BufferedReader 和 BufferedWriter 的使用

例 6.12 是字符流 I/O 的应用，该程序首先引入 java.io 包中的各类与接口，然后定义字符输入流 brin 和输出流 pwout。brin 调用方法 readLine()读一行文本（返回为字符串），pwout 调用 write()把读入数据写到输出文件，直到文件读完，两者都用 close()方法关闭流。

【例 6.12】 字符缓冲流使用示例。

```java
import java.io.*;
class Cio {
    /**
     * @param args
     */
    public static void main(String[] args) throws IOException{
        // TODO Auto-generated method stub
        BufferedReader brin = new BufferedReader(new FileReader(".\\src\\Cio.java"));
        BufferedWriter brout=new BufferedWriter(new FileWriter("coutput.txt"));
        String s;
        while ((s = brin.readLine()) != null) {
            brout.write(s);
            brout.newLine();
        }
        brout.flush();   //刷新该流的缓冲
        brin.close();    //关闭流
        brout.close();
    }
}
```

运行前当前目录的子目录 src 中要有 Cio.java 文件，运行后当前目录中多了一个 coutput.txt 文件，内容与前者完全一样。

6.3.4 转换流

从类的层次结构来看，InputStreamReader 类和 OutputStreamWriter 类都是属于字符流的，但它们的作用更像是字节流和字符流之间的一座桥，可以实现字节流和字符流之间的转换。

1. InputStreamReader

这是从字节流到字符流的一座桥，它读入字节并按指定字符集转成字符，常用的构造方法有两种。

（1）public InputStreamReader(InputStream in)——创建一个使用默认字符集的 InputStreamReader 对象，例如：

```java
BufferedReader in = new BufferedReader(new InputStreamReader(System.in));
```

是将键盘输入（字节）按默认字符集转成字符，再加缓冲。

（2）public InputStreamReader(InputStream in, String charsetName)——创建一个使用charsetName 所指定字符集实施字节流到字符流转换的 InputStreamReader 对象。charsetName 可以设为：ISO 8859-1、UTF-8、GBK 等。

2. OutputStreamWriter

这是从字符流到字节流的一座桥，可以将输出的字符流转变为字节流，常用的构造方法也有两种：

（1）public OnputStreamWriter (OnputStream out)——创建一个使用默认字符集的 OnputStreamWriter 对象，例如：

```
Writer out = new BufferedWriter(new OutputStreamWriter(System.out));
```

是将字符转成字节，加缓冲送到显示器。

（2）public OnputStreamWriter (OnputStream out, String charsetName)——创建一个使用charsetName 所指定字符集实施字符流到字节流转换的 OnputStreamWriter 对象。

3. InputStreamReader 和 OutputStreamWriter 的使用

例 6.13 说明了 InputStreamReader 和 OutputStreamWriter 的用法。

【例 6.13】 转换流使用示例。

```
import java.io.*;
class Tio {
    /**
    ** @param args
    */
  public static void main(String[] args) throws IOException{
    // TODO Auto-generated method stub
      File tfile=new File(".\\Tio.txt ");
      BufferedReader btin =
          new BufferedReader(new InputStreamReader(System.in));
      BufferedWriter btout =
          new BufferedWriter(new OutputStreamWriter(new FileOutputStream(tfile)));
      String s;
      System.out.println("请输入文件内容,输入'end'结束: ");
      while (!(s = btin.readLine()).equals("end")) {  //一次读入一行
          btout.write(s);                              //一次写入一行
          btout.newLine();
      }
      btout.flush();                                   //刷新该流的缓冲
      btin.close();                                    //关闭流
      btout.close();
  }
}
```

运行时，从键盘输入如图 6-11 所示的三行字符，然后输入"end"结束。

程序运行后控制台输入的三行字符被写入到当前目录下的文件 Tio.txt 中，文件内容如图 6-12 所示。

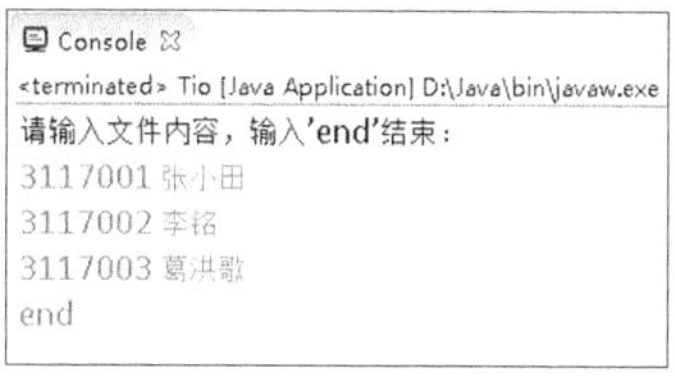

图 6-11　键盘输入 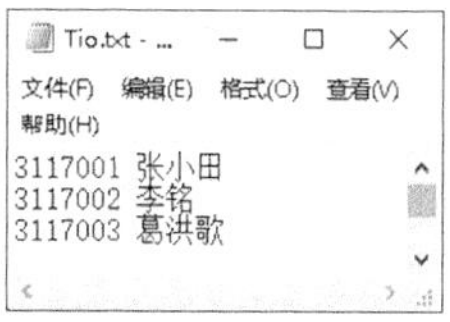　　　　　　　图 6-12　Tio.txt 文件的内容

6.3.5　字符打印流

PrintWriter 是打印对象的格式化表示到文本输出流，类似于 PrintStream。

例 6.14 的功能与例 6.12 相同，只是在写数据到文件的时候，调用了 PrintWriter 中的 println()方法，一次写入一行更方便。

【例 6.14】字符打印流使用示例。

```java
import java.io.*;
class Dio {
    /*
     * @param args
     */
    public static void main(String[] args) throws IOException{
        // TODO Auto-generated method stub
        BufferedReader brin = new BufferedReader(new FileReader(".\\src\\Dio.java"));
        PrintWriter pout = new PrintWriter(new FileWriter("doutput.txt "));
        String s;
        while ((s = brin.readLine()) != null) {
            pout.println(s);
        }
        brin.close();//关闭流
        pout.close();
    }
}
```

6.4　新 I/O

java.nio 包提供了新的 I/O 功能，主要是定义缓冲器（buffer）装数据，并提供通道（channel）连接执行 I/O 操作的实体以提高输入输出速度。可以理解为缓冲器装满数据，沿通道快速输入输出。nio 包还有 Charsets 类用于编码与译码，有 Selector 类用于选择多路非阻塞 I/O 操作。

6.4.1　Buffer 类

Buffer 类是一个容器，用于存放指定的基本类型数据。Buffer 类有位置（position）指示，指向下一个读写元素。Buffer 类有界限(limit)指示，指向第一个不能读写的地方。Buffer 类定义了许多方法调整位置。

每一种不是布尔型的基本类型都有自己的缓冲器，但字节缓冲器（byte buffer）是 I/O 操作的来源和目标，其他缓冲器没有这些功能。

6.4.2 Channel 接口

通道表示开放连接到可以执行 I/O 操作的实体，如硬件设备、文件、网络套接口（socket）或程序组件，它们可以执行不同的 I/O 操作，例如读或写。通道可以开放或关闭，可以安全地进行多线程访问。

6.5 扫描输入与格式化输出

输入输出经常包括读入人们喜欢的格式化数据，并按人们的习惯输出数据。java.util 包提供了 scanner API 把输入分解成与数据有联系的标记，并提供了 formatting API 组装数据成为人们容易读的格式。

6.5.1 Scanner 类

Scanner 类对象适用于将格式化输入分解为标记，并按它们的数据类型解释单个标记。Scanner 类用分界符（delimiter）模式来分解输入，默认的分界符是空白符，如空格、制表符、行终止符等。要用不同的分界符，调用 useDelimiter()方法，参数用正则表达式，例如：

```
s.useDelimiter(",\\s*");
```

表示用逗号分界，后面可能有空白符。

分解后的单个标记用各种 next()方法转换成不同的类型，如 next(String pattern)、nextInt()、nextLine()、nextDouble()等。

例 6.15 将输入字符串解析成标记，用逗号分隔，并用 nextInt()和 nextDouble()识别数据类型并做求和处理。

【例 6.15】 Scanner 类使用示例。

```
import java.util.*;
class Mysacn{
  /**
   * @param args
   * */
  public static void main(String[] args)  {
    // TODO Auto-generated method stub
    int i = 0;
    double d = 0.0;
    String input = "abc,123,feg,12.5,ert,20.3,wer,21";
    Scanner s = new Scanner(input);
    s.useDelimiter("\\s*,\\s*"); //正则表达式表示：一个逗号且其前后可能有空格
```

```
    while (s.hasNext()) {
      if (s.hasNextInt()) {
         i += s.nextInt();
       } else {
         if (s.hasNextDouble()) {
            d +=s.nextDouble();
         }
         else s.next();
      }
    }
    System.out.println(i);
    System.out.println(d);
    s.close();
  }
}
```

程序的输出结果如图 6-13 所示。

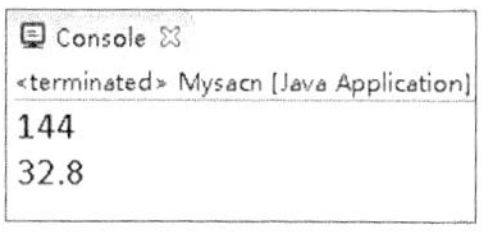

```
Console
<terminated> Mysacn [Java Application]
144
32.8
```

图 6-13 例 6.15 的运行结果

6.5.2 Formatter 类

Formatter 类提供类似 C 语言 printf()风格的格式化输出解释，它的 format()方法与 C 语言的 printf()方法几乎一样，但 Java 的格式化比 C 语言严格。Java 在 PrintStream 类里也提供了一个与 C 语言同名的 printf()方法，目的是使 C 语言程序员有熟悉的感觉。

例 6.16 说明 Java 的 format()与 printf()是等价的。

【例 6.16】 Formatter 类使用示例。

```
class Myformat {
  /**
   * @param args
   */
    public static void main(String[] args) {
        // TODO Auto-generated method stub
        int i = 3;
        double d = Math.sqrt(i);
        System.out.format("%d 的平方根是 %f.%n", i, d);
        System.out.printf("%d 的平方根是 %f.%n", i, d);
    }
}
```

程序的输出结果如图 6-14 所示。

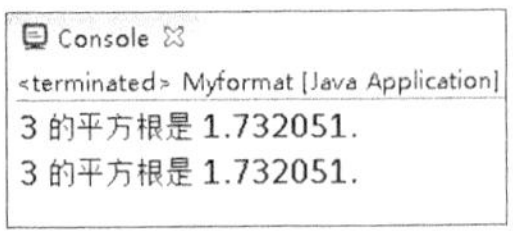

```
Console ☒
<terminated> Myformat [Java Application]
3 的平方根是 1.732051.
3 的平方根是 1.732051.
```

图 6-14　例 6.16 的运行结果

1. 格式说明符

一般的格式说明符的完整语法是

`%[argument_index$][flags][width][.precision]conversion`

其中：
- %表示说明符开始；
- argument_index 是十进制整数，指明参数列表中某个参数，$1 表示第一个参数，$2 表示第二个参数等；
- flags 表示附加的格式，+表示结果数总要带符号，-表示结果向左对齐，0 表示结果补 0 等；
- width 表示格式化值最小的宽度，默认是左边用空格填满宽度；
- .precision 表示浮点数的数学精度，如果不是浮点数，则表示格式化值最大的宽度；
- conversion 是转换，说明生成哪一种格式化输出。

例如，%1$+020.10f 表示是第一个参数、结果数要带符号、结果补 0、宽度 20、小数点精度 10 位、十进制浮点数。一个可能的输出是+00000004.1415926536。

对于时间和日期的格式说明符的语法是

`%[argument_index$][flags][width]conversion`

其中，conversion 第一个字符是 t 或 T。

2. 转换符

例 6.16 用到的%d、%f、%n 叫字符转换（character conversion），说明生成哪一种格式化输出。d 表示整数格式化为十进制数；f 表示浮点数格式化为十进制数；n 表示输出一个特定平台的行终止符。

6.6　小　　结

本章介绍了 Java 的输入输出流及部分应用，输入输出是程序设计的重要部分，有了好的输入输出，才能充分发挥程序的效用，满足用户的要求。另外，还简单介绍了扫描输入与格式化输出的内容，有需要可参考 Java API 文档获得更多内容。

习　题　6

1. File 类有些什么功能？RandomaccessFile 类有何作用？
2. 什么叫流？输入流的超类是什么？输出流的超类是什么？

3．什么是系统的标准输入？什么是系统的标准输出？
4．FileInputStream 和 FileOutputStream 的起点和终点是什么？
5．什么叫管道流？
6．ByteArrayInputStream 和 ByteArrayOutputStream 的起点和终点是什么？
7．什么叫过滤流？
8．BufferedInputStream 和 BufferedOutputStream 有何优点？
9．DataInputStream 和 DataOutputStream 为何具有读写多种数据的能力？
10．什么是对象流？对象序列化有何作用？
11．字符流主要有哪些类？
12．新 I/O 的主要目的是什么？
13．编写程序，运行时输入目录名，程序把该目录下所有的 Java 源文件都列出来。
14．编写程序，比较两个文件的异同，并输出相同部分的比例。
15．实现文件复制功能，把源文件复制到目标文件，源文件和目标文件的文件名从命令行输入。
16．创建一个带缓冲的输入流，从键盘输入一行行字符，然后把它们写入一个文件，直到用户输入字符串 over 结束。
17．编写一个程序，从一个文本文件中删除所有出现某个指定字符串的地方，文件名和要删除的字符串从命令行输入。
18．编写一个程序统计一个文件中的字符数、单词数以及行数。单词由空格、制表符、回车符或换行符分隔，文件名应从命令行输入。

第 7 章　收集与数据结构应用

如果知道多个对象的准确数量，可以用数组这种数据类型来存放这些对象。但在很多情况下，对象个数并不能事先确定，用数组保存就有困难。Java 设计了收集（collection）系列，提供了更复杂的方式保存对象，解决了数组无法解决的问题。

7.1　收集的概念

收集有时也叫容器（container），它把多个元素放进一个单元里，形成一个对象。收集用于存储、读取、处理和交流聚集的数据。

Java 的收集形成了收集框架（collections framework）的体系结构，该结构的核心部分如图 7-1 所示。图中，Collection、Map、List、Set、Queue 等带点线边框的是接口；AbstractList、AbstractSet、AbstractMap 等带折线边框的是抽象类；而 ArrayList、HashSet、HashMap 等带实线边框的是实现类。

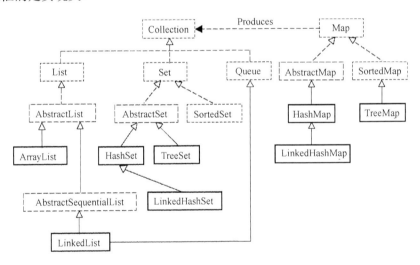

图 7-1　收集框架

这种框架有许多优点，例如减轻编程负担，增加编程速度与质量，鼓励软件复用等。Java 收集框架包括接口、实现、算法三部分。

（1）核心的收集接口有 Collection、Set、List、Queue、Map 等，其中 Set、List、Queue 是 Collection 的后继；Set 还有 SortedSet 后继；Map 有 SortedMap 后继。所有的核心接口都是泛型的：

```
public interface Collection<E>...
```
在声明收集实例时必须说明包含在收集中的对象的类型。

（2）实现是指存储收集所用的数据对象，有通用目的实现、专用目的实现、并发实现、包装实现、方便实现、抽象实现等。通用目的实现最常用；专用目的实现只用于特殊情况下，例如某些限制等；并发实现支持并发编程；包装实现是组合其他类型的实现；方便实现通常用静态工厂方法获得；抽象实现是构造定制实现的骨架式实现。

（3）收集的算法是一些静态方法，对收集执行有用的功能，例如列表排序等。常用的算法有排序、搅乱、常规数据处理、搜索、组合、寻找极值等。

7.2 Collection 接口

这是收集系列的根，具有最大的通用性，允许重复元素存在，不要求元素排序等，是其他特殊收集的"最小公倍数"。通用目的的各种收集在实现时都用 Collection 作构造方法的参数，方便转换收集的类型。

Collection 只有接口，没有实现。Collection 接口的结构如下：

```
public interface Collection<E> extends Iterator<E> {
    //基本操作
    int size();                                    //收集中有多少元素
    boolean isEmpty();                             //收集中有无元素
    boolean contains(Object element);              //收集中是否有element元素
    boolean add(E element);                        //(可选)加入element元素到收集
    boolean remove(Object element);                //(可选)收集中删除element元素
    Iterator<E> iterator();                        //列举收集元素

    //成批操作
    boolean containsAll(Collection<?> c);          //目标收集是否有指定收集的所有元素
    boolean addAll(Collection<? extends E> c);     //(可选)加入指定收集元素到目标收集
    boolean removeAll(Collection<?> c);            //(可选)目标收集删除指定收集全部元素
    boolean retainAll(Collection<?> c);            //(可选)目标收集保留指定收集全部元素
    void clear();                                  //(可选)清空收集

    //数组操作
    Object[] toArray();                            //收集元素放进Object数组
    <T> T[] toArray(T[] a);                        //收集元素放进T类型数组
}
```

1. 遍历收集

把收集中的对象列举出来称为遍历收集，可以用 for-each 结构遍历，例如：

```
for (Object o : collection)
    System.out.println(o);
```

还可以用 Iterator 接口遍历收集。

2. Iterator 接口

Iterator 接口的结构如下：

```
public interface Iterator<E> {
    boolean hasNext();      //收集中还有元素为true
    E next();               //取下一个元素
    void remove();          //(可选)删除next()返回的最后一个元素
}
```

调用 Collection 接口的 iterator()方法就可以得到 Iterator 对象。Iterator 对象可以遍历收集，如果遍历收集时希望删除其元素，可以在调用 next()后调用一次 remove()，这是 for-each 结构遍历无法做到的。过滤任意 Collection 的多态代码如下：

```
static void filter(Collection<?> c) {
    for (Iterator<?> it = c.iterator(); it.hasNext(); )
        if (!cond(it.next()))
            it.remove();
}
```

3. 成批操作

成批操作是对整个 Collection 进行的，但这些操作也是用 Collection 接口的基本操作实现的。

4. 数组操作

toArray()方法是收集与希望数组作为输入的旧 API 转换的桥梁，数组操作让 Collection 的内容转换到数组中。例如，"Object[] a = c.toArray();"将 Collection 对象 c 的内容导入 Object 数组中，数组长度与 c 的元素个数相同。

7.3 Set

Set 是不能包含重复元素的 Collection，是数学集合抽象的模型。Set 接口继承了 Collection 的方法，并增加不允许重复元素的限制。

7.3.1 Set 的实现

Java 平台有三种通用目的的 Set 实现：HashSet、TreeSet 和 LinkedHashSet。

（1）HashSet 用哈希表存放元素，实现性能最好，但不保证列举顺序；

（2）TreeSet 用红-黑树存放元素，按元素值排次序，比 HashSet 慢；

（3）LinkedHashSet 是链表实现的哈希表，按元素插入集合的顺序排次序，次序不混乱，但代价高一些，介于 HashSet 和 TreeSet 之间。由于 HashSet 速度快，除了要排序的情况下必须用 TreeSet 外，一般都用 HashSet。

Set 有两个专用目的的实现：EnumSet 和 CopyOnWriteArraySet，前者是 enum 类型的高性能 Set 实现，元素是同一类型的枚举类型；后者是由写时复制新数组支持的 Set 实现，所有变动性的操作都由新复制的数组来完成，这种实现仅适用于经常列举而很少修改的集合。

创建 Set 对象时总是用接口类（Set）做引用，例如：

```
Set<String> s = new HashSet<String>();
```

这样方便改变实现，下一次想采用 TreeSet 实现接口，只需改构造方法：

```
Set<String> s = new TreeSet<String>();
```

HashSet 的默认容量是 16（2 的幂），可以用构造方法设置，例如设置为 32：

```
Set<String> s = new HashSet<String>(32);
```

容量太大会浪费时间与空间，但太小就需要花时间扩容。

例 7.1 的程序演示了 Set 的基本操作，字符串数组 s1 的元素加入 HashSet，重复元素加不进去则显示出来；size()方法查出 HashSet 有多少元素，并将其打印出来。

【例 7.1】 Set 接口示例。

```java
import java.util.*;
class Myset {
    /**
     * @param args
     */
    public static void main(String[] args) {
        // TODO Auto-generated method stub
        Set<String> s = new HashSet<String>();
        String[] s1={"a", "book","a","pen"};
        for (String s2 : s1)
            if (!s.add(s2))
            System.out.println("Find duplicate element: " + s2);
        System.out.println("Total "+s.size() + " distinct elements: "+ s );

    }
}
```

程序的运行结果如图 7-2 所示。

```
Console
<terminated> Myset (1) [Java Application] D:\Java\bin\javaw.exe
Find duplicate element: a
Total 3 distinct elements: [a, book, pen]
```

图 7-2　例 7.1 的运行结果

7.3.2　Set 的数学应用

Set 与成批操作形成数学的集合代数运算。假设 a 和 b 是 Set，a.containsAll(b)可以判断 b 是否为 a 的子集；a.addAll(b)形成 a 并 b，a.retainAll(b)形成 a 交 b；a.removeAll(b)形成 a 与 b 的差；还可以求 a 与 b 的对称差，即 a 与 b 的非共同元素组成的集合。

例 7.2 求集合 a 与 b 的对称差，先求 a 并 b，再求 a 交 b，最后求两者的差。

【例 7.2】 Set 的数学应用示例。

```java
import java.util.*;
class Setop {
    /**
     * @param args
     */
    public static void main(String[] args) {
        // TODO Auto-generated method stub
        String[] s1={"I", "have", "a", "book"};
        String[] s2={"I", "have", "a", "pen"};
        Set<String> a = new HashSet<String>();
        for (String s : s1)
            a.add(s);
        Set<String> b = new HashSet<String>();
        for (String s : s2)
            b.add(s);
        Set<String> aub = new HashSet<String>(a);
        aub.addAll(b);              //a并b
        System.out.println("Union: " + aub);
        Set<String> aib = new HashSet<String>(a);
        aib.retainAll(b);           //a交b
        System.out.println("Intersection: " + aib);
        aub.removeAll(aib);         //a并b与a交b的差
        System.out.println("Symmetric difference: " + aub);
    }
}
```

程序的运行结果如图 7-3 所示。

```
Console
<terminated> Setop [Java Application] D:\Java\bin\javaw.exe
Union: [a, book, have, pen, I]
Intersection: [a, have, I]
Symmetric difference: [book, pen]
```

图 7-3 例 7.2 的运行结果

7.4 List

List 是有序的 Collection，有时也称序列（sequence），基本上是按插入顺序排列的，可以包含重复元素。List 接口继承了 Collection 的方法，删除操作总是删除列表中第一个出现的指定元素，加入操作总是加在列表的末尾。另外，根据序列特性增加了一些方法，其结构如下：

```java
public interface List<E> extends Collection<E> {
```

```
    //按位置访问
    E get(int index);                        //取指定下标的元素
    E set(int index, E element);             //(可选)设置指定下标的元素，返回原元素
    boolean add(E element);                  //(可选)
    void add(int index, E element);          //(可选)加入到指定位置
    E remove(int index);                     //(可选)删除指定下标的元素，返回该元素
    boolean addAll(int index, Collection<? extends E> c); //(可选)

    //搜索
    int indexOf(Object o);        //返回列表中第一次出现的指定元素的下标，或-1(无)
    int lastIndexOf(Object o);    //返回列表中最后出现的指定元素的下标，或-1(无)

    //列举
    ListIterator<E> listIterator();              //从表头开始列举
    ListIterator<E> listIterator(int index);     //从指定位置开始列举

    //范围视图，即显示一段范围的元素
    List<E> subList(int from, int to);
}
```

Java 早期版本有个 Vector 类，是具有 List 性质的实现，有同步性质。List 接口方法比 Vector 类方法改进了一些，但没有同步性质。

7.4.1 List 的实现

Java 平台有两种通用目的的 List 实现：ArrayList 和 LinkedList。前者提供固定时间的按位置访问，插入删除是线性时间，通常性能比较好；后者的插入删除是固定时间，在经常需要插入删除时性能稍好。

List 有个专用目的实现：CopyOnWriteArrayList，是由写时复制新数组支持的 List 实现。这种实现适用于维护事件处理器列表，变化不多但遍历较多的情况。

1. 基本操作

创建 ArrayList 对象格式：

```
List<Type> list = new ArrayList<Type>();
```

再用 add()输入列表元素：

```
list.add(Type element);
```

对已有的列表，可以用 get()方法等按位置访问：

```
list.get(int i);
```

例 7.3 输入整数对象，并对第 6 个整数乘以 2 再设置回去，最后删除第 10 个元素。
【例 7.3】 List 实现示例。

```
import java.util.*;
```

```java
class SimpleList {
    /**
     * @param args
     */
    public static void main(String[] args) {
        // TODO Auto-generated method stub
        List<Integer> list = new ArrayList<Integer>();
        for (int i=0;i<10;i++)
            list.add(i);
        System.out.println(list);
        list.set(5,list.get(5)*2);
        System.out.println(list);
        list.remove(9);
        System.out.println(list);
    }
}
```

程序的运行结果如图 7-4 所示。

```
Console
<terminated> SimpleList (1) [Java Application]
[0, 1, 2, 3, 4, 5, 6, 7, 8, 9]
[0, 1, 2, 3, 4, 10, 6, 7, 8, 9]
[0, 1, 2, 3, 4, 10, 6, 7, 8]
```

图 7-4 例 7.3 的运行结果

2. 搜索操作

List 有两个搜索方法：

（1）找列表中第一次出现指定元素所在的位置，没有则返回-1；

（2）找列表中最后出现指定元素所在的位置，没有则返回-1。

例 7.4 将 10 个值是 0~9 之间的随机整数放进列表，再用两种方法搜索指定值。

【例 7.4】 搜索示例。

```java
import java.util.*;
class SearchList {
    /**
     * @param args
     */
    public static void main(String[] args) {
        // TODO Auto-generated method stub
        Random r=new Random();
        List<Integer> list = new ArrayList<Integer>();
        for (int i=0;i<10;i++)
            list.add(r.nextInt(10));
        System.out.println(list);
        System.out.println(list.indexOf(5));
        System.out.println(list.lastIndexOf(6));
```

        }
}
```

程序的运行结果如图 7-5 所示。

```
Console
<terminated> SearchList [Java Application]
[9, 9, 8, 4, 6, 6, 0, 7, 8, 5]
9
5
```

图 7-5　例 7.4 的运行结果

3. 列举操作

List 使用的列举 ListIterator 扩充了 Collection 接口的 iterator，可以从两个方向遍历列表，可在列举期间修改列表，而且获得 iterator 的当前位置。ListIterator 接口结构如下：

```
public interface ListIterator<E> extends Iterator<E> {
    boolean hasNext();
    E next();              //下一个元素
    boolean hasPrevious();
    E previous();          //前一个元素
    int nextIndex();       //下一个下标
    int previousIndex();   //前一个下标
    void remove();         //(可选)删除next()或previous()返回的元素
    void set(E e);         //(可选)用指定元素设置next()或previous()返回的元素
    void add(E e);         //(可选)在当前下标前加入指定元素
}
```

注意：如果当前下标指向列表开头，调用 previousIndex() 会返回 -1。如果当前下标指向列表的最后一个元素，则调用 nextIndex() 会返回 list.size()。

创建 ListIterator 对象的格式是

```
ListIterator<E> it = list.listIterator();
```

然后就可以用 it 调用上述方法，如 it.next() 等。

4. 范围视图操作

范围视图（range-view）即显示一段范围的元素，但变动它们会影响源数据，其相关方法 subList(int from, int to) 返回从 from 下标到 to 下标前的子列表，即包括 from 位置元素，不包括 to 位置元素。例 7.5 中 subList(4, 6) 是取第 5 个到第 6 个元素的子列表（注意：0 代表第 1 个元素，1 代表第 2 个元素，…，所以 4 代表第 5 个元素），subList(3, 7).clear() 将清除第 4 个到第 7 个元素间的子列表，结果原列表少了 4 个元素。如果产生子列表后又在原列表加入或删除元素，那么子列表的语义就没定义。因此，建议 subList() 返回的子列表只做暂时的对象。

【例 7.5】 范围视图操作示例。

```
import java.util.*;
```
```

```java
class SimpleSublist {
    /**
     * @param args
     */
    public static void main(String[] args) {
        // TODO Auto-generated method stub
        Random r=new Random();
        List<Integer> list = new ArrayList<Integer>();
        for (int i=0;i<10;i++)
            list.add(r.nextInt(10));
        System.out.println(list);
        System.out.println(list.subList(4, 6));
        list.subList(3, 7).clear();
        System.out.println(list);
    }
}
```

程序的运行结果如图 7-6 所示。

```
Console
<terminated> SimpleSublist [Java Application]
[3, 1, 1, 1, 7, 8, 0, 0, 0, 9]
[7, 8]
[3, 1, 1, 0, 0, 9]
```

图 7-6　例 7.5 的运行结果

7.4.2　List 的数据结构应用

Collections 类有许多算法适用于 List，如合并排序（sort）、随机搅乱（shuffle）、序列反向（reverse）、循环（rotate）、元素交换（swap）、全部替换（replaceAll）、填充（fill）、复制（copy）、二分搜索（binarySearch）、首个子列表下标（indexOfSubList）、尾个子列表下标（lastIndexOfSubList）等，方便对数据进行处理。例如，要对随机排列的数据进行排序，用 sort() 方法就可以进行升序排序；如果想降序，再调用 reverse() 反向就行了。

【例 7.6】 排序示例。

```java
import java.util.*;
class ListApp {
    /**
     * @param args
     */
    public static void main(String[] args) {
        // TODO Auto-generated method stub
        Random r=new Random();
        List<Integer> list = new ArrayList<Integer>();
        for (int i=0;i<10;i++)
            list.add(r.nextInt(10));
```

```
            System.out.println(list);
            Collections.sort(list);
            System.out.println(list);
            Collections.reverse(list);
            System.out.println(list);
    }
}
```

程序的运行结果如图 7-7 所示。

```
[1, 4, 7, 8, 2, 4, 8, 5, 6, 9]
[1, 2, 4, 4, 5, 6, 7, 8, 8, 9]
[9, 8, 8, 7, 6, 5, 4, 4, 2, 1]
```

图 7-7 例 7.6 的运行结果

7.5 Queue

Queue 是保持元素重于处理元素的 Collection，通常是按先进先出方式安排元素，在队尾插入元素，在队头删除元素；但优先队列是按值来安排的，不一定在队尾插入。有些 Queue 实现时限制了所保持元素的数量，称为限界。Queue 接口增加了一些方法，结构如下：

```
public interface Queue<E> extends Collection<E> {
    E element();                    //返回队头元素，空队则抛异常
    boolean offer(E e);             //在限界队列里加入元素
    E peek();                       //返回队头元素，空队返回null
    E poll();                       //删除并返回队头元素，空队则抛异常
    E remove();                     //删除并返回队头元素，空队返回null
}
```

Queue 接口有个子接口叫 Deque 接口，是支持在队列两端都可以插入和删除元素的线性收集（双端队列），Deque 接口方法比 Queue 接口多，见表 7-1。

表 7-1 Deque 接口方法

方法	说明	方法	说明
addFirst(e)		addLast(e)	等于 Queue 接口 add(e)
offerFirst(e)		offerLast(e)	等于 Queue 接口 offer(e)
removeFirst()	等于 Queue 接口 remove()	removeLast()	
pollFirst()	等于 Queue 接口 poll()	pollLast()	
getFirst()	等于 Queue 接口 element()	getLast()	
peekFirst()	等于 Queue 接口 peek()	peekLast()	

7.5.1 Queue 的实现

每种 Queue 实现必须说明它的安排性质：LinkedList 类实现了 Queue 接口，提供了先

进先出队列的操作；PriorityQueue 类是基于优先堆数据结构的优先队列，也实现了 Queue 接口；BlockingQueue 接口是并发 Queue 接口，定义了阻塞队列的方法，由 SynchronousQueue 类等几个并发队列类实现。

创建 Queue 对象的格式是

```
Queue<Type> queue = new LinkedList<Type>();
```

创建 PriorityQueue 对象的格式是

```
Queue<Type> pq = new PriorityQueue<Type>;
```

LinkedList 类和 ArrayDeque 类也实现了 Deque 接口，这是可变长度的数组实现的双端队列，没有元素容量限制。

创建 Deque 对象的格式是

```
Deque<Type> dq = new ArrayDeque<Type>();
```

例 7.7 用 ArrayDeque 实现了双端队列。

【例 7.7】 双端队列示例。

```
import java.util.*;
class Simpledeque {
    /**
     * @param args
     */
    public static void main(String[] args) {
        // TODO Auto-generated method stub
        Deque<Integer> dq = new ArrayDeque<Integer>();
        for(int i=0;i<10;i++)
          dq.addFirst(i);
        System.out.println(dq);
        if (!dq.isEmpty()) dq.removeLast();
        if (!dq.isEmpty()) dq.removeFirst();
        System.out.println(dq);
    }
}
```

程序的运行结果如图 7-8 所示。

```
Console
<terminated> Simpledeque [Java Application]
[9, 8, 7, 6, 5, 4, 3, 2, 1, 0]
[8, 7, 6, 5, 4, 3, 2, 1]
```

图 7-8 例 7.7 的运行结果

7.5.2 Queue 的数据结构应用

例 7.8 用优先队列实现堆排序。先创建一个随机列表，然后把随机列表放入 PriorityQueue

构造方法中形成堆，优先队列中删除的每个元素依次加入一个列表中，输出已排好序的列表。

【例 7.8】 堆排序列表。

```java
import java.util.*;
class Myheapsort {
    static <E> List<E> heapSort(Collection<E> c) {
        Queue<E> q = new PriorityQueue<E>(c);
        List<E> r = new ArrayList<E>();
        while (!q.isEmpty())
            r.add(q.remove());
        return r;
    }
    /**
     * @param args
     */
    public static void main(String[] args) {
        // TODO Auto-generated method stub
        Random r=new Random();
        List<Integer> list = new ArrayList<Integer>();
        for (int i=0;i<10;i++)
            list.add(r.nextInt(10));
        System.out.println(list);
        System.out.println(heapSort(list));
    }
}
```

程序的运行结果如图 7-9 所示。

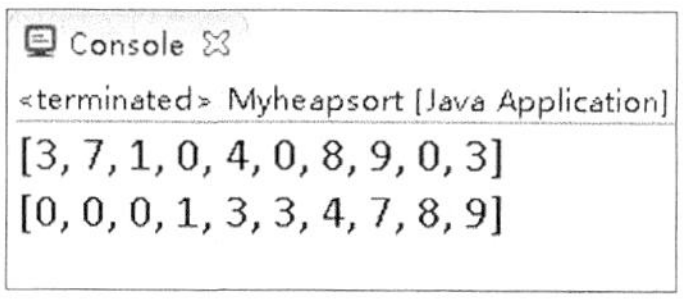

```
Console
<terminated> Myheapsort [Java Application]
[3, 7, 1, 0, 4, 0, 8, 9, 0, 3]
[0, 0, 0, 1, 3, 3, 4, 7, 8, 9]
```

图 7-9 例 7.8 的运行结果

7.6 Map

Map 是把键（key）映射到值（value）的对象。映射不能包含重复的键，一个键至少可以映射一个值，它是数学函数抽象的模型。

Map 接口的结构是

```java
public interface Map<K,V> {
    //基本操作
```

```java
V put(K key, V value);
V get(Object key);
V remove(Object key);
boolean containsKey(Object key);
boolean containsValue(Object value);
int size();
boolean isEmpty();

//成批操作
void putAll(Map<? extends K, ? extends V> m);   //把m全部键与值加入目的Map
void clear();

//收集视图
public Set<K> keySet();                         //取Map中键的集合
public Collection<V> values();                  //取Map中值的收集
public Set<Map.Entry<K,V>> entrySet();          //取Map中键-值对的集合

//entrySet元素接口
public interface Entry {
    K getKey();
    V getValue();
    V setValue(V value);
}
}
```

7.6.1 Map 的实现

Java 平台有三种通用目的的 Map 实现：HashMap、TreeMap 和 LinkedHashMap，它们的性能与 HashSet、TreeSet 和 LinkedHashSet 类似，HashMap 速度最快；TreeMap 能够排序；LinkedHashMap 性能接近 HashMap 并保持插入顺序；但 LinkedHashMap 可以根据键遍历，它还有 removeEldestEntry() 方法删除旧的映射。

Map 接口有三种专用目的的实现：EnumMap、WeakHashMap 和 IdentityHashMap。EnumMap 的键是 enum，存储用数组，所以速度快，操作方法多；WeakHashMap 是弱键的哈希表方式的 Map 实现，弱键是指当该键在 WeakHashMap 外不再被引用时会被垃圾收集器删除键值对，这种结构常用于"注册"性数据结构；IdentityHashMap 也是用哈希表方式实现 Map 接口，在比较键时用引用相等（reference-equality）代替对象相等（object-equality），这种结构可以用于保持拓扑的对象图变换，例如序列化等。

ConcurrentMap 接口是并发 Map 接口，增加了原子方法 putIfAbsent()、remove()和replace()。ConcurrentHashMap 类实现了该并发接口，支持并发访问和更新。

1. 基本操作

Map 的基本操作是 put()、get()、containsKey()、containsValue()、size()和 isEmpty()等，例 7.9 创建 Map 对象，用 put()输入键与值，如果搜索到值是 90，则打印"Have good result!"。

【例 7.9】 Map 对象操作示例。

```java
import java.util.*;
class Simplemap {
    /**
     * @param args
     */
    public static void main(String[] args) {
        // TODO Auto-generated method stub
        Map<String, Integer> m = new HashMap<String, Integer>();
        m.put("Math", 68);
        m.put("Physics", 82);
        m.put("English", 90);
        m.put("Chemistry", 75);
        System.out.println(m);
        if (m.containsValue(90))
            System.out.println("Have good result!");
    }
}
```

程序的运行结果如图 7-10 所示。

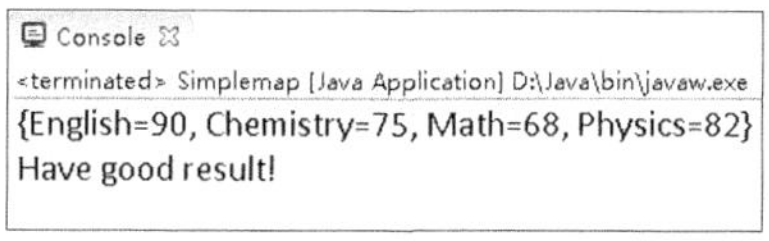

图 7-10　例 7.9 的运行结果

（1）如果用 TreeMap 构造 Map 对象，输出按字母顺序排列键：

```
{Chemistry=75, English=90, Math=68, Physics=82}
Have good result!
```

（2）如果用 LinkedHashMap 构造 Map 对象，输出按插入顺序排列键：

```
{Math=68, Physics=82, English=90, Chemistry=75}
Have good result!
```

2. 收集视图

收集视图方法用三种方式将 Map 视为收集：取 Map 的键的集合 keySet()；取 Map 中值的收集 values()；取 Map 中键-值对的集合 entrySet()。收集视图提供了列举 Map 全部内容（键-值对）的唯一方法，即用 entrySet()。keySet()只能列举 Map 的键，例如：

```
for (KeyType key : m.keySet())
    System.out.println(key);
```

values()只能列举 Map 的值。

3. Map.Entry 接口

Map 有个嵌套的接口 Map.Entry，可以实现按键-值对列举 Map：

```
for (Map.Entry<KeyType, ValType> e : m.entrySet())
    System.out.println(e.getKey() + ": " + e.getValue());
```

【例 7.10】 收集视图操作示例。

```java
import java.util.*;
class Mapop {
    /**
     * @param args
     */
    public static void main(String[] args) {
        // TODO Auto-generated method stub
        Random r=new Random();
        Map<String, Integer> m1 = new HashMap<String, Integer>();
        m1.put("Math", r.nextInt(100));
        m1.put("Physics", r.nextInt(100));
        m1.put("English", r.nextInt(100));
        m1.put("Chemistry", r.nextInt(100));
        System.out.println(m1);
        for (Map.Entry<String, Integer> e : m1.entrySet())
            if (e.getValue()>90) System.out.println(e.getKey()+" is good");
    }
}
```

程序的运行结果如图 7-11 所示。

```
Console
<terminated> Mapop [Java Application] D:\Java\bin\javaw.exe (2017
{English=99, Chemistry=84, Math=41, Physics=68}
English is good
```

图 7-11　例 7.10 的运行结果

7.6.2　Map 的数学应用

containsAll()、removeAll()、retainAll()等成批操作支持 Map 运算。例如，判断子集的语句：

```java
if (m1.entrySet().containsAll(m2.entrySet())) {
    ...
}
```

（1）判断两个 Map 有无共同的键集的语句是

```java
Set<KeyType>commonKeys = new HashSet<KeyType>(m1.keySet());
commonKeys.retainAll(m2.keySet());
```

（2）删去共同键-值对的语句是

```
m1.entrySet().removeAll(m2.entrySet());
```

（3）如果要实现多重 Map(multimap)，即一个键映射多个值，可以用 List 实例存放值。例如：

```
Map<String, List<String>> m = new HashMap<String, List<String>>();
```

例 7.11 对两个 Map 进行集合运算，判断出第一个 Map 包含第二个 Map，最后，第一个 Map 删去与第二个 Map 相同的元素。

【例 7.11】 Map 数学应用示例。

```
import java.util.*;
class Mapop2 {
    /**
     * @param args
     */
    public static void main(String[] args) {
        // TODO Auto-generated method stub
        Random r=new Random();
        Map<String, Integer> m1 = new HashMap<String, Integer>();
        m1.put("Math", r.nextInt(100));
        m1.put("Physics", r.nextInt(100));
        m1.put("English", r.nextInt(100));
        m1.put("Chemistry", r.nextInt(100));
        System.out.println(m1);
        Map<String, Integer> m2 = new HashMap<String, Integer>();
        m2.putAll(m1);
        System.out.println(m2);
        if (m1.entrySet().containsAll(m2.entrySet())) {
            System.out.println("m1 contains m2");
        }
        m1.keySet().removeAll(m2.keySet());
        System.out.println(m1);
        System.out.println(m2);
    }
}
```

程序的运行结果如图 7-12 所示。

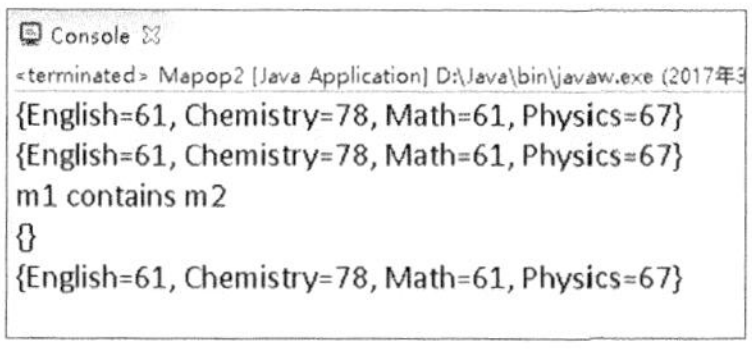

图 7-12 例 7.11 的运行结果

7.7 SortedSet

SortedSet 是按升序维护元素的 Set，集合中的元素如果没有实现 java.lang 包的

Comparable 接口而无法比较，SortedSet 就要提供 java.util 包的 Comparator 接口方法控制元素的次序。列举 SortedSet 元素时按其次序进行，转换成数组时元素仍是有序的。

SortedSet 接口的核心结构是

```
public interface SortedSet<E> extends Set<E> {
    //范围视图
    SortedSet<E> subSet(E fromElement, E toElement);
    SortedSet<E> headSet(E toElement);
    SortedSet<E> tailSet(E fromElement);

    //端点
    E first();
    E last();

    //Comparator访问
    Comparator<? super E> comparator();
}
```

1. SortedSet 的实现

TreeSet 类实现了 SortedSet 接口，它有 4 个构造方法：

（1）TreeSet()

（2）TreeSet(Collection<? extends E> c)

（3）TreeSet(Comparator<? super E> comparator)

（4）TreeSet(SortedSet<E> s)

前两个按元素的自然顺序排序；后两个按指定 comparator 排序。实现了 java.lang 包的 Comparable 接口的类的自然顺序，见表 7-2。

表 7-2 常用类与自然排序

类名	排序说明
Byte 类	按符号数排列
Character 类	按无符号数排列
Long 类	按符号数排列
Integer 类	按符号数排列
Short 类	按符号数排列
Double 类	按符号数排列
Float 类	按符号数排列
BigInteger 类	按符号数排列
BigDecimal 类	按符号数排列
Boolean 类	按 Boolean.FALSE < Boolean.TRUE 排列
File 类	路径名按系统相关的字典顺序排列
String 类	按字典顺序排列
Date 类	按年月日顺序排列
CollationKey 类	按指定地点的字典顺序排列

2. 范围视图操作

SortedSet 的范围视图操作与 List 不同，即使原排序集变了，视图仍有效，并跟着改变。

反之如此，视图改变，原排序集也会改变。因此，可以较长时间使用 SortedSet 的范围视图实例。

在范围视图方法中，subset()方法取子集，结果包含低端元素，而不包含高端元素，即半开区间；headSet()方法返回从最低端到指定元素前的元素，不包括指定元素本身；tailSet()方法返回从指定元素到最高端元素的元素，包括最高端元素。三个方法的具体应用见例 7.12。

【例 7.12】 视图范围操作示例。

```java
import java.util.*;
class Simplesortedset {
    /**
     * @param args
     */
    public static void main(String[] args) {
        // TODO Auto-generated method stub
        Random r=new Random();
        SortedSet<Integer> ss = new TreeSet<Integer>();
        for (int i=0;i<10;i++)
            ss.add(r.nextInt(10));
        System.out.println(ss);
        System.out.println(ss.subSet(3, 8));
        System.out.println(ss.headSet(5));
        System.out.println(ss.tailSet(5));
    }
}
```

程序的运行结果如图 7-13 所示。

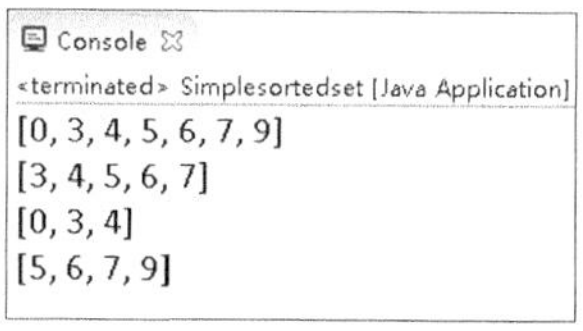

图 7-13 例 7.12 的运行结果

3. 端点操作

SortedSet 有两个端点操作：first()与 last()，分别返回最低端元素和最高端元素。如果与 headSet()和 tailSet()配合，可以访问排序集的中间端点元素。

4. Comparator 访问器

SortedSet 接口有个访问器方法叫 comparator()，可以返回用于对集合排序的 Comparator。如果排序集用自然排序，则该方法返回 null。新的排序集可以根据此信息按相同方式排序，这个访问器用在 TreeSet(Comparator<? super E> comparator)构造方法中。

7.8 SortedMap

SortedMap 是按升序维护元素的 Map，Map 中的元素按键的自然顺序排列，或者按

Comparator 接口方法控制元素的次序。

SortedMap 接口的结构是

```
public interface SortedMap<K, V> extends Map<K, V>{
    Comparator<? super K> comparator();
    SortedMap<K, V> subMap(K fromKey, K toKey);
    SortedMap<K, V> headMap(K toKey);
    SortedMap<K, V> tailMap(K fromKey);
    K firstKey();
    K lastKey();
}
```

1. 收集视图

SortedMap 收集视图执行 iterator()返回 Iterator 对象，按 SortedMap 次序遍历元素。转换成数组时元素仍是有序的。收集视图执行 toArray ()返回数组，里面的键、值和项仍有序。收集视图执行 toString ()返回字符串，里面包含的视图元素仍有序。

2. 实现

TreeMap 类实现了 SortedMap 接口，它有 4 个构造方法

（1）TreeMap ()

（2）TreeMap(Map <? extends K, ? extends V> m)

（3）TreeMap(Comparator <? super K> comparator)

（4）TreeMap(SortedMap < K, ? extends V> m)

前两个方法按元素的自然顺序排序，后两个方法按指定 comparator 排序。

例 7.13 实现了 SortedMap，并执行 headMap()、tailMap()、firstKey()等操作。

【例 7.13】 SortedMap 实现示例。

```java
import java.util.*;
class Simplesoriedmap {
    /**
     * @param args
     */
    public static void main(String[] args) {
        // TODO Auto-generated method stub
        Random r=new Random();
        SortedMap<String, Integer> m = new TreeMap<String, Integer>();
        String[] s1= {"I","am","a","student","I","go","to","school"};
        for (String s : s1) {
            m.put(s, r.nextInt(100));
        }
        System.out.println(m);
        System.out.println(m.headMap("go"));
        System.out.println(m.tailMap("go"));
        System.out.println(m.firstKey());
    }
}
```

程序的运行结果如图 7-14 所示。

```
Console
<terminated> Simplesoriedmap [Java Application] D:\Java\bin\javaw.exe (2017
{l=18, a=36, am=5, go=84, school=18, student=89, to=59}
{l=18, a=36, am=5}
{go=84, school=18, student=89, to=59}
```

图 7-14　例 7.13 的运行结果

7.9　Collections 类

这个类是 Java 收集框架的一个成员，它包含大量静态方法和多态算法（polymorphic algorithms）操作或返回收集，并提供包装器（wrapper）以返回一个指定收集支持的新收集。

7.9.1　静态方法

Collections 类的方法都是静态的，可以用类名调用。前面介绍过 Set 和 Map 分别有 SortedSet 和 SortedMap 专用于排序，但 List 没有相关的子接口。Collections 类的静态方法 sort(List<T> list)可以按自然排序对 List 进行升序排序；sort(List<T> list, Comparator<? super T> c)可以按具体的 comparator 对 List 进行排序。除此以外，Collections 类还提供了 binarySearch()、copy()、fill()、reverse()、rotate()、shuffle()等静态方法操纵 List 对象。Collections 类提供了 disjoint()、enumeration()、frequency()、max()、min()等静态方法操纵 Collection 对象，当然，对 Set 和 Map 也提供了一些静态方法。

例 7.14 的程序用数组类的 asList()方法实现 List 对象和 Collection 对象，用 shuffle()方法把原列表搅乱，再用 sort()方法排序。Collections.max(c)找出收集中自然顺序最大的元素；Collections.min(c)找出收集中自然顺序最小的元素。

【例 7.14】　排序示例。

```java
import java.util.*;
class Simplesort {
    /**
     * @param args
     */
    public static void main(String[] args) {
        // TODO Auto-generated method stub
        List<Integer> list=Arrays.asList(9,8,7,6,5,4,3,2,1);
        Collections.shuffle(list);
        System.out.println(list);
        Collections.sort(list);
        System.out.println(list);
        Collection<String> c=Arrays.asList("i","am","a","student");
        System.out.println(Collections.max(c));
```

```
            System.out.println(Collections.min(c));
        }
    }
```

程序的运行结果如图 7-15 所示。

```
Console
<terminated> Simplesort [Java Application]
[9, 8, 6, 4, 1, 7, 3, 5, 2]
[1, 2, 3, 4, 5, 6, 7, 8, 9]
student
a
```

图 7-15 例 7.14 的运行结果

7.9.2 包装器

包装器（wrapper）对指定收集加入新功能，有同步包装器（synchronization wrapper）、不许修改包装器（unmodifiable wrapper）和检查接口包装器（checked interface wrapper）等。Collections 类的静态方法对 6 种收集接口对象（Collection、Set、List、Map、SortedSet、SortedMap）都提供了包装器。

同步包装器对收集对象增加同步功能，以保证线程安全的顺序访问：

（1）synchronizedCollection(Collection<T> c)

（2）synchronizedList(List<T> list)

（3）synchronizedMap(Map<K,V> m)

（4）synchronizedSet(Set<T> s)

（5）synchronizedSortedMap(SortedMap<K,V> m)

（6）synchronizedSortedSet(SortedSet<T> s)

创建同步收集的例子是

List<Type> list = Collections.synchronizedList(new ArrayList<Type>());

不许修改包装器去掉修改收集的能力，实现只读访问的数据结构：

（1）unmodifiableCollection(Collection<? extends T> c)

（2）unmodifiableList(List<? extends T> list)

（3）unmodifiableMap(Map<? extends K,? extends V> m)

（4）unmodifiableSet(Set<? extends T> s)

（5）unmodifiableSortedMap(SortedMap<K,? extends V> m)

（6）unmodifiableSortedSet(SortedSet<T> s)

检查接口包装器对指定的收集返回动态的类型安全的视图：

（1）checkedCollection(Collection<E> c, Class<E> type)

（2）checkedList(List<E> list, Class<E> type)

（3）checkedMap(Map<K,V> m, Class<K> keyType, Class<V> valueType)

（4）checkedSet(Set<E> s, Class<E> type)

（5）checkedSortedMap(SortedMap<K,V> m, Class<K> keyType, Class<V> valueType)

（6）checkedSortedSet(SortedSet<E> s, Class<E> type)

7.9.3 方便实现

有些方法可以简单地实现收集对象，例如 Arrays.asList()就是用数组做参数而形成的列表，但是不能修改。Collections 类也有一些方便方法。

Collections.nCopies()方法产生一个包含 n 个相同元素的不可变列表，例如：

```
List<String> list = new ArrayList<String>(Collections.nCopies(50, "abc"));
```

这就很方便地生成了一个含 50 个"abc"的列表。

有时候需要只包含一个元素的不变集合，叫单件集（singleton set），Collections.singleton()就创建了这样的集合。如果在 Map 里查到 Job 是 Teacher 都删除的话，只需用一句就行了：

```
Job.values().removeAll(Collections.singleton(Teacher));
```

Collections 类也可以产生空的 Set、List、Map，其方法是 emptySet()、emptyList()、emptyMap()。Collections.emptySet()相当于产生一个空集，可以用在需要集合、但不需提供集合元素的场合。

7.9.4 Collections 类的数据结构应用

Collections 类的多态算法（polymorphic algorithms）是可复用的功能块，由前面介绍的静态方法实现，可分为排序（Sorting）、搅乱（Shuffling）、常规数据处理（Routine Data Manipulation）、搜索（Searching）、组合（Composition）、寻找极值（Finding Extreme Values）共六类。

排序算法采用稍微优化的合并排序，时间复杂度是 $n\log(n)$，相等元素不用重新排序，既快又稳定；搅乱算法与排序功能相反，按随机性把原序列搅乱，相当于洗牌。常规数据处理包括反向、填充、复制、交换、全加入等；搜索算法采用二分搜索，假定列表已经按升序排列好，若收集中没有寻找值则输出负号和应插入位置；组合算法主要计算收集中元素出现的频率，还有判定两个收集是否不相交；寻找极值算法是返回收集中按某种顺序排列的最大或最小元素。

由于例 7.14 已经演示了排序、搅乱和求极值，例 7.15 主要演示其他几种算法的数据结构应用。

【例 7.15】 多态算法示例。

```java
import java.util.*;
class Myalgo {
    /**
     * @param args
     */
    public static void main(String[] args) {
        // TODO Auto-generated method stub
        Random r=new Random();
        List<Integer> list1 = new ArrayList<Integer>();
```

```
            for (int i=0;i<10;i++)
                list1.add(r.nextInt(10));           //加入10个随机0～9整数
            System.out.println(list1);
            System.out.println(Collections.frequency(list1,5));//判断元素5出现的频率
            List<Integer> list2 = new ArrayList<Integer>();
            Collections.addAll(list2, 1,2,3,4,5,6,7,8,9,0);//加入10个整数
            Collections.swap(list2,3,5);            //交换位置4与6的元素
            System.out.println(list2);
            System.out.println(Collections.disjoint(list1, list2));//两列表是否不相交?
            Collections.copy(list2, list1);         //列表1复制到列表2
            Collections.sort(list2);                //搜索前先排序
            System.out.println(list2);
            System.out.println(Collections.binarySearch(list2,5));//搜索元素5
            Collections.fill(list2,0);              //列表2清0
            System.out.println(list2);
        }
    }
```

程序的运行结果如图 7-16 所示。

```
Console
<terminated> Myalgo [Java Application]
[0, 7, 8, 7, 1, 3, 0, 6, 9, 5]
1
[1, 2, 3, 6, 5, 4, 7, 8, 9, 0]
false
[0, 0, 1, 3, 5, 6, 7, 7, 8, 9]
4
[0, 0, 0, 0, 0, 0, 0, 0, 0, 0]
```

图 7-16　例 7.15 的运行结果

7.10　抽 象 实 现

java.util 包有几个抽象类，是 Java 平台提供的收集的抽象实现机制，使用户可以自己实现收集接口，以增加功能或提高性能。它们分别是 AbstractCollection、AbstractSet、AbstractList、AbstractSequentialList、AbstractQueue、AbstractMap。

1. AbstractCollection 类

这个类有两个抽象方法：abstract Iterator<E> iterator()和 abstract int size()，如果实现了这两个方法，就可以得到一个不许修改的 Collection。如果想修改 Collection，则必须重写 add()方法。如果想改进性能，可以重写其他非抽象方法。

2. AbstractSet 类

这是 AbstractCollection 类的子类，实现方法与前者一样，只是 add()方法不许加入重复对象到集合中。

3. AbstractList 类

该类有一个抽象方法 abstract E get(int index)，并继承了 abstract int size()方法。要实现

不许修改的 List，必须实现这两个方法。如果想修改 List，必须重写 set(int, E)方法。该类支持随机访问。

4. AbstractSequentialList 类

这个类是 AbstractList 类的子类，支持顺序访问，例如链表。该类有一个抽象方法 abstract ListIterator<E> listIterator(int index)和继承的 abstract int size()方法。要实现 List，必须实现这两个方法。要实现不许修改的 List，必须实现 hasNext()、next()、hasPrevious()、previous()、index()方法。如果想修改 List，必须实现 set()方法。

5. AbstractQueue 类

这是 AbstractCollection 类的子类，如果队列不允许 null 元素，就实现这个类。必须实现下列方法：Queue.offer(E)、Queue.peek()、Queue.poll()、Collection.size()、Collection.iterator()支持 Iterator.remove()。

6. AbstractMap 类

该类有个 abstract Set<Map.Entry<K,V>> entrySet()方法，如果要实现不许修改的 Map，必须实现 entrySet()方法。如果想修改 Map，必须重写 put()方法。

7.11 小　　结

本章介绍了收集系列的接口与类，它们比数组更适合存放多个对象，特别是对象个数无法预知的时候。Set 是不重复元素的容器；List 可以保持插入顺序；Queue 是重要的数据处理机制；而 Map 可以存放键-值对。Java 还提供了容器的排序实现和抽象实现，方便人们使用和定制容器。

习　题　7

1．试解释收集的概念。
2．Collection 接口有何作用？
3．Set 有多少种？
4．试用 Set 编程。
5．List 有多少种？
6．试用 List 编写堆栈。
7．Queue 有多少种？
8．试用 Queue 编程。
9．Map 有多少种？
10．试用 Map 的键-值对特点编程。
11．SortedSet 有何特色？
12．SortedMap 有何作用？
13．Collections 类包括什么内容？
14．抽象实现有何作用？

第 8 章　小程序及多媒体应用

Java 的小应用程序简称小程序（applet），applet 带有可视化信息，可用于 WWW 页面，能在 Java 兼容的浏览器上运行，浏览器可以从 Internet 下载 applet 并在本地运行，改进了原来网页的静态方式，增加了交互性。Java 广泛应用的原因之一是它支持多媒体信息。过去的编程语言大多数只能处理文本（text）信息，现在计算机已经能综合处理多种媒体信息，包括文本、图形、图像、声音以及动画等。Java 语言为了适应上述信息的处理要求，在它的类库中增加了支持图形、图像、声音、动画等类和接口。本章将介绍 Java 的小程序与多媒体功能及其应用。

8.1　小应用程序

小应用程序由 Applet 类定义，java.applet 包主要有 Applet 类和 AppletContext、AppletStub、AudioClip 接口。Applet 类定义了 applet 的各种行为，并提供了实现 applet 的图形用户界面，处理鼠标或键盘事件等方法；AppletContext 接口对应于 applet 的环境；AppletStub 作为 applet 和浏览器环境（或小程序查看器）之间的接口；AudioClip 接口提供了声音的高层抽象。

applet 与 Java 应用程序一样也是由类组成的，不过它必须包含 java.applet.Applet 类的子类，例如：

```
public class Myapplet extends java.applet.Applet {
    ...
}
```

而 Java 应用程序则没有这个子类。

Applet 类的方法很多，可以继承或重写这些方法来编写自己的 applet，其中有四个方法决定了 applet 的生命周期，所以首先介绍这四个方法。

8.1.1　四个重要方法

（1）public void init()，该方法对刚装入的 applet 进行初始化；

（2）public void start()，该方法开始 applet 的运行，当 applet 初始化后就执行 start()，当用户重新访问含有该 applet 的页面时也执行 start()；

（3）public void stop()，该方法停止 applet 的运行，当用户离开该 applet 页面或退出浏览器时都会停止；

（4）public void destroy()，该方法对 applet 进行最后清除，释放所有资源。

并非所有的 applet 都要加入这四个方法，可以只加入了一个 init()，初始化后就执行 paint()方法。

如果希望离开某一页面后又重新回来，那就要加入 start()方法。因为 init() 只在首次装入时执行，重返页面时就不执行了，只执行 start()， 所以要把需要重新执行的任务放在 start()中。

要往返页面就要加入 stop()方法，使离开页面时停止 applet 的执行，这样可以不占用系统资源，回来时还可以重新开始。

许多 applet 都没有加入 destroy()方法，因为在 stop()方法中已可以停止 applet 的运行了，只有需要释放其他资源的 applet 才加入 destroy()方法。

例 8.1 的 applet 就用了四个方法，它们决定了该 applet 的整个生命周期。第一行的 import java.applet.Applet 表明 Myapplet 是继承该包的 Applet 派生出来的一个子类；第二行的 import 语句引入 Java 类库中已生成的类 java.awt.Graphics，为本程序所用，该类用于完成图形方式的输出，paint()方法需要这类对象。

【例 8.1】 applet 简单示例。

```java
import java.applet.Applet;
import java.awt.Graphics;                      //引入Graphics类

public class Myapplet extends Applet {
   /**
    *
    */
   private static final long serialVersionUID = 1L;
   StringBuffer strb = new StringBuffer(); //创建一个StringBuffer对象
   public void init() {
      resize(400,60);                          //定义applet活动窗口为宽400，高60
      Myword("initializing…");
   } //初始化
   public void start() {
      Myword("starting…");
   } //开始工作
   public void stop() {
      Myword("stopping…");
   } //停止工作
   public void destroy() {
      Myword("unloading…");
   } //清除applet
   public void Myword(String newword) {        //该方法把参数显示出来
      System.out.println(newword);
      strb.append(newword);
      repaint();                               //重画活动窗口
   }
   public void paint(Graphics g) {
```

```
        g.drawRect(0,0,WIDTH-1,HEIGHT-1);
        g.drawString(strb.toString(),5,15);
    }  //该方法画个矩形信息窗，在5，15处输出信息
}
```

在 Eclipse 运行 Myapplet 后，首先看到弹出一个小程序查看器，其矩形框内显示 initializing…，然后是 starting…，表明 applet 已被初始化，并执行了 start()，如图 8-1 所示。

图 8-1 例 8.1 程序的运行结果

同时控制台输出

```
initializing…
starting…
```

当关闭小程序查看器，applet 的信息就全清除了，可以检查到控制台输出

```
stopping…
unloading…
```

表明 applet 执行了 stop()方法，最后执行了 destroy()方法。

一般来说，编辑好的小程序文件以扩展名.java 存放，文件名要与主类名一样，本程序用 Myapplet.java 保存。用 javac 编译器编译这个文件同样会产生一个字节码文件 Myapplet.class，但这个文件不能用 java 解释器执行，也不能直接由浏览器运行，需要编写一个 HTML 文件将这个 class 文件嵌入其中。

用文本编辑器编写一个名为 Myapplet.html 的文件如下：

```
<APPLET CODE = "Myapplet.class" WIDTH=150 HEIGHT=25>
</APPLET>
```

编辑好的 HTML 文件可以用支持 Java 的 WWW 浏览器或 Java 开发工具 JDK 中的 appletviewer 来调用它。

随着 Java 版本的升级，Javax 类库里的 Swing 包也有一个类 JApplet 支持小程序。如果希望将 Swing 组件加到小程序中，就可以继承 JApplet 来实现小应用程序。例 8.2 就是继承 JApplet 的简单小程序。

【例 8.2】 继承 JApplet 的小程序示例。

```
import javax.swing.JApplet;
import java.awt.Graphics;

public class MyHelloWorld extends JApplet {
    /**
```

```
     *
     */
    private static final long serialVersionUID = 1L;
    public void init() {
      resize(400,40);
    }
    public void paint(Graphics g) {
      g.drawString("Hello world!", 50, 25);
      showStatus("MyHelloWorld is running!"); //状态栏显示信息
    }
}
```

在 Eclipse 运行 MyHelloWorld 后弹出一个小程序查看器，里面显示"Hello world!"字符串，如图 8-2 所示。

图 8-2　例 8.2 程序运行结果

8.1.2　绘制方法

Applet 类有两个绘制方法：paint()和 update()。

（1）public void paint(Graphics g)：是 applet 经常使用的绘制方法，可在浏览器页面画出 applet 的表现。它有一个 Graphics 类参数，Graphics 在 java.awt 包中，所以用到 paint 方法的 applet 都引入了 java.awt 包。

例 8.1 中的 paint()方法还用了 Graphics 类的画矩形方法 drawRect() 和画字符串方法 drawString()。

（2）public void update(Graphics g)：它与 paint()配合可改进绘制性能，如消除画面闪动等。

例 8.1 还用到了 resize()和 repaint()方法，resize()的功能是改变 applet 活动窗口的长和宽；而 repaint()是重画 applet 活动窗口，即重调用 paint()。

8.1.3　事件处理方法

applet 利用事件处理来实现人机交互功能，最主要的事件处理方法是 handleEvent()，对于人机交互来说，鼠标动作和键盘动作都是常见的事件，要处理事件，applet 必须重写 handleEvent()或其他相应事件的处理方法，例如重写按动鼠标的方法：

```
public boolean mouseDown(java.awt.Event evt, int x, int y) {
  Myword("click!…");
  return false;
}
```

当在 applet 活动窗口内按动鼠标时，就会显示"click!…"字样。

如果是 JApplet 子类的事件处理，该子类就要实现 Swing 的事件监听接口，例如 MouseListener，重写 mouseClicked()方法，并在 init()中注册监听器 addMouseListener(this)。

8.1.4 加入 java.awt 的方法

Applet 类与 JApplet 类的继承关系如下：

```
java.lang.Object
   └── java.awt.Component
           └── java.awt.Container
                   └── java.awt.Panel
                           └── java.applet.Applet
                                   └── javax.swing.JApplet
```

所以它们很容易加入 java.awt 包中的方法，增强小程序图形界面的功能。这些方法有：add()是增加指定的组件（Component）到小程序中；remove()是去掉指定的组件；getComponent() 是获得组件；locate()是将组件放在指定 x、y 位置；setLayout()是设置小程序中组件的布局管理；preferredSize()是返回组件的合适尺寸等。

8.1.5 showStatus()方法

如果希望小程序给用户一些文字反馈信息，可以用 showStatus()方法在小程序窗口底部的状态位置显示这些信息，例如：

```
showStatus("MyHelloWorld is running!");
```

将在小程序窗口最底一行显示"MyHelloWorld is running!"（如图 8-2 所示）。

8.1.6 装入数据文件

8.1.1 节中提到，用 HTML 文件包装小应用程序主类的.class 文件的语句是

```
<APPLET CODE=AppletSubclass.class WIDTH=anInt HEIGHT=anInt></APPLET>
```

这种格式意味着小应用程序的主类与 HTML 文件存放在相同的目录中。若两者位于不同目录，要加一个 CODEBASE 属性，表明小应用程序主类的位置：

```
<APPLET CODE=AppletSubclass.class CODEBASE=aURL WIDTH=anInt HEIGHT=anInt>
</APPLET>
```

aURL 是 AppletSubclass.class 的 URL 地址，若是绝对 URL，则意味着小应用程序在其他 HTTP 服务器；若是相对 URL，则意味着小应用程序在 HTML 文件位置附近的其他目录中。有关 URL 地址的详细内容请看本书第 11 章。

当小程序用相对 URL 装载数据文件时,通常用 JApplet 的 getCodeBase()方法或 JApplet 的 getDocumentBase()方法。前者指从小程序.class 文件所在的目录找数据;后者指从包装小应用程序的 HTML 文件所在的目录找数据。

例如:

```
Image im = getImage(getCodeBase(),"image1.gif");
```

是指从该小程序.class 文件所在的目录找图像文件 image1.gif。而

```
AudioClip onceClip = this.getAudioClip(getDocumentBase(),onceFile);
```

是指从包装该小应用程序的 HTML 文件所在的目录找 onceFile 数据文件。

8.1.7 使浏览器显示文档

用 AppletContext 接口的 showDocument()方法可以显示 HTML 文本,该方法有两种格式。

(1) 单参数形式:

```
public void showDocument(java.net.URL url);
```

(2) 两个参数的形式:

```
public void showDocument(java.net.URL url, String targetWindow);
```

第一个参数表示小程序想显示什么 URL 指向的 HTML 文档;第二个参数表示在哪个浏览器窗口显示它,参数值有_blank(新空无名窗)、windowName(指定名窗)、_self(本窗)、_parent(父窗)、_top(顶层窗)等。

8.1.8 查找同一页中运行的其他小程序

小程序可以找到其他小程序并向它们发信息,但有这些限制:浏览器可能要求这些小程序来自同一服务器,还要求它们位于该服务器的同一目录,Java API 要求这些小程序在同一浏览器窗口的同一页面运行。

小程序可以用 AppletContext 接口的 getApplet()方法根据名字查找另一个小程序,或者用 getApplets()方法查找同一页的全部小程序。小程序通常没有名字,但可以在<APPLET>标记中加入 NAME 属性,例如:

```
<APPLET CODE=AppletSubclass.class WIDTH=anInt HEIGHT=anInt NAME="name">
</APPLET>
```

那么,该小程序的名字就叫 name,可以用 getAppletContext().getApplet(name)来查找这个小程序。

8.1.9 小应用程序的其他事项

小应用程序也可以输入用户参数(与应用程序的命令行参数相似),是在 HTML 文件

中通过<PARAM>标签引入的：

```
<APPLET CODE=AppletSubclass.class CODEBASE=aURL WIDTH=anInt HEIGHT=anInt>
    <PARAM NAME=parameter1Name VALUE=aValue>
    <PARAM NAME=parameter2Name VALUE=anotherValue>
</APPLET>
```

上面两个 VALUE 值就是对两个 NAME 指定的参数赋值，即用户可以用这种方式输入参数给小应用程序。

由于小应用程序可以在 Internet 和 WWW 上运行，为了网络安全，从网络下载的小应用程序有下列限制：

（1）不能装载类库或定义 native()方法；
（2）不能在执行它的主机中读写文件；
（3）不能进行网络连接，除非是连接它所在的主机；
（4）不能在执行它的主机中启动任何程序；
（5）不能读任何系统属性；
（6）小应用程序的窗口会带有警告性信息，提醒用户这不是可靠的应用程序的窗口。

对于从本地文件系统下载的小应用程序则没有上述限制。有时用 WWW 浏览器调用小应用程序有某种限制，而用 Appletviewer 调用它则没有限制。这是因为浏览器有个安全管理器（Security Manager）对象，可检查小应用程序是否遵从安全限制。

8.2 2D 图形

图形是一种重要的媒体，它带来的信息比文本多，且生动直观。Java 的图形处理能力是通过 java.awt 包中的 Graphics、Font、Color 等类表现出来的。

Java 有两个绘制方法：update()和 paint()。默认的 paint() 方法什么也不做；默认的 update()只是清除组件的背景。它们都有唯一一个 Graphics 类对象参数，Graphics 类的方法可以完成下列任务：

（1）绘制与填充矩形（rectangle）、弧形（arc）、线段（line）、椭圆（oval）、多边形（polygon）、文本（text）和图像（image）；
（2）取得或设置当前颜色、字体或剪贴区（clipping area）；
（3）设置绘图方式。

绘图时调用加入 Graphics 类绘制代码的 paint()方法，也可以调用 update()发绘图请求，清除组件区域，然后调用 paint()。

8.2.1 Graphics 类

java.awt.Graphics 类是所有不同设备的图形上下文的抽象超类，它定义了丰富的基本绘图方法，凡是与图形有关的程序都要引入这个类。Graphics 类的各种方法如下：

（1）protected Graphics()

构造一个新的 Graphics 对象，图形上下文不能直接创建，它们必须从另一图形上下文得到或是由一个 Component 组件创建。

（2）public abstract Graphics create()

创建一个新的 Graphics 对象，该对象是原始 Graphics 对象的一个副本。

（3）public Graphics create(int x, int y, int width, int height)

在原始 Graphics 对象的基础上，用给定的参数创建一个新的 Graphics 对象。成员方法将给定的参数 x 以及 y 转换为合适的原始坐标，然后将图形对象粘贴到该区域内。

（4）public abstract void translate(int x, int y)

将给定的参数转换成图形上下文的原点，所有在此图形上下文上的后续操作将相对于该原点。

（5）public abstract Color getColor()

得到当前颜色。

（6）public abstract void setColor(Color c)

将当前颜色设为给定的颜色，所有后续的图形操作都将使用这种给定的颜色。

（7）public abstract void setPaintMode()

将绘图模式设为用当前颜色对对象进行覆盖。

（8）public abstract void setXORMode(Color c1)

将绘图模式设为在当前颜色和新指定的颜色间切换，当执行绘图的操作时，当前颜色的像素将被设置为给定的颜色，给定颜色的像素则将被设置为当前颜色。除此两种颜色外的像素将以一种不可预知、但可逆的方法改变（如果将一画面改变两次，那么所有像素将恢复其原先的颜色）。

（9）public abstract Font getFont()

得到当前字体。

（10）public abstract void setFont(Font f)

为所有后续文本绘图操作设置字体。

（11）public FontMetrics getFontMetrics()

得到当前字体规则。

（12）public abstract FontMetrics getFontMetrics(Font f)

为给定字体得到当前字体规则。

（13）public abstract Rectangle getClipRect()

返回当前剪贴区域的边界矩形。

（14）public abstract void clipRect(int x, int y, int width, int height)

剪贴到一个矩形，结果剪贴区域是当前剪贴与指定矩形的交集，图形操作对剪贴区域外不会产生影响。

（15）public abstract void copyArea(int x, int y, int width, int hight, int dx, int dy)

复制屏幕的一个区域。

（16）public abstract void drawLint(int x1, int y1, int x2, int y2)

在点(x1，y1)和(x2，y2)间画一条线。

（17）public abstract void fillRect(int x, int y, int width, int height)

用当前颜色填充给定的矩形。

（18）public void drawRect(int x, int y, int width, int height)

使用当前颜色画给定矩形的轮廓线。

（19）public abstract void clearRect(int x, int y, int width, int hight)

通过用当前绘图区的背景填充从而清除给定的矩形区域。

（20）public abstract void drawRoundRect(int x, int y, int width, int height, int arcWidth, int arcHeight)

使用当前颜色绘出圆角矩形的轮廓线。

（21）public abstract void fillRoundRect(int x, int y, int width, int height, int arcWidth, int arcHeight)

用当前颜色填充圆角矩形区域。

（22）public void draw3DRect(int x, int y, int width, int height, boolean raised)

画一个高亮度显示的三维矩形。

（23）public void fill3DRect(int x, int y, int width, int height, boolean raised)

使用当前颜色画一个高亮度显示的三维矩形。

（24）public abstract void drawOval(int x, int y, int width, int height)

在指定的矩形内部使用当前颜色绘制一个椭圆。

（25）public abstract void fillOval(int x, int y, int width, int height)

在指定的矩形内部使用当前颜色填充一个椭圆。

（26）public abstract void drawArc(int x, int y, int width, int height, int startAngle, int arcAngle)

通过给定的矩形画出一个边界从 startAngle 到 endAngle 的圆弧，其中 0 度角是在类似时钟在 3 点钟时的位置。正的角度值意味着逆时针旋转，负的角度值意味着顺时针旋转。

（27）public abstract void fillArc(int x, int y, int width, int height, int startAngle, int arcAngle)

使用当前颜色填充一个圆弧，这将产生一个扇形图。

（28）public abstract void drawPolygon(int xPoints[], int yPoints[], int nPoints)

画出一个由点 x 和 y 定义的平面多边形。

（29）public abstract void drawPolygon(Polygon p)

画出一个由对象 p 指定的平面多边形。

（30）public abstract void fillPolygon(int xPoints[], int yPoints[], int nPoints)

用当前颜色使用一种奇偶填充规则填充一个平面多边形。

（31）public void fillPolygon(Polygon p)

用当前颜色使用一种奇偶填充规则填充一个由对象 p 指定的平面多边形。

（32）public abstract void drawString(String str, int x, int y)

使用当前的字体和颜色绘出给定的字符串，x、y 是串基线起始点的位置。

（33）public void drawChars(char data[], int offset, int length, int x, int y)

使用当前的字体和颜色绘出给定的字符数组。

（34）public void drawBytes(byte data[], int offset, int length, int x, int y)

使用当前的字体和颜色绘出给定的字节数组。

（35）public abstract boolean drawImage(Image img, int x, int y, ImaneObserver observer)

在给定的坐标(x，y)画给定的图像，如果该图像是不完整的，那么图像监视器 observer 将在此后得到通知。

（36）public abstract boolean drawImage(Image img, int x, int y, Color bgcolor, ImageObsobserver observer)

在给定的坐标(x，y) 处用所给的背景颜色画出给定的图像，如果该图像是不完整的，那么图像监视器 observer 将在此后得到通知。

（37）public abstract boolean drawImage(Image img, int x, int y, int width, int height, Color bgcolor, ImageObserver observer)

在给定的矩形内用所给的背景颜色画出给定的图像，该图像可以在必要时得到标度，如果该图像是不完整的，那么图像监视器 observer 将在此后得到通知。

（38）public abstract void dispose()

配置当前的图形上下文，图形上下文在配置前不能使用。重载情况：重载了 Object 类中的 finalize 方法。

（39）public String toString()

返回一个代表该图形值的串对象，重载情况：重载了 Object 类的 toString 方法。

8.2.2 绘制基本图形

利用 Graphics 类提供的方法可以很方便地画出线、矩形、圆和椭圆等图形。

1. 画直线

调用 drawLine()方法用来画线，需指定线段起点和终点的 x、y 坐标，例如：

```
g.drawLine(25,25,125,125);  //起点坐标(25, 25),终点坐标(125, 125)
```

若起点与终点坐标一样，则画出一个点。例 8.3 程序说明了画一条直线的方法。

【例 8.3】 画直线示例。

```
import java.awt.*;
import java.applet.*;

public class ALine extends Applet {
   /**
    *
    */
private static final long serialVersionUID = 1L;
   public void paint(Graphics g) {
       g.drawLine(25,25,125,125);
   }
}
```

在 Eclipse 运行 ALine 后弹出一个小程序查看器，在里面画出一条线，如图 8-3 所示。

图 8-3 例 8.3 的运行结果

也可以把 ALine.class 嵌入如下 ALine.html 文件：

```
<APPLET CODE="ALine.class" WIDTH=640 HEIGHT=480></APPLET>
```

然后用 appletviewer 或浏览器调用 ALine.html，就会在 applet 的窗口画出一条线。

2. 画矩形

drawRect()用来画矩形；fillRect()用当前色画且填充矩形；而 clearRect() 用背景色填充矩形，即擦除它。调用这三个方法时需指定矩形的左上角坐标及宽和高，例如：

```
g.drawRect(50, 50, 100, 100);  //画左上角在(50, 50),宽100、高100的矩形
g.fillRect(250, 25, 100, 25);  //画且填充左上角在(250, 25),宽100、高25的矩形
```

Java 还提供了画圆角矩形的方法：drawRoundRect()和 fillRoundRect()。它们的用法与上述画矩形的方法差不多，只不过多了两个参数控制矩形角上的曲线，参数 arcWidth 定义了圆角的横向直径，参数 arcHeight 定义了圆角的纵向直径，例如：

```
g.drawRoundRect(205, 25, 100, 50, 20, 20);
```

最后两个数表明圆角横向直径 20，纵向直径 20。

Java 甚至提供了画高亮度三维矩形的方法：draw3DRect()和 fill3DRect()。它们比画矩形方法多一个参数 raised，该参数若为 true，则三维矩形凸起；若为 false，则凹下去，例如：

```
g.draw3DRect(25，25，75，75，true);  //凸起的三维矩形
```

例 8.4 的程序演示了画矩形的各种方法。

【例 8.4】 画矩形示例。

```
import java.awt.*;
import java.applet.*;

public class DrawRect extends Applet {
  /**
   *
   */
    private static final long serialVersionUID = 1L;
    public void paint(Graphics g) {
        g.fillRect(250,25,100,25);  //矩形填色
```

```
        g.drawRoundRect(205,25,100,50,20,20);  //画圆角矩形
        g.draw3DRect(75,150,50,50,false);  //凹下去的三维矩形
    }
}
```

程序的运行结果如图 8-4 所示，在某些浏览器下显示出的三维效果可能不明显。

图 8-4　例 8.4 的运行结果

3. 画椭圆与弧形

Java 的画椭圆方法有 drawOval() 和 fillOval()，其参数与画矩形的参数一样，也是左上角坐标及宽和高，不过是指椭圆外接矩形的坐标和宽与高，例如：

```
g.drawOval(50, 50, 100, 100);    //椭圆外接矩形宽100,高100
```

Java 没有画圆指令，若椭圆的高与宽相等就是圆。

画弧的 drawArc() 和 fillArc() 方法相当于画部分椭圆，前四个参数与画椭圆的参数含义一样，第五个参数指明弧的起点度数，最后一个参数指明弧的度数，正数是逆时针画，负数则顺时针画，例如：

```
g.drawArc(25,25,50,50,0,90);    //从0°开始,逆时针画90°弧
```

fillArc() 是把弧以及起始边、终止边包围的扇形填色。

例 8.5 的程序说明了画椭圆和弧形的方法。

【例 8.5】 画矩形示例。

```
import java.awt.*;
import java.applet.*;

public class MyOval extends Applet {
    /**
     *
     */
    private static final long serialVersionUID = 1L;
    public void paint(Graphics g) {
        g.drawOval(75,100,100,150);  //椭圆宽100,高150
        g.fillArc(25,25,50,50,0,180);  //弧0~180°,填色
    }
}
```

程序运行结果如图 8-5 所示。

图 8-5　例 8.5 的运行结果

4. 画多边形

画多边形的方法 drawPolygon()和 fillPolygon()是将各点坐标用直线连起来，它们的参数是两个数组和一个整数，第一个数组指定各点的 x 坐标，第二个数组指定各点的 y 坐标，最后一个参数指定多边形的顶点数。

例 8.6 的程序用画多边形方法画出一架飞机。

【例 8.6】　画多边形示例。

```java
import java.awt.*;
import java.applet.*;

public class MyPolygon extends Applet {
    /**
     *
     */
    private static final long serialVersionUID = 1L;
    public void paint(Graphics g) {
        int plane_x[]={100,130,200,230,260,225,100};
        int plane_y[]={50,30,30,10,10,50,50};
        int wing_x[]={145,175,175};
        int wing_y[]={40,80,40};
        g.drawPolygon(plane_x,plane_y,plane_x.length); //画机身
        g.setColor(Color.blue); //设颜色为蓝色
        g.fillPolygon(wing_x,wing_y, wing_x.length); //画机翼
    }
}
```

程序运行结果如图 8-6 所示。

图 8-6　例 8.6 的运行结果

画多边形方法的另一种参数是 Polygon 类的对象：drawPolygon(Polygon p) 和 fillPolygon(Polygon p)。Polygon 对象由构造方法 Polygon(int xPoints[], int yPoints[], int nPoint) 创建，参数的含义也是各点坐标和顶点数。

8.3　字体与颜色

除了 Graphics 类外，AWT 还提供了 Font、Color 等类。Font 类用于处理字体，Color 用于处理颜色。

8.3.1　字体

图形的一个组成部分是字体，采用不同的字体显示信息，可以增添图形的美观，Java 对字体的支持能力由 java.awt 包中的 Font 类和 FontMetrics 类来实现。

Font 对象的构造方法为

```
Font(String fontName, int style, int size)
```

创建 Font 对象时可把所需的字体名、风格及尺寸传递给其构造方法，例如：

```
Font f=new Font("TimesRoman", Font.BOLD, 18);
```

是创建 18 磅、粗体 TimesRoman 字体。

Font 对象还可以为字体指定风格，Font.PLAIN（普通）、Font.BOLD（粗体）、Font.ITALIC（斜体），并且允许把这些特征用加号连起来组合使用，例如：

```
Font font = new Font("Helvetica", Font.BOLD+Font.ITALIC, 18);
```

Font 对象还指定了字体的大小，常用的尺寸有 8、10、12、14、36。

创建 Font 对象后要用 Graphics 类的 setFont()方法将其投入使用：

```
g.setFont(f);
```

然后可用 Graphics 类的三种输出字符的方法输出定义好的字体，如 drawString()、drawChars() 和 drawBytes()。它们的最后两个参数都是 int x 和 int y，是字体的基线（baseline）位置，即大写字母的底线，而不是左上角坐标，例如：

```
g.drawString("ABCDefg", 5, 30);
```

是在 x=5、y=30 的基线上显示字符串 ABCDefg。

例 8.7 程序展示了几种不同的字体的使用。

【例 8.7】　字体示例。

```
import java.awt.*;
import java.applet.*;

public class MyFont extends Applet {
```

```java
    /**
     * 
     */
    private static final long serialVersionUID = 1L;
    public void paint(Graphics g) {
      Font f1 = new Font("TimesRoman", Font.PLAIN, 18);
      Font f2 = new Font("Helvetica", Font.BOLD, 18);
      Font f3 = new Font("Courier", Font.ITALIC, 18);
        char c[] = {'a', 'b', 'c', 'd', 'e', 'f', 'g'};
        byte b[] = {65, 66, 67, 68, 69, 70, 71};
      g.setFont(f1);
      g.drawString("TimesRoman plain 18-point",5,30);
      g.setFont(f2);
      g.drawChars(c, 1, 4, 5, 90);  //显示字符数组c中bcde
      g.setFont(f3);
      g.drawBytes(b, 2, 5, 5, 150);  //显示字节数组b中CDEFG
    }
}
```

程序运行结果如图 8-7 所示。

图 8-7　例 8.7 的运行结果

Font 类有几个方法，如 String getName()，取字体名称；int getStyle()，取字体风格；int getSize()，取字体大小；boolean isPlain()，是否普通字体；boolean isBold()，是否粗体；boolean isItalic()，是否斜体。它们要在用了 Graphics 类的 getFont() 方法取得 Font 对象后才有用，例如：

```java
Font fobj = g.getFont();
g.drawString(fobj.getName(), 5, 210);
```

就可以把字体类型名显示出来。

如果要得到字体尺寸的更详细的数据，可以用 FontMetrics 类的各种方法，请查阅相关参考文献。

8.3.2　颜色

颜色也是图形不可缺少的组成部分，Java 用 java.awt.Color 类定义颜色，使字体和图形都可以带有五彩缤纷的外观。表 8-1 列出了 Color 类中已定义的静态变量颜色。

表 8-1 Color 类中已定义的静态变量颜色

静 态 变 量	静 态 变 量	静 态 变 量
Color.black(黑色)	Color.blue(蓝色)	Color.cyan(青色)
Color.darkGray(深灰色)	Color.gray(灰色)	Color.green(绿色)
Color.lightGray(浅灰色)	Color.magenta(紫红色)	Color.orange(橙色)
Color.pink(粉红)	Color.red(红色)	Color.white(白色)
Color.yellow(黄色)		

设置颜色时用 Graphics 类的 setColor()方法，参数引用上述静态变量，例如：

```
g.setColor(Color.red);
```

是将当前色设置为红色。

除了上述静态颜色之外，还可以调用 Color()构造方法创建新颜色，只要给定不同的红、绿、蓝参数即可（参数值 0~255），例如：

```
Color MyColor = new Color(12, 156, 87);
```

是设红色值为 12，绿色值为 156，蓝色值为 87。

Color 类的其他方法有 int getRed()，返回颜色中的红色值；int getGreen()，返回颜色中的绿色值；int getBlue()，返回颜色中的蓝色值；Color brighter()，返回亮一点的颜色；Color darker()，返回暗一点的颜色。

上述用红绿蓝比例表示颜色的方式称为 RGB 方式，Color 类还可以用 HSB 方式表示颜色，分别代表色泽、饱和度和明亮度。类中有 HSBtoRGB()和 RGBtoHSB()方法互相转换不同的表示方式。

例 8.8 的程序结合了图形、字体和颜色的应用。

【例 8.8】 图形、字体、颜色综合示例。

```
import java.awt.*;
import java.applet.*;

public class MyColor extends Applet {
    /**
     *
     */
    private static final long serialVersionUID = 1L;
    public void paint(Graphics g) {
      Font f = new Font("TimesRoman", Font.BOLD, 18);
      g.setFont(f);
      g.setColor(Color.red);
      g.drawString("Red Color", 5, 30);
      g.setColor(Color.blue);
      g.drawString("Blue Color", 5, 60);
      g.setColor(Color.green);
      g.fillOval(205, 125, 100, 100);
```

```
            g.setColor(Color.yellow);
            g.fillRect(250, 25, 100, 25);
    }
}
```

程序运行结果如图 8-8 所示。

图 8-8　例 8.8 的运行结果

要改变组件的背景和前景颜色，可用 setBackground()和 setForeground()方法实现，例如：

```
Canvas cv;
cv.setBackground(Color.black);
```

是将画板的背景设为黑色。

8.4　图　　像

图像（Image）是多媒体信息中一种重要的媒体，它比用线条构成的图形带来的信息量更大。目前在 WWW 上支持的图像文件格式有许多种，如 .gif、.jpg、.bmp、.tga、.ppm、.tif(f)等等。Java 支持最通用的两种图像格式：GIF(.gif) 和 JPEG(.jpg)。GIF 是 GraphicInterchange Format 的缩写，是由 CompuServe 研制的标准图像格式，能以独立于设备的方式存储图画，支持 8 位/像素（256 种颜色）。JPEG 是 Joint Photographic Experts Group 的缩写，是这个组织推荐的标准化图像压缩机制，压缩全彩色或灰度的自然图像和现实世界风景，支持 24 位/像素（160 万种颜色），JPEG 文件比 GIF 小。

java.awt.Image 类支持图像装载、处理和动画的演示，而 Graphics 类中也有一些方法如 drawImage 等输出图像。Applet 类和 java.awt.Toolkit 类中也有装载图像的方法 getImage。下边先介绍如何装载图像。

8.4.1　装载图像

Java 把图像也当作对象处理，所以装载图像时要首先定义 Image 对象，其格式为

```
Image imageName;
```

然后要用 getImage()方法把 Image 对象和图像文件联系起来。

Applet 类中的 getImage() 方法有两种格式。

（1）用 URL 指定图像文件的绝对地址：getImage(URL url)，例如：

```
Image im = getImage("http://diana/lw/image1.gif");
```

（2）用 URL 相对地址加上图像文件名：getImage(URL url，String name)，常用的相对地址获得方法有 getCodeBase()和 getDocumentBase()，例如：

```
Image im = getImage(getCodeBase(), "image1.gif");
```

常用这种方法获取图像文件。

有关 URL 方面的知识请看第 11 章。

Toolkit 类中也支持 getImage()方式的两种格式：一是 getImage(URL url)，二是不用 URL 对象的 getImage(String filename)。要用这两种格式，先要创建 Toolkit 对象，如

```
Toolkit tk = Toolkit.getDefaultToolkit();
Image im = getImage("image1.gif");
```

图像的装载需要一定的时间，特别是从远程网络下载很大的图像文件。如果执行完 getImage()指令后立即显示图像，将得不到完整的图像，而且不断闪动，直到全部图像显示完毕。所以 Java 采用一个 java.awt.MediaTracker 类跟踪图像的装载，判断图像何时全部装载到内存，只有当图像全部装载进来后，才会显示图像。

要使用 MediaTracker 类，首先要生成该类对象：

```
MediaTracker tracker;
tracker = new MediaTracker(this);
```

然后就可以利用 MediaTracker 的 statusID()方法判断读图状态：

```
MediaTracker.LOADING，正在读入。
MediaTracker.ABORTED，中断读入。
MediaTracker.ERRORED，载入过程出错。
MediaTracker.COMPLETE，成功载入完毕。
```

所以程序可以利用

```
if (tracker.statusID(0,true)==MediaTracker.COMPLETE) {
   ...
}
```

来控制图像输出的开始。

8.4.2 显示图像

装载图像完成后就可以显示在屏幕上了。Graphics 类的 drawImage()方法可以画出图像，它有以下几种重载方法。

（1）最简单的一种是

```
drawImage(Image im,int x,int y,ImageObserver observer)
```

这是在给定的 x、y 坐标处显示 Image 类对象 im，图像监视器 observer 用于监视图像是否完整，在程序中用 this 来代替，例如：

```
g.drawImage(im,0,0,this);
```

（2）drawImage()方法可以指明图像的背景颜色，例如：

```
g.drawImage(im,0,0,Color.green,this);
```

（3）drawImage()方法还可以指定图像输出到一个矩形中的宽和高，例如：

```
g.drawImage(im,0,0,200,100,this);
```

表明输出图像的矩形宽 200，高 100。若原图像不够大，系统将自动放大原图，同理可以缩小原图。也可以同时指定背景颜色和矩形宽高。

例 8.9 的程序是一个简单的显示一幅图像的例子。

【例 8.9】 图像显示示例。

```java
import java.awt.*;
import java.applet.*;

public class MyImage extends Applet {
/**
 *
 */
    private static final long serialVersionUID = 1L;
    Image im;
    public void init() {
        im = getImage(getCodeBase(),"fish.gif");
    }
    public void paint(Graphics g) {
        g.drawImage(im,0,0,this);
    }
}
```

运行后 applet 窗口中将出现 fish.gif 这个图像，如图 8-9 所示。

图 8-9 例 8.9 的运行结果

注意：在 applet 程序所对应 .class 文件所在的目录下要有这个图像文件。

8.4.3 复制图像

Graphics 类中有一个 copyArea()方法，可以将屏幕中的某一区域复制到另一区域。其格式为

```
copyArea(int x, int y, int width, int height, int dx, int dy)
```

前两个参数是区域左上角坐标，中间两个是区域的宽与高，dx 表明区域向右移多少点，dy 表明区域向下移多少点。若为负数则向反方向移，即向左向上移，例如：

```
g.copyarea(0,0,200,100,0,150);
```

是将 200×100 区域内的图像复制到向下平移 150 点处的区域。

8.5 声　　音

Java 程序可以演奏哪些声音文件呢？目前在 Internet 上支持的声音文件格式有许多种，常见的有.wav、.au、.mod、.mid、.snd，.voc 等，一般由不同的声音演奏程序来演奏这些不同格式的声音文件。若要用 Java 程序来演奏，则这些格式必须用声音格式转换程序转换为 Sun .au 格式，因为目前 Java 的应用编程接口仅支持一种声音格式：8 位，μ law, 8000Hz, 单通道的 .au 文件。这种格式已经可以清楚地表现出各种声音，如人的说话、音乐、汽笛、狗叫、打碎玻璃的声音等。可以在 Internet 上找到许多.au 文件，或者用多媒体电脑软件自己录制声音，然后用格式转换程序转为上述格式的.au 文件。

在 8.1 节中谈到过 java.applet 包，该包中有一个 Applet 类和 AudioClip 接口，它们提供基本的声音演奏功能。

在 Applet 类中有两个与声音有关的方法：

（1）getAudioClip(URL) 或 getAudioClip(URL, String)。

（2）Play(URL) 或 Play(URL, String)。

第 1 个方法返回一个能实现声音文件接口的对象，第 2 个方法演奏一段声音文件。这些方法中的 URL 是声音文件的网络地址，String 是声音文件名。

在 AudioClip 接口中有三个方法。

（1）play()，演奏一次。

（2）loop()，反复演奏。

（3）stop()，停止演奏。

如何应用 Java 的声音方法演奏声音呢？首先，必须用 import 语句引入 java.applet 包，并派生 Applet 的一个子类（如 Mysound）：

```
import java.applet.*;
public class Mysound extends Applet {
  ...
}
```

这样，程序就可以继承标准类 Applet 的所有属性和方法。

接着，用 getAudioClip 方法取得声音文件，然后用 play()、loop()、stop()等方法演奏。最基本的 Java 语句如下：

```
AudioClip onceClip, loopClip;
onceClip = applet.getAudioClip(getCodeBase(), "xxx.au");
loopClip = applet.getAudioClip(getCodeBase(), "yyy.au");
onceClip.play();
loopClip.loop();
loopClip.stop();
```

上面代码第 1 句定义两个声音文件对象，第 2、3 句调用 getAudioClip 方法获取声音文件并赋给两个对象，第 4~6 句用不同方法演奏 xxx.au 和 yyy.au。

请看下面的简单声音程序。

【例 8.10】 声音程序示例。

```
import java.awt.*;
import java.applet.*;
public class MySound extends Applet {
    /**
     *
     */
    private static final long serialVersionUID = 1L;
    public void paint(Graphics g) {
      AudioClip loopClip = getAudioClip(getCodeBase(),"Sample.AU");
      g.drawString("A Sound Example!",5,15);
      loopClip.loop();
    }
}
```

编译并运行该 applet，运行结果是屏幕上显示出一个 applet 窗口显示"A Sound Example!"并伴以声音，关闭 applet 时声音终止。同理，在 applet 程序所在的目录下要有这个声音文件。

如果想模仿 Windows 的"录音机"程序用按键人为控制声音文件的演奏，那么可以在计算机屏幕上用 Java 的 Button 类产生若干个图形按钮，通过鼠标与其交互，用户单击相应按钮就可以启停演奏。例 8.11 的程序就有这种功能。

【例 8.11】 控制演奏示例。

```
import java.awt.*;
import java.applet.*;

public class MySound1 extends Applet {
    /**
     *
     */
    private static final long serialVersionUID = 1L;
```

```
    String onceFile = "Sample.au";         //令串变量onceFile为"Sample.au"
    AudioClip onceClip;                    //定义声音文件对象onceClip
    Button playOnce;                       //定义按钮playOnce

    public void init() {
      playOnce = new Button("Sound!");     //按钮写上Sound!字样
      add(playOnce);                       //按钮加到屏幕上
      onceClip = this.getAudioClip(getDocumentBase(),onceFile);
    }                                      //获取声音文件Sample.au

    public boolean action(Event event,Object arg) { //定义动作
      if (event.target == playOnce) {      //如果点中按钮
        if (onceClip != null) {            //如果取得声音文件
          onceClip.play();                 //演奏一次
          showStatus("Playing sound"+onceFile+".");
        } else {
          showStatus("Sound"+onceFile+"not loaded yet.");
        }                                  //显示未取得声音文件
        return true;                       //成功返回
      }
      return false;                        //其他未知情况返回
    }
  }
```

这是一个 applet 声音程序，运行后屏幕上出现一个图形按钮，用鼠标点中按钮后，就会演奏 Sample.au，并显示"Playing sound Sample.au."等信息（如图 8-10 所示）。如果还没有取到 Sample.au，则显示"Sound Sample.au not loaded yet"。该声音演奏一次自动停止，若再单击按钮，便可以重新演奏。如果想试一下这个程序，记住要有一个 Sample.au 声音文件在当前目录下。

图 8-10　例 8.11 的运行结果

如果想让声音文件连续不断地演奏，可以修改一下上述程序。定义两个按钮和一个逻辑开关：

```
Button start;
Button stop;
boolean looping = false;
```

在 init()方法中初始化这两个按钮：

```
start = new Button("Start");              //在按钮上写Start字样
```

```
stop = new Button("Stop");        //在按钮上写Stop字样
add(start);                       //将按钮加到屏幕上
add(stop);                        //将按钮加到屏幕上
```

在 action()方法中修改为

```
if (event.target == start) {     //如果点中start
  if (onceClip != null) {         //如果取得声音文件
  looping = true;                 //置逻辑开关
  onceClip.loop();                //连续演奏
  stop.setEnabled(true);          //允许stop
  start.setEnabled(false);        //禁止start
  showStatus("Playing sound"+onceFile+".");
  } else {
  showStatus("Sound"+onceFile+"not loaded yet.");
  }                               //显示未取得声音文件
  return true;                    //成功返回
}
```

再加一个事件：

```
if (event.target == stop) {      //如果点中stop
  if (looping) {                  //若原来在演奏
  looping = false;                //关逻辑开关
  onceClip.stop();                //停止演奏
  start.setEnabled(true);         //允许start
  stop.setEnabled(false);         //禁止stop
}
  showStatus("Stopped Playing sound"+onceFile+".");
  return true;   //成功返回
}
```

这样，运行程序后屏幕出现两个按钮 Start 和 Stop（如图 8-11 所示）。单击 Start 后不断地演奏声音文件 Sample.au，直到单击 Stop 才停止。

图 8-11 例 8.11 修改后的运行结果

关于 Java 的声音应用就介绍到这里，如有需要请进一步查阅相关参考文献。

8.6 动　　画

动画（animation）是指活动的图形或图像，它与影像（video）不同，video 是播放视频信号而得到的电视画面,而动画是顺序播放一系列静止画面,这些画面看起来相同,但有细微差别, 它们连续不断地显示就产生运动的视觉效果。Java 目前还没有支持 video 的能力,但可以支持动画的播放。

计算机动画分基于造型的动画(cast-based animation)和帧动画(frame animation)两种,Java 支持帧动画。首先创建构造动画的帧对象,即图像数组,例如:

```
Image fim[] = new Image[10];
```

然后用 getImage()把图像装载到 fim[],最后以一定时间间隔用 drawImage[]将各个画面显示出来。

显示动画的最简单方法是把一幅幅画面显示在屏幕的不同位置,再抹去它,这样重复显示再抹去,只要显示速度足够快,就可以形成动画。

每一个演示动画的程序都需要一个动画循环,为避免动画对其他任务的影响,动画循环一般是放在一个单独的线程中执行,即用多线程演示动画。

8.6.1 简单的多线程动画

以"Welcome!"字样在 applet 窗口内横向移动这个简单例子来说明如何用 Java 的线程演示动画。applet 的 init()方法定义了字体显示的初始位置在窗口右边;start() 方法创建一个 Thread 对象,并启动线程;线程体 run()方法用一个无限循环不断修改 x 坐标,若 x 到了窗口左边,可将它重新设置到窗口右边,修改完后调用 repaint() 方法重画字体,并调用 sleep()方法让线程休眠,使画面静止一段时间;paint()方法是用 drawString()方法在给定 x、y 坐标处输出字符串,线程体每次调用 repaint()使 paint()方法得以执行,程序代码如下。

【例 8.12】 简单动画示例。

```
import java.awt.*;
import java.applet.*;

public class Movewords extends Applet implements Runnable {
    /**
     *
     */
    private static final long serialVersionUID=1L;
    Thread aThread=null;
    String word="Welcome!";
    Font f=new Font("TimesRoman", Font.BOLD, 18);
    int x,y;
    public void init() {
        resize(400,40);  //重置窗口大小
            x=WIDTH;
            y=30;
    }
    public void start() {
      if (aThread==null) {
```

```
                aThread = new Thread(this);
                aThread.start();
            }
        }

        @Override
        public void run() {
            // TODO Auto-generated method stub
            while (true) {
                x=x-5;
                if (x==0) x=WIDTH;
                repaint();
                try {
                    Thread.sleep(500);
                } catch (InterruptedException e) {
                }
            }
        }
        public void paint(Graphics g) {
            g.setFont(f);
            g.drawString(word, x+300, y);
        }
    }
```

编译并运行该 applet, "Welcome!" 字样信息在 applet 窗口内（如图 8-12 所示）不停地横向左移，形成动画效果，但画面有闪烁现象，且不能控制动画的停止，所以有必要加以改进。

图 8-12　例 8.12 的运行结果

8.6.2　改进动画效果的方法

为什么动画画面会闪烁呢？这是因为线程体调用了 repaint()方法，该方法自动调用 update()方法清除屏幕，update()方法又自动调用 paint()方法画新画面，如果一抹一画的速度不够快，对人的视觉来说就产生了闪烁现象。所以首先解决闪烁问题。

1. 重写 update()方法

其实大多数程序并不需要清除整个画面，而只需重画某一局部画面。例如上述显示字体移动的程序，只需将字体改用背景色重写就抹去了，不用清屏。因此可以重写 update()方法，去掉清屏功能，尽量减少其他重画动作。最简单的 update()方法可以修改为

```
public void update(Graphics g) {
   paint(g);
}
```

这样完全没有清屏。如果需要抹去字体，可在"paint(g);"语句之前加上下列三句：

```
g.setColor(getBackground());      //设为背景色
g.drawString(word, x+5, y);       //以背景色写原处的字
g.setColor(getForeground());      //回到前景色
```

就可以抹去旧字，不需清屏。

若想清除某一局部区域，可以用 Graphics 类的 clipRect() 方法，该方法用于剪取部分区域，域内的画面可以重画，其余画面不变。这样减少换整屏的时间，减少闪烁现象。该方法的格式为

```
clipRect(int x, int y, int width, int height)
```

其中，x、y 是剪取区域的左上角坐标，width 是剪取区域宽，height 是高。重写 update() 方法如下：

```
public void update(Graphics g) {
   g.clipRect(x, y, W, H);        //剪取重画区域
   paint(g);
}
```

如果某些动画采用上述方式消除闪烁而效果不好，则可以采用双缓冲区方法。

2. 双缓冲区（double-buffer）

减少闪烁的彻底解决方法是采用双缓冲区技术，简单地说，双缓冲区技术就是把动画的当前画面放到前台图形缓冲区中，在屏幕上显示，同时把创建的相同画面存放在后台图形缓冲区中备用。当需要显示下一画面时，切换前后台图形缓冲区，把后台图形缓冲区中的画面显示在屏幕上。再在前台图形缓冲区中存放下一幅画面，然后显示出来。这样就减少了闪烁现象。

要产生双缓冲区，需要定义两个变量：

```
Image offImage;                  //后台缓冲区
Graphics offGraphics;            //前台缓冲区
```

缓冲的大小与屏幕绘图区域大小相同，可用 size() 方法获得实际绘图区域的大小。如：

```
Dimension d = size();
```

其中，Dimension 是 java.awt 包中的一个类，用于封装一个组件的宽和高。令缓冲区的大小等于实际绘图区域的大小：

```
Dimension offDimension = d;
offImage = createImage(d.width, d.height);        //后台缓冲画面
offGraphics = offImage.getGraphics();             //前台绘图缓冲区域
```

有了前后台缓冲区，先在缓冲区中画好图，例如：

```
offGraphics.drawImage(image[i], 0, 0, this);
```

再显示到屏幕上：

```
g.drawImage(offImage, 0, 0, this);
```

就可以消除画面闪烁的现象。这就是双缓冲区画图的步骤。

8.6.3 增加控制组件

如果用户想中断动画循环，可在动画演示程序中加入控制组件。例如，加入鼠标按下事件，在 mouseDown() 事件处理方法中控制线程的启停：

```
public boolean mouseDown(Event e, int x, int y) {
    if (thread==null)
        start();
    else thread=null;
    return false;
}
```

若在 Web 页面显示动画，当用户离开当前页应停止线程以释放资源，返回当前页时应重启动动画循环线程。所以在 applet 的 stop() 方法中关闭线程：

```
public void stop() {
    thread=null;
    offImage=null;
    offGraphics=null;
}
```

而在 start() 方法中重启动线程：

```
public void start() {
    if (thread==null)
        thread = new Thread(this);
    thread.start();
}
```

8.6.4 较完善的动画程序

例 8.13 采用双缓冲区技术显示动画，将 10 幅图像放在图像数组 images[10]中，以计算好的间隔显示下一图像，直到 10 幅图像全部显示完。用户可以用鼠标控制动画的启停。程序中采用了下列方法。

（1）init()方法

用于初始化变量，获得图像延迟时间 delay，装载 10 幅图像，并跟踪图像的装载。

（2）start()方法

创建动画线程并启动线程。

（3）run()方法

线程体部分，实现动画循环，通过 repaint()调用 paint()来显示图像，动画线程定期醒来显示下一幅图像。

（4）paint()方法

若后台图形缓冲区存在图像则显示出来，调用 update()显示前台图形缓冲区的图像。

（5）update()方法

创建一个与当前图像相同的图像，存放到后台图形缓冲区。用背景色填充前台图形缓冲区，画上下一画面，操作结果显示到屏幕上。

（6）mouseDown()方法

处理鼠标事件，按动鼠标，原来活动的画面停止，原来静止的画面活动。

（7）stop()方法

离开 Web 页面时停止动画线程，释放资源。

【例 8.13】 动画示例。

```java
import java.awt.*;
import java.applet.*;

public class Animation extends Applet implements Runnable {
    /**
     *
     */
    private static final long serialVersionUID = 1L;
    int frame=0;                          //帧号初始化
    Image images[];                       //图像数组
    int delay;                            //延迟时间
    Thread thread;                        //线程
    Dimension offDimension;
    Image offImage;
    Graphics offGraphics;
    MediaTracker tracker;                 //跟踪图像装载

    public void init() {
        String str;
        str=getParameter("fps");          //HTML参数，显示速率
        int fps=(str!=null)?Integer.parseInt(str):10;
                                          //有参数把字符串转为整数，无参数则取10
        delay=(fps>0)?(1000/fps):100;     //计算延迟时间
        images=new Image[10];
        tracker=new MediaTracker(this);   //创建跟踪对象
        for (int i=1; i<=10; i++) {
            images[i-1]=getImage(getDocumentBase(), i+".gif");
                                          //装载动画所需的图像1.gif等到图像数组
            tracker.addImage(images[i-1],0);//图像载入动作编号列入监控
```

```java
        }
    }

    public void start() {
        if (thread==null)
            thread=new Thread(this);        //创建新线程
        thread.start();                     //启动新线程
    }

    @Override
    public void run() {
        // TODO Auto-generated method stub
        long startTime=System.currentTimeMillis();    //记下循环开始时间
        while (Thread.currentThread()==thread) {
            repaint();                      //若是动画循环，则重画画面
            try {
                startTime+=delay;           //开始时间加延迟时间
                Thread.sleep(Math.max(0,startTime-System.currentTimeMillis()));
                                            //睡眠时间不长于规定延迟时间
            } catch (InterruptedException e) {
                break;
            }                               //异常处理
            frame++;                        //当前帧号加1
        }
    }
    public void paint(Graphics g) {
        if (offImage!=null)
            g.drawImage(offImage,0,0,this);   //显示后台图像
        update(g);   //更新前台图像
    }

    public void update(Graphics g) {
        Dimension d=getSize();              //返回当前图像大小
        if ((offGraphics==null)||(d.width!=offDimension.width)||
                    (d.height!=offDimension.height)) {
            offDimension=d;                 //令缓冲区大小等于当前图像大小
            offImage=createImage(d.width, d.height);        //产生缓冲画面
            offGraphics=offImage.getGraphics();             //产生前台绘画区域
        }
        offGraphics.setColor(getBackground());
        offGraphics.fillRect(0, 0, d.width, d.height);   //抹去前台旧画面
        if(tracker.statusID(0, true)==MediaTracker.COMPLETE)
            offGraphics.drawImage(images[frame%10], 0, 0, this);
                                            //若图像装载完毕，画到前台
        g.drawImage(offImage, 0, 0, this);              //切换前后台显示图像
```

```
        }

    public boolean mouseDown(Event e, int x, int y) {
        if (thread==null)
           start();                  //启动线程
        else thread=null;            //停止线程
        return false;                //事件上传
    }

    public void stop() {
        thread=null;                 //停止线程
        offImage=null;               //释放资源
        offGraphics=null;
    }
}
```

运行结果是演示完 10 幅画面后不断循环，直到单击停止，再单击动画又继续演示。动画的缺点是缺少声音，可以在 start()方法中加上某种背景声音，使动画的演示更生动活泼。

8.7 小　　结

本章介绍 Java 的小程序及多媒体应用，这是 Java 的特色。目前 Java 支持的声音、图像格式不多，还未支持 video 功能，随着 Java API 的不断完善，相信会有更多的 Java 多媒体功能出现。

习　题　8

1. 什么是小应用程序？小程序的生命周期 4 个重要方法是哪些？
2. 试编写具有绘制方法且具有事件处理方法的小程序。
3. 如何在小程序中装入数据文件？
4. 如何使浏览器显示文档？如何查找同一页中运行的其他小程序？
5. Graphics 类有何作用？
6. Java 支持什么字体？
7. Java 定义了什么颜色？如何构造新颜色？
8. Java 支持哪些图像格式文件？如何复制图像？
9. MediaTracker 类有何作用？
10. Java 支持的声音格式是什么？
11. Applet 类有什么方法支持声音？AudioClip 接口有什么方法支持声音？
12. 什么是动画？为何出现画面闪烁现象？如何解决？
13. 编写一个图形界面多媒体应用程序，实现播放各种声音文件的功能。

第 9 章　图形用户界面及桌面应用

图形用户界面（Graphical User Interface，GUI）是一种以图形方式进行人机交互的用户界面，Java 利用面向对象的方法，实现了一组设计 GUI 的类，这些类可以工作在多种平台上。早期版本的图形用户界面是抽象窗口工具集（Abstract Windows Toolkit，AWT），后来在 AWT 的基础上又推出了更加完善的图形用户界面 Swing 工具集。但随着编程技术的不断发展，Swing 工具集也很难满足现代 GUI 设计的需求，JavaFX 作为 Java 的下一代 GUI 框架应运而生。本章将介绍 Java 的图形用户界面及其桌面应用。

9.1　AWT

AWT 是 Java 早期版本的图形用户界面，包括一组本地的用户接口组件、健壮的事件处理模型、图形和图像工具（包括形状、颜色和字体类）、布局管理器、数据传输类等。AWT 提供了许多标准 GUI 组件（Component），如按钮（button）、菜单（menu）等；还提供了容器（container）类，如窗口等；以及高级组件，如对话框（dialog）等。除了上述 GUI 组件外，AWT 还提供了 Graphics、Image、Font、Color 和 Event 等类。Graphics 类提供了基本图形的绘制方法；Image 类提供了图像装载、处理及动画的演示；Font 类用于处理字体；Color 用于处理颜色；而 Event 用于处理各种事件。

9.1.1　GUI 组件类

在 AWT 中的所有 GUI 组件都是 Component 类的子类，其继承关系如下：

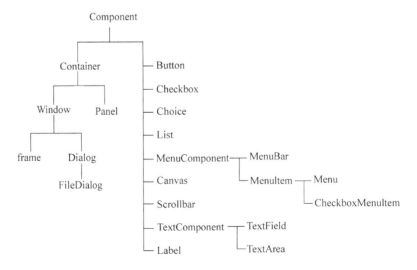

从功能上看，Component 的子类分两大部分：控制组件和容器类组件。

控制组件（如图 9-1 所示）又可分为基本控制组件（Button、Checkbox、Choice、List、MenuComponent 和 TextField）、复杂控制组件（Canvas、TextArea）和其他控制组件（Scrollbar、Label）。

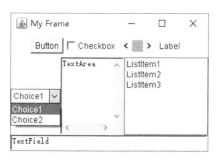

图 9-1　控制组件和容器

容器类（如图 9-1 的 MyFrame）是特殊的组件，用于包含其他组件，它有两个子类 Window 和 Panel，Window 又有子类 Frame、Dialog 以及 FileDialog 等。放在容器中的组件需要按一定的策略在容器中定位，这种策略由布局管理器（Layout Manager）决定。java.awt 包中定义了若干布局管理器类，如 BorderLayout 类、CardLayout 类、FlowLayout 类、GridLayout 类、GridBagLayout 类等。

下面将介绍 Component 类、Container 类以及 LayoutManager 中的各类及使用方法。

1. Component 类

Component 类是所有 AWT 组件的抽象超类，它定义了在各种窗口对象中最基本也是最重要的方法和性质，其基本作用是描述组件的位置、大小以及接收输入事件。如方法 locate()、location()、inside()等与组件位置有关；而 size()、resize()与组件大小有关；move()、repaint()、show()、hide()、disable()、enable()等改变组件状态；getBackground、getFont、getForeground 获取组件字体颜色；setBackground、setFont、setForeground 设组件字体颜色；isEnabled、isShowing、isVisible 检查组件状态；接收输入事件有关方法有 action()、handleEvent()、keyDown()、keyUp()、mouseDown()、mouseDrag()、mouseUp()、mouseEnter()、mouseExit()、mouseMove()等。

Component 类有许多子类，除了一个特殊子类容器（container）类之外，其余子类都是控制组件，实现人机交互的控制界面。

1）Button（按钮）类

java.awt.Button 定义了一个基本控制组件，可在界面上显示一个矩形按钮图像，用于在被按下或释放时启动相应的操作。当用户按下按钮，就会有一个事件 ACTION_EVENT 发生，可采取适当的处理。Button 上可用字符串标记，位于矩形的中央。

创建 Button 对象的格式为

```
Button b = new Button("abc");
```

abc 将出现在矩形按钮中，若没有参数，则没有文字。

2）Checkbox（复选框）类

java.awt.Checkbox 定义了一个基本控制组件，界面上可显示一个小方框，用于显示选择与否的状态切换。用户根据 Checkbox 的标记使用单击来进行选择，允许选择多个 Checkbox，因为它们之间没有约束，可用 getState 和 setState 方法获得或设置当前的选择标志。

创建 Checkbox 对象的格式为

```
Checkbox cb = new Checkbox("abc");
```

abc 将出现在小方框旁边，作为选项标记，若没有参数，则没有文字。

用 Checkbox 可以实现多选多，然而有时需要多选一，即每次操作只能选择一项，各选项之间彼此有约束，这时需要用 CheckboxGroup 类，它是由任意数量的复选框构成的单选组。要创建单选组，先要声明一个 CheckboxGroup 对象：

```
CheckboxGroup cbg = new CheckboxGroup();
```

然后加入组中的复选框：

```
Checkbox cb1 = new Checkbox("box1", cbg, true);
Checkbox cb2 = new Checkbox("box2", cbg, false);
Checkbox cb3 = new Checkbox("box3", cbg, false);
```

它们的第 3 个参数只能有一个为 true，其余为 false，表示一开始只有一个被选中。

3）Choice（选择）类

java.awt.Choice 定义了一个基本控制组件，界面上可显示一个弹出式选择清单。该组件用一定的空间来显示平常的选项，当用户单击 Choice 对象时，将弹出一个完整的菜单，让用户进行选择，每次只能显示一个选中项。方法 getItem 用于获得选项，select 设置当前选项，countItems 返回当前 Choice 菜单中的选项数，addItem 往 Choice 清单加入新选项。

创建 Choice 类对象的格式如下：

```
Choice c = new Choice();
```

然后用 addItem 加入选项：

```
c.addItem("Item1");
c.addItem("Item2");
```

所有的字符串在菜单中向左对齐。

4）List（列表）类

java.awt.List 定义了一个基本控制组件，界面上可显示一个窗口，内有全部的多选项，当选项数超出窗口范围，会自动出现滚动条。List 类支持多选一和多选多，可以同时显示多个选项。常用的方法有：select，选某项；add，加选项；removeall，清窗口；getItemCount，返回选项数；remove，删选某项；setMultipleMode，允许同时选多个项目等。

创建 List 类对象的格式如下，无参数时创建多选一的列表：

```
List l = new List();
```

若带参数 List(int rows, boolean multipleSelections)，则表示列表可以显示多少行，是否可以同时选择多个选项，例如：

```
List l = new List(5, true);
```

表明该列表显示五项，允许选多项，若第二个参数为 false，则只能每次选一项。

5）MenuComponent（菜单组件）类

MenuComponent 是 Java 制作菜单的总类，由它派生出 java.awt.MenuBar（菜单条）类、java.awt.MenuItem（菜单项）类、java.awt.Menu（菜单）类以及 java.awt.CheckboxMenuItem（复选菜单项）类等。

（1）MenuBar 用于放在每个窗口的上方，内有一组菜单，分为一般菜单、可撕下菜单、辅助说明菜单（Help）等，可撕下的菜单能变成一个独立的窗口。常用的方法有 remove，删菜单；add，加菜单；countMenus，取菜单数；getMenu，取菜单；setHelpMenu，设为辅助菜单等。创建 MenuBar 类对象的格式如下：

```
MenuBar mb = new MenuBar();
```

然后用 setMenuBar 方法将菜单条放在窗口上方：

```
setMenubar(mb);
```

（2）MenuItem 就是菜单中的选项，其相关方法有：disable，禁止选；enable，允许选；getLable，取项名；setLable 设项名等。

创建 MenuItem 类对象的格式如下：

```
MenuItem mi = new MenuItem("Item1");
```

字符串"Item1"就是该选项的标记。

（3）Menu 用于表示下拉菜单，菜单中可以有 MenuItem、CheckboxMenuItem 以及 Menu（即，嵌套的下拉菜单）。Menu 常用的方法有：add，加选项；remove，删选项；getItem，取选项；countItems，取选项数；addSeparater，加分隔线；isTearoff，是否可以撕下等。

创建 Menu 类对象的格式有两种：

① 有一个字符串参数时创建普通菜单，例如：

```
Menu m = new Menu("menu1");
```

② 有两个参数时是创建可撕下菜单，例如：

```
Menu m2 = new Menu("menu2", true);
```

若第二个参数为 false，则与第一种格式一样。

CheckboxMenuItem 是把复选框作为菜单项，可用于切换选中与否的状态，其他作用与 MenuItem 一样。常用方法 getState 取复选菜单项状态，用 setState 设置复选菜单项状态。可用 add 方法把 CheckboxMenuItem 对象加入菜单中，例如：

```
m1.add(new CheckboxMenuItem("check"));
```

是把带"check"字样的复选菜单项加入菜单 m1 中。

6）TextComponent（文本组件）类

TextComponent 类是文本输入的组件，它提供的方法可以设置或获取部分或全部文本，可设置能否对文字进行编辑，如 getText、getSelectedtext、setText、select、selectAll、setEditable 等。

TextComponent 有两个子类：TextField（文本栏）类和 TextArea（文本区）类。

（1）java.awt.TextField 定义了一个基本控制组件，界面上可显示一行文字的输入窗口，实现了单行的文本输入功能。除了直接在窗口中输入字符外，还可以与系统的剪贴板交流，用光标、剪切/粘贴键以及鼠标进行编辑。当用户需要输入一些加密信息如口令等，可取消输入字符的回显。方法 setEchoCharacter 以一种字符代替输入的每个字符，echoCharIsSet 检查 TextField 对象是否处于加密状态，getEchoChar 可得到回显字符。

创建 TextField 类对象的格式有 4 种：

① 无参数，取默认输入窗口长度；
② 有一个参数指定长度：

```
TextField tf = new TextField(10);
```

指明至少可容纳 10 个字符。

③ 参数为字符串：

```
TextField tf = new TextField("Hello");
```

在文本栏输出字符串。

④ 在字符串后加一个参数指定窗口长度。

（2）有时单行的文本输入还不能满足需要，java.awt.TextArea 定义了一个文本区，用于显示或编辑多行文本。它属于复杂输入输出控制组件，可以自动带有滚动条。方法 getColumns 和 getRows 取文本区的宽度和高度，appendText 将指定的字符串加到文本区显示内容的尾部，insertText 将字符串插入指定的位置，replaceText 将指定的字符串取代文本区的某字符串。

创建 TextArea 类对象的格式也有 4 种：

① 无参数，取默认值；
② 用参数指定显示区域的宽度和高度：

```
TextArea ta = new TextArea(80, 40);
```

指明显示区有 80 列 40 行。

③ 参数为字符串；
④ 在字符串后加两个参数指定窗口宽度和高度：

```
TextArea ta = new TextArea("Hello", 80, 40);
```

在 80 列 40 行大小的文本区显示字符串"Hello"。

7）Canvas（画布）类

java.awt.Canvas 定义了一个复杂输入输出组件，界面可显示一个空白的绘制区，可用于绘制图形或显示图像。Canvas 可以看作一个"自由"组件，能将任何组件或元素放在 Canvas 中。

创建 Canvas 类对象的格式如下：

```
Canvas cv = new Canvas();
```

可以设置画布的颜色：

```
cv.setBackground(Color.black);
```

是将画布设为黑色。

8）Scrollbar（滚动条）类

Java.awt.Scrollbar 定义了一个方便的控制组件。界面可显示一个滚动条，用于卷动可显示的区域，浏览所有的内容。另一方面，可以限制输入的最大最小值，用户可在最大值和最小值之间选择连续值。Scrollbar 的当前值由滚动滑块表示，用户可以直接移动滑块，也可以单击滚动条两端的箭头，移动一个单位（"一行"）的 Scrollbar 值。若在滑块两边单击，可移动一大步（"一页"）位置。Scrollbar 通过常量 VERTICAL 和 HORIZONTAL 来指明滚动条的方向，getMaximum 和 getMinimum 取得滚动条可表示的最大值和最小值，getLineIncrement 与 setLineIncrement 取得或设置每行滚动数，getPageIncrement 与 setPageIncrement 取得或设置每页滚动数，getValue 与 setValue 取或设当前值。

（1）创建 Scrollbar 类对象的格式可指明方向，例如：

```
Scrollbar sb = new Scrollbar(Scrollbar.HORIZONTAL);
```

是创建水平方向的滚动条。

（2）是用五个参数创建对象，例如：

```
Scrollbar sb = new Scrollbar(Scrollbar.VERTICAL, 50, 50, 0, 100);
```

第一个参数定义垂直方向；第二个参数定义滑块当前值为 50；第三个参数定义可见范围为 50；第四个参数定义滚动条的最小值；第五个参数定义滚动条的最大值。

9）Label（标签）类

java.awt.Label 定义了一个方便的组件，界面上显示单行的不可编辑的文本，不会产生事件。Label 定义了文字位置的三个常量 LEFT、RIGHT、CENTER，用于令文字居左，居右或居中。getAlignment 和 setAlignment 方法取得或设置对齐方式，getText 和 setText 方法取得或设置显示的字符串。

创建 Label 类对象的格式有三种：

（1）无参数时无文本显示；

（2）有一个字符串参数时文本自动向左对齐，例如：

```
Label la = new Label("Label1");
```

(3) 第 2 个参数指明文本位置:

```
Label la = new Label("Label2", Label.CENTER);
```

使文本居中。

例 9.1 的程序实现了 CheckboxGroup 单选组,List 多选多列表,以及 Scrollbar 水平滚动条。

【例 9.1】 Component 类示例。

```java
import java.applet.Applet;
import java.awt.*;
public class Mycomp extends Applet {
/**
  *
  */
 private static final long serialVersionUID = 1L;
 public void init() {
   CheckboxGroup g=new CheckboxGroup();     //定义单选组
   Checkbox c1=new Checkbox("Checkbox 1",g,true);
   Checkbox c2=new Checkbox("Checkbox 2",g,false);
   Checkbox c3=new Checkbox("Checkbox 3",g,false);
   add(c1);
   add(c2);
   add(c3);
   List l=new List(0,true);                 //定义列表,true为多选多
   l.add("item1");
   l.add("item2");
   l.add("item3");
   l.add("item4");
   add(l);
   Scrollbar hs=new Scrollbar(Scrollbar.HORIZONTAL,50,100,0,100);
   add(hs);                                 //加入水平滚动条
  }
}
```

程序的运行结果是小程序查看器里有三个单选按钮组,一个四选项的列表,一个水平滚动条,按流水布局,即一行排满则换下一行,如图 9-2 所示。

图 9-2 例 9.1 的运行结果

2. Container（容器）类

Container 不是控制组件，它是用来包含其他组件的组件。java.awt.Container 定义最基本的组件容器，它是 Component 类的抽象子类，在 Component 类方法的基础上又增加了一些方法。如外观管理器操作方法：getLayout 与 setLayout 是取得或设置容器中的外观管理器，insets 设置容器边框，layout 整理容器中的组件等。

由 Container 派生出 Window、Panel、Dialog、Frame、FileDialog 等后继类。

1) Window（窗口）类

java.awt.Window 定义了最基本的窗口类，它独立存在，不能放在其他容器中。Window 创建自己的顶层窗口，没有边框，也不能包含菜单条。show 方法和 hide 方法用于显示和隐藏窗口，pack 方法用于对组件进行合适的布局。Window 类有两个子类 Frame 和 Dialog，是更常用的窗口界面。

2) Frame（框架）类

java.awt.Frame 定义了标准的桌面计算机上的窗口类，它独立存在，可以有标题（title）栏、缩放控制和菜单条，还可以设置 Frame 中光标的形状和 Frame 最小化时的图标等。Frame 实现了 MenuContainer 接口，常用的方法有：dispose 释放窗口资源；getCursorType 与 setCursor 取得或设置光标种类；getIconImage 与 setIconImage 取得或设置窗口图示；getMenuBar 与 setMenuBar 取得或设置窗口菜单条；getTitle 与 setTitle 取得或设置窗口的标题；setResizeable 设窗口是否允许改变大小。

创建 Frame 类对象的格式有两种，无参数时无标题显示，有字符串参数作标题，例如：

```
Frame f = new Frame("Title");
```

然后用 f.show() 显示这个 Frame 窗口。

也可以派生 Frame 的子类：

```
public class MyFrame extends Frame {
   ...
}
```

然后在 MyFrame 中放置所需组件。

3) Dialog（对话框）类

java.awt.Dialog 定义了一个对话窗口，它不能独立存在，必须依赖于其他窗口，当它所依赖的窗口被关闭或图标化时，它也随着消失。对话框可以设置为 modal 方式，即它出现时其他窗口都不能操作。Dialog 常用的方法有：getTitle 与 setTitle 取得或设置对话框的标题；isModal 判断对话框是否为 modal 方式；setResizable 设对话框可否改变大小。

创建 Dialog 类对象的格式有两种。

（1）两个参数的格式：

```
Dialog(Frame parent, booleanmodal);
```

指明所依附的窗口和是否 modal，例如：

```
Dialog d = new Dialog(MyFrame, true);
```

若第 2 个参数为 false，则不是 modal 方式。

（2）三个参数的格式：

```
Dialog(Frame parent, String title, boolean modal);
```

第 2 个参数是对话框的标题，例如：

```
Dialog d = new Dialog(MyFrame, "hello", false);
```

4）FileDialog（文件对话框）类

FileDialog 是 Dialog 的子类，java.awt.FileDialog 定义了一个文件对话窗口，让用户选择文件和输入文件名。它的属性为 modal 方式，当文件对话框出现时，其他组件不能工作。FileDialog 常用的方法有：getFile 与 setFile 取得或设置文件名，getDirectory 与 setDirectory 取得或设置文件目录。

创建 FileDialog 类对象的格式有两种。

（1）两个参数的格式，例如：

```
FileDialog fd = new FileDialog(MyFrame, "open");
```

字符串"open"起提示作用。

（2）三个参数的格式，例如：

```
FileDialog fd = new FileDialog(MyFrame, "save", FileDialog.SAVE);
```

第三个参数指明存或取，若最后的常量为 LOAD 则与（1）中功能一样。

5）Panel（面板）类

java.awt.Panel 定义了一个简单的容器，界面上显示一块区域所形成的窗口。它不是独立的，必须包含在另一容器中，可作为嵌套的具体屏幕组件。可以用 Panel 来安排一组窗口对象，组件可以通过 add 方法加到 Panel 中，然后用 move、resize 或 reshape 等方法进行移动或缩放。

创建 Panel 类对象的格式如下：

```
Panel p = new Panel();
```

Panel 的一个重要的子类就是 Applet，小应用程序 applet 必须由 Applet 派生而来。Panel 可包含在 Applet 中，显示 applet 的运行结果。

例 9.2 程序利用了 Frame 容器包含菜单组件。

【例 9.2】 容器类使用示例。

```
import java.awt.*;
public class Mymenu extends Frame {
/**
    *
    */
    private static final long serialVersionUID = 1L;
```

```java
    Mymenu() {
      setTitle("My Menu");
      setSize(200,50);
      MenuBar mb=new MenuBar();
      setMenuBar(mb);
      Menu m=new Menu("menu1",true);
      m.add(new MenuItem("item1"));
      MenuItem m2=new MenuItem("item2");
      m2.setEnabled(false);
      m.add(m2);
      m.add(new MenuItem("-"));
      m.add(new CheckboxMenuItem("check1"));
      m.add(new CheckboxMenuItem("check2"));
      m.add(new MenuItem("-"));
      Menu sub=new Menu("sub menu");
      sub.add(new MenuItem("sub item1"));
      sub.add(new MenuItem("sub item2"));
      m.add(sub);
      mb.add(m);
      Menu help=new Menu("help");
      mb.add(help);
      mb.setHelpMenu(help);
    }
    public boolean handleEvent(Event evt){
      if (evt.id== Event.WINDOW_DESTROY)
      { dispose();
        System.exit(0);
      }
      return true;
    }
    /*
     * @param args
     */
    public static void main(String[] args) {
       // TODO Auto-generated method stub
       Mymenu f=new Mymenu();
       f.pack();   //对组件进行合适的布局
       f.setVisible(true);;
    }
}
```

程序的运行结果是 Frame 里面有 menu1 和 help 两个菜单，menu1 有五个菜单项，单击 Frame 的关闭按钮可关闭 Frame，如图 9-3 所示。

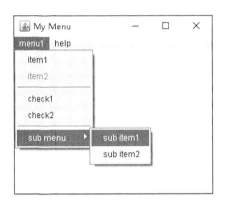

图 9-3 例 9.2 的运行结果

9.1.2 布局管理器

为了安排容器中各组件的布局，AWT 提供了一个 LayoutManager 接口，实现该接口的类称为布局管理器。布局管理器跟踪容器中的组件，组件加入后，由布局管理器把它放在合适的位置。当组件改变大小时，通过 minimumsize 和 preferredsize 方法返回组件最合理与最小的显示尺寸，布局管理器在维护布局规则的完整性下尽量满足各组件的显示要求。

每一个容器都有一个默认的布局管理器，容器的构造方法自动创建一个布局管理器实例，并对它进行初始化，容器自动调用布局管理器处理布局问题。如果要改用其他布局管理器，则要人为创建所用布局管理器类的实例，例如：

```
aContainer.setLayout(new CardLayout());
```

这是令容器 aContainer 采用 CardLayout 布局管理器。

AWT 提供了 5 种布局管理器，还提供了一些方法创建自定义的布局管理器，下面就介绍这些类的用法。

1. 边界布局（BorderLayout）

这是 Window 类容器如 Frame 和 Dialog 所用的默认布局管理器，它采用东、南、西、北、中五个区域放置组件，四周的宽度是固定的，而中间长宽可变。在容器指定区域加入组件时，add 方法要多一个字符串参数，例如：

```
add("East", new Button("Button1"));
```

这是把一个 Button 组件加入容器内，"East"是指明放在 BorderLayout 管理器指定的东区，字符串"West"、"South"、"North"、"Center"是指明西、南、北、中区。

其他容器要用 BorderLayout 则要显式说明：

```
setLayout(new BorderLayout());
```

2. 卡片布局（CardLayout）

这种布局管理器用于在一个区域内不同时间有不同组件的情况，它像一叠卡片，每张卡片代表一种不同的布局，每次只有一张在最上面。CardLayout 通常与 Choice 组件关联，根据选择情况决定显示哪张卡片。常用的方法有：first，显示第一张卡片；last，显示最后一张； next，下一张； previous，前一张；show，显示指定卡片等。

设置使用 CardLayout 的格式为

```
setLayout(new CardLayout());
```

3. 流水布局（FlowLayout）

这是 Panel 类容器所用的默认布局管理器，它把组件从左到右排成行，一行不够换新行，一行不满则向中对齐。每个组件的上、下、左、右都预留一些间隔，默认的间隔是 5 个像素点， 可以用参数改变这些间隔，也可以用参数改变对齐方式，如向左齐、右齐或居中。例如：

```
setLayout(new FlowLayout(FlowLayout.LEFT, 10, 30));
```

指明组件间水平间距 10 个像素，垂直间距 30 个像素，每行组件向左对齐。若把 LEFT 换成 RIGHT 是向右对齐，CENTER 是默认值。

4. 网格布局（GridLayout）

这种布局管理器将容器按指定行列数等分成网格，每格放一个组件，各组件有同样的尺寸，显示出一种直观的、简单统一的组件网格布局。要用这种布局管理器必须指定行数和列数，例如：

```
setLayout(new GridLayout(3,4));
```

创建 3 列 4 行的网格，若行列数某个为 0（不能同时为 0），则表示任意多行或列。

各组件间距默认值是 0，彼此互相邻接，也可以指定组件间距，例如：

```
setLayout(new GridLayout(3, 4, 5, 10));
```

指明水平间距为 5 像素，垂直间距为 10 像素。

5. 网格包布局（GridBagLayout）

这是最复杂、最灵活的布局管理器，可以安排大小不一的组件，组件按行列排，水平方向和垂直方向对齐。GridBagLayout 依靠 GridBagConstraints 类的帮助，适当地改变组件的大小，然后再加入容器中。GridBagConstraints 定义了下列条件：gridwidth 和 gridheight 指明组件所占的行列数；gridx 和 gridy 指明组件摆放的坐标位置；weightx 和 weighty 指明按比例获得剩余空间数；fill 指明如何调整组件大小填满显示区；ipadx 和 ipady 指明组件大小与最小尺寸间的关系；insets 指明组件与显示区域边缘的距离；anchor 指明如何摆放组件。

设置使用 GridBagLayout 的格式为

```
setLayout(new GridBagLayout());
```

还要同时设置伴随的 GridBagConstraints 对象：

```
GridBagConstraints GBC = new GridBagConstraints();
```

然后用 GBC 实例设置各条件，否则用默认值。

以上介绍了 5 种布局管理器，如果要自己定义新布局管理器，必须创建一个类用于实现 LayoutManager 接口，还要实现一个公共构造方法和 toString 方法，然后调用组件的 resize()、move()、reshape()等方法设置组件的大小和位置。

如果不用任何布局管理器，如 setLayout(null)，则要人为安排组件的绝对位置。

例 9.3 程序采用了 Frame 类的默认布局管理器 BorderLayout 来安排 5 种组件。

【例 9.3】 布局管理器示例。

```java
import java.awt.*;
public class Myframe extends Frame {
   Myframe() {
     setTitle("My Frame");
     Panel p=new Panel();
     p.add(new Checkbox("checkbox"));
     add("North",p);                                            //北边放面板p
     add("Center",new TextArea("text area in frame",3,20));//中间放文本区
     List l=new List();
     l.add("list in frame");
     l.add("next item");
     add("East",l);                                             //东边放列表
     TextField name=new TextField(10);
     name.setText("name");
     add("South",name);                                         //南边放文本栏
     Choice c=new Choice();
     c.addItem("choice1");
     c.addItem("choice2");
     c.addItem("choice3");
     add("West",c);                                             //西边放选择框
    }
   public boolean handleEvent(Event evt){
      switch (evt.id) {
        case Event.WINDOW_DESTROY:
          dispose();
          System.exit(0);
        default:
           return true;
       }
     }
   /**
    * @param args
    */
   public static void main(String[] args) {
      // TODO Auto-generated method stub
```

```
        Myframe f=new Myframe ();
        f.pack();
        f.setVisible(true);;
    }
}
```

程序运行后在 Frame 东、南、西、北、中 5 个位置放了 5 种不同的 AWT 组件，如图 9-4 所示。

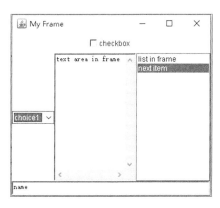

图 9-4　例 9.3 的运行结果

9.1.3　事件处理

AWT 中除了有 GUI 组件之外，还定义了事件（event）处理的各种方法。当用户对组件进行交互，如单击 Button 或选择 Menu 等，事件就产生了，即创建了 Event 对象。java.awt.Event 类定义了所有的事件，先了解这些事件，然后介绍处理它们的方法。

1. Event 对象

一个 Event 对象包含下列信息。

1）事件的类型

AWT 定义了许多事件类型，如表 9-1 所示。

表 9-1　AWT 定义的事件类型

事件类型	触发动作
ACTION_EVENT	用户执行了某种动作（action）
KEY_ACTION, KEY_ACTION_RELEASE	功能键动作
KEY_PRESS, KEY_RELEASE	标准键动作
MOUSE_DOWN,MOUSE_DRAG,MOUSE_UP	鼠标键动作或拖动鼠标
MOUSE_ENTER,MOUSE_EXIT	鼠标进出组件
MOUSE_MOVE	鼠标空移
LIST_SELECT,LIST_DESELECT	选或不选列表
SCROLL_ABSOLUTE,SCROOL_LINE_DOWN, SCROOL_LINE_UP,SCROOL_PAGE_DOWN, SCROOL_PAGE_UP	滚动条操作

事件类型	触发动作
WINDOW_DEICONIFY, WINDOW_ICONIFY, WINDOW_DESTROY, WINDOW_EXPOSE, WINDOW_MOVED	窗口动作
LOAD_FILE, SAVE_FILE	文件操作
GOT_FOCUS, LOST_FOCUS	组件聚焦与否

2）事件目标的对象

如事件目标是单击按钮，其对应对象是 Button；事件目标是在文本栏输入，对象是 TextField。

3）事件时间

表明事件什么时刻发生。

4）事件位置

用位置（x,y）记下事件在何处发生。

5）键盘事件

表明按动了什么键。

6）事件相关参数

如组件上显示的字符串。

7）修饰键状态

当事件发生时修饰键是哪种状态：ALT_MASK，Alt 键动作；CTRL_MASK，Ctrl 键动作；SHIFT_MASK，Shift 键动作；META_MASK，UNIX 系统 Alt 键动作。

AWT 允许每个组件都有处理事件的机会，组件的事件处理器（event handler）可以不理睬某个事件，传给超类组件处理；组件可以处理某个事件甚至清除这个事件。例如，TextField 子类需要显示大写字母，它对小写字母输入事件进行修改，变为大写；TextField 子类可以在收到回车后调用某个方法处理文本内容；若输入了非法字符，TextField 子类的事件处理器禁止其他动作。

如何实现事件处理器？各组件可以实现 handleEvent() 方法或实现专用于某类事件的方法。这些专用方法有 mouseEnter()、mouseExit()、mouseMove()、mouseUp()、mouseDown()、mouseDrag()、keyDown()与 action()。要调用事件处理方法，必须用 import 引入 java.awt.Event 类。

2. handleEvent()方法

handleEvent()是一个通用的事件处理方法，只要有事件发生就默认调用它。其声明如下：

```
public boolean handleEvent(Event evt) {
   ...
}
```

方法中的参数 evt 就是系统所发生的事件，方法体中根据当前事件的类型调用其他的事件处理方法进行处理。方法的返回值是布尔型，若返回 true，事件就不向上传递给上层的组件容器了； 若返回 false，则事件传给上一层容器做进一步处理。所以一般的事件处理器都返回 false，让事件得到充分的处理。

用户可以重写 handleEvent()，这样事件发生后就不调用默认的 handleEvent()，而调用重写的 handleEvent()。为了防止某些事件得不到处理，通常只重写 action()，而很少重写 handleEvent()。

3. action()方法

当用户与某些组件（如按钮、复选框等）交互，会产生一个特殊的事件 ACTION_EVENT，其处理方法就是 action()。其声明如下：

```
public boolean action(Event evt,Object what) {
   ...
}
```

第 2 个参数返回组件的额外数据，如 Button 上显示的字符串等。

方法 action()被调用时，首先检查是哪个组件发生了事件，然后再分别处理。用户可以重写 action()，实现自己的事件处理器。

4. mouseEnter()与 mouseExit()方法

当鼠标进入组件时会产生 MOUSE_ENTER 事件，调用 mouseEnter()方法来处理。其声明如下：

```
public boolean mouseEnter(Event evt,int x,int y) {
   ...
}
```

参数 x、y 是该事件发生时鼠标的坐标位置，Point 类是用来表示一个点（有 x、y 坐标）的数据结构，所以，重写 mouseEnter()方法时要引入 java.awt.Point 类。

当鼠标离开组件时会产生 MOUSE_EXIT 事件，调用 mouseExit()方法来处理。其声明为

```
public boolean mouseExit(Event evt,int x,int y) {
   ...
}
```

参数的含义与 mouseEnter()一样。

5. mouseDown()与 mouseUp()方法

当按下鼠标的键时会产生 MOUSE_DOWN 事件，调用 mouseDown()方法来处理。其声明为

```
public boolean mouseDown(Event evt,int x,int y) {
   ...
}
```

当鼠标键释放时会产生 MOUSE_UP 事件，调用 mouseUp()方法来处理。其声明为

```
public boolean mouseUp(Event evt,int x,int y) {
   ...
```

}
```

不过，mouseUp()用得较少。

### 6. mouseMove()与mouseDrag()方法

当鼠标移动并未按键（空移），会产生 MOUSE_MOVE 事件，调用 mouseMove() 方法来处理。其声明为

```
public boolean mouseMove(Event evt,int x,int y) {
  ...
}
```

当按下鼠标键时移动鼠标（拖动），会产生 MOUSE_DRAG 事件，调用 mouseDrag() 方法来处理。其声明为

```
public boolean mouseDrag(Event evt,int x,int y) {
  ...
}
```

7. keyDown()与keyUp()方法

当用户按下键盘的某个键，会产生 KEY_PRESS 事件，调用 keyDown()方法来处理。其声明为

```
public boolean keyDown(Event evt,int key) {
  ...
}
```

参数 key 指明按下的键值，普通键的键值就是它的 ASCII 码，而特殊的键值如：Event.UP 表示方向键中的"上"键，换成 DOWN、LEFT、RIGHT 则是"下""左""右"键。Event.HOME 表示 Home 键，换成 END 表示 End 键。Event.PGUP 表示 Page Up 键，换成 PGDN 表示 Page Down 键。Event.F1～Event.F12 表示功能键 F1～F12。

当用户释放某个键，会产生 KEY_RELEASE 事件，调用 keyUp()方法来处理。其声明为

```
public boolean keyUp(Event evt,int key) {
  ...
}
```

不过人们很少用 keyUp()方法。

Event 类还提供了特殊键检查方法，如 controlDown()、shiftDown()和 metaDown() 分别检查 Ctrl 键、Shift 键和 Meta 键（即非 UNIX 系统的 Alt 键）是否被按下。

例 9.4 程序响应 Button 产生的事件，显示所按下的按钮号。

【例 9.4】 事件处理示例。

```
import java.applet.Applet;
import java.awt.*;
public class Myevt extends Applet {
```
```

```java
/**
 *
 */
    private static final long serialVersionUID = 1L;
    static final int n=4;
    Label lab;
    public void init() {
        setLayout(new GridLayout(n,n));              //设立网格为n行n列
        setFont(new Font("Helvetica",Font.BOLD,24));
        for (int i=0;i<n;i++) {
            for (int j=0;j<n;j++) {
                int k=i*n+j;
                if (k>0)
                    add(new Button("" +k));
            }
        }                                             //加入按钮
        lab=new Label("?",Label.CENTER);
        lab.setFont(new Font("helvetica",Font.ITALIC,24));
        add(lab);                                     //显示字符"?"
    }
    public boolean action(Event e,Object o) {
        if (o instanceof String) {
            lab.setText((String) o);                  //设所按下的按钮字符
        }
        return false;                                 //事件上交
    }
}
```

程序运行后出现 4 行 4 列 15 个按钮，标记为 1~15 号，最后一格是个斜体问号。若鼠标指向任一按钮并按左键，最后一个问号变为该按钮号数，如图 9-5 所示。

图 9-5　例 9.4 的运行结果

9.2　Swing

Swing 工具集包含丰富的组件集合，用于构建 GUI，并将交互性加入 Java 应用程序。

它还包括撤销功能、可定制的文本包、集成的国际化和可访问性支持等。为了提高 Java 语言跨平台的能力，Swing 支持各种视感。Swing 支持基本的用户界面特性，如拖放、事件处理、可定制绘图和窗口管理。

Swing 工具集支持组件间的数据传输，可以在同一个应用程序的组件间、在不同应用程序的组件间、在 Java 与本地应用程序间传输数据。数据可以用拖放方式传输，也可以用剪贴板剪切、复制和粘贴方式来传输。

Swing 是 Java 基础类（Java Foundation Classes，JFC）的一部分，Swing API 大部分放在 javax.swing 包中，小部分放在 javax.accessibility 包中。

9.2.1 Swing 组件

Swing 组件比 AWT 丰富得多，从按钮、分隔窗到表格等等，许多组件还支持排序、打印、拖放等功能。

Swing 提供了三种顶层容器类：JFrame、JDialog 和 JApplet，它们是包含层次的根。顶层容器有一个内容窗（content pane），并且可以加入一个菜单条。GUI 组件作为包含层次的一部分才可以显示在屏幕中，包含在一个容器中就不能同时包含在另一个容器中。加组件到内容窗的格式是

```
frame.getContentPane().add(yellowLabel, BorderLayout.CENTER);
```

也可以省略 getContentPane()，直接用下面的格式：

```
frame. add(yellowLabel, BorderLayout.CENTER);
```

意思是在 JFrame 对象的内容窗里加一个 JLabel 对象，布局是边界布局的中间位置。

JApplet 是 java.applet.Applet 的子类，允许 Swing 组件应用到小程序中。Swing 组件加进 JApplet 的内容窗，其默认布局管理器是 BorderLayout。

1. JComponent 类

除了顶层容器外，所有名字以"J"开头的 Swing 组件都是 JComponent 类的后继，JComponent 类自己是 AWT 的 Container 类的子类。JComponent 类为它的后继提供了许多功能，如工具提示、绘图与边界、可插入的视感、定制属性、布局支持、访问性支持、拖放支持、双缓冲、键绑定等。

JComponent 类的方法常用于定制组件外观、设置与获取组件状态、处理事件、描绘组件、处理包含层次、组件布局、获取大小与位置信息、说明绝对大小与位置等。

2. JTextComponent 类

Swing 提供了六个文本组件：JTextField、JFormattedTextField、JPasswordField、JTextArea、JEditorPane、JTextPane，它们都是 JTextComponent 类的子类，提供了可配置的、功能强大的文本处理基础。文本组件显示文本，并允许用户编辑文本，有简单的文本输入（如关键字），也有复杂的样式文本编辑。

JTextField、JFormattedTextField、JPasswordField 都属于文本控制，只显示一行可编辑文本，JFormattedTextField 是 JTextField 的子类，可以输入格式化文本（例如日期等）。JPasswordField 是 JFormattedTextField 的子类，专门用于输入关键字。

JTextArea 可以显示多行的可编辑文本，是不带样式的普通文本，整个区域的字体都相同。

JEditorPane、JTextPane 是样式文本区，JTextPane 是 JEditorPane 的子类。可以用多种字体显示文本，允许嵌入图像，甚至嵌入其他文本组件。编辑窗可以从某个 URL 装入格式化文本，常用于显示帮助信息等。

JTextComponent 类为它的所有子类提供了下列可定制的特性：

（1）模型，又叫文档（document），管理组件的内容；

（2）视图，显示组件到屏幕；

（3）控制器，又叫编辑器工具，读写文本，用动作实现编辑能力；

（4）支持无限次撤销与重做；

（5）可插入的插入符，支持插入符改变监听器与导航过滤器。

JTextComponent 类定义的文本组件 API 有以下种类：设置属性、处理选择、在模型与视图间转换位置、文本编辑命令、表达文档的类与接口、对文档工作、处理插入符和选择高亮显示、读写文本等。

3. 各类组件

1）按钮（JButton）、复选框（JCheckBox）和单选钮（JRadioButton）

例 9.5 用 JFrame 做容器，将默认的布局改为流水布局，内容窗里放入了一个按钮、三个复选框、三个单选钮，其中单选钮要放进一个按钮组（ButtonGroup）中。该示例暂时没有加入事件监听与处理。

【例 9.5】 Swing 组件示例。

```java
import java.awt.*;
import javax.swing.*;
public class ButtonDemo {
    /**
     * @param args
     */
    public static void main(String[] args) {
        // TODO Auto-generated method stub
        //创建窗口
        JFrame frame = new JFrame("ButtonDemo");
        frame.setDefaultCloseOperation(JFrame.EXIT_ON_CLOSE);
        //设流水布局
        frame.setLayout(new FlowLayout());
        //创建按钮
        JButton b1 = new JButton("New button");
        frame.getContentPane().add(b1);
        //创建复选框
        JCheckBox cb1 = new JCheckBox("one");
        JCheckBox cb2 = new JCheckBox("two");
        JCheckBox cb3 = new JCheckBox("three");
        frame.getContentPane().add(cb1);
```

```
            frame.getContentPane().add(cb2);
            frame.getContentPane().add(cb3);
            //创建单选钮
            JRadioButton rb1 = new JRadioButton("apple");
            JRadioButton rb2 = new JRadioButton("banana");
            JRadioButton rb3 = new JRadioButton("cherry");
            ButtonGroup group = new ButtonGroup();
            group.add(rb1);
            group.add(rb2);
            group.add(rb3);
            frame.getContentPane().add(rb1);
            frame.getContentPane().add(rb2);
            frame.getContentPane().add(rb3);
            //显示窗口
            frame.pack();
            frame.setVisible(true);
        }
    }
```

程序的运行结果是在 JFrame 中出行排列为一行的七个对象：按钮中有 New button 字样；复选框是小方框加文字，单击后小方框里会出现对勾标记；单选钮是小圆形加文字，点击后只有当前被点对象小圆形有黑点，如图 9-6 所示。

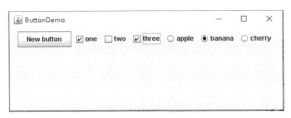

图 9-6　Swing 组件示例

2）组合框（JComboBox）

组合框是一种下拉列表（drop-down list），让用户在几种选择中选择一种。它比单选钮节约屏幕空间，平时像个按钮或文本域，单击后才下拉一个列表，选择一项后又恢复原样。在例 9.5 中将 "JButton b1 = new JButton("New button");" 换成下面两句：

```
String[] friut = { "apple", "banana", "cherry", "durian", "earthnut" };
JComboBox fList = new JComboBox(friut);
```

就可以创建具有五种选择的组合框了。

如果组合框对象调用 setEditable(true)方法，就是可编辑的组合框，选项显示在文本域中。

3）对话框（JDialog）

对话窗是独立的子窗口，提供一些临时的通知使用户注意。有几种 Swing 组件可以显示对话框，简单的对话框可以用 JOptionPane 类实现；ProgressMonitor 类可以使对话框显示某操作的进展；JColorChooser 和 JFileChooser 类也提供对话框；JDialog 类可以创建定制的对话框。

最简单的对话框是信息对话，在例 9.5 中加入下面一句：

```
JOptionPane.showMessageDialog(frame, "Please input password!");
```

就显示一个对话框。

4）标签（JLabel）

用 JLabel 可以显示无选择的文本、图像或两者都有，创建对象的格式是

```
JLable label1 = new JLabel("text label");
ImageIcon icon = createImageIcon("simple.gif");
JLable label2 = new JLabel(icon);
JLable label3 = new JLabel("Image and Text", icon, JLabel.CENTER);
```

5）框架（JFrame）

框架是有标题和边界的顶层窗口，JFrame 类可以创建框架的实例，GUI 应用程序至少包括一个框架，例 9.5 就用了一个框架。

要关闭框架时，必须用 setDefaultCloseOperation()方法说明默认的关闭行为，JFrame 类常用 EXIT_ON_CLOSE，但建议只用在应用程序中，不用在 Applet 中。

JInternalFrame 类可以在一个窗口内显示一个框架窗，称为内部框架。通常把内部框架加在桌面窗内（desktop pane），而桌面窗又可以用作 JFrame 的内容窗。JLayeredPane 类有个子类是 JDesktopPane，桌面窗就是其实例。

JLayeredPane 类和 JDesktopPane 类都是分层窗（layered pane）类，提供位置组件的第三维，即深度。每一层用整数表示深度，数字大的层盖住数字小的层。

当创建 JInternalFrame 或其他顶层 Swing 容器，如 JApplet、JDialog 和 JFrame 类的对象时，会得到一个 JRootPane 对象，即根窗（root pane）。根窗分为 4 部分：玻璃窗（glass pane）、分层窗、内容窗、可选菜单条。玻璃窗通常是透明的，可以拦截根窗的输入事件。内容窗和可选菜单条都在分层窗内，内容窗放根窗的可视组件，可选菜单条放根窗的容器菜单。

6）列表（JList）

列表将一组选项呈现给用户选择，选项多时列表放进滚动窗中。创建列表可以有三种模型：DefaultListModel、AbstractListModel、ListModel。第一种最简单，都用默认值；第二种可以继承改写一些方法；第三种可以自己定制。JList 类的 API 有初始化列表数据、显示列表、管理列表的选择、管理列表数据等几类。

创建列表对象：

```
JList list = new JList();
```

设置其选择方式，有单选方式（SINGLE_SELECTION）、连续项多选（SINGLE_INTERVAL_SELECTION）和任意多选（MULTIPLE_INTERVAL_SELECTION），例如：

```
list.setSelectionMode(ListSelectionModel.SINGLE_INTERVAL_SELECTION);
```

将列表放进滚动窗：

```
JScrollPane listScroller = new JScrollPane(list);
```

加内容到列表中：

```
listModel = new DefaultListModel();
listModel.addElement("apple");
```

还要用 addListSelectionListener()方法处理选择事件等。

7）菜单（JMenu）

菜单用节约空间的方式让用户从多个选项中选一项，菜单一般在菜单条里出现，或作为弹出式菜单出现。与菜单有关的组件包括菜单条、菜单项、单选钮菜单项、复选框菜单项、分隔线等，子菜单也作为菜单项的一种。

创建菜单分别要创建下列对象：JMenuBar、JMenu、JMenuItem（有时用 JRadioButtonMenuItem 或 JCheckBoxMenuItem），还要用 add()方法把菜单项加入菜单，把菜单加入菜单条，也许还要用 addSeparator()加入分隔线，最后还要用 frame.setJMenuBar()将菜单条摆进框架。

菜单支持两种替换键盘动作：mnemonics 与 accelerators，前者支持用键盘访问菜单层次，增加程序的访问性；后者提供键盘捷径绕过菜单层次的访问。

弹出式菜单 JPopupMenu 是用鼠标右键单击允许弹出组件后激活显示的，构建菜单本身与构建普通菜单相似，但必须在与弹出式菜单有关的组件中注册一个鼠标监听器，用 addMouseListener()加在该组件中。

8）面板（JPanel）

面板是通用容器，用于放置轻量级组件，通常不加颜色。面板是不透明的，可以作为内容窗和绘图。用 setOpaque()方法可以改变面板的透明性，让底层的组件显示出来。

创建 JPanel 对象的格式是

```
JPanel p = new JPanel();
```

面板的布局管理器默认是流水布局，但可以用下列语句更改为边界布局：

```
JPanel p = new JPanel(new BorderLayout());
```

组件用 add()方法加入面板，用 remove()方法删去。

9）进度条（JProgressBar）

进度条是一种可视组件，用图形显示一个任务总共完成了多少。若不能确定一个长期任务的完成时间，可以让进度条进入不确定方式，即用动画表示工作已进行，但不显示可测量的进度。当进度信息有意义时，可以让进度条进入确定方式，显示可测量进度。

除了 JProgressBar 类可以表示进度外，Swing 还提供了 ProgressMonitor 类，该类不可视，能监视任务进度，必要时弹出对话框。

创建确定方式的进度条要在构造方法设定进度条的最大和最小值，例如：

```
JProgressBar bar = new JProgressBar(0, 100);
```

bar.setValue(0)设进度条当前值为 0，bar.setStringPainted(true)使进度条在它的范围内用文字显示任务已完成的百分比，通常用 getPercentComplete()取回进度百分比。

进度条进入不确定方式的方法是 setIndeterminate(true)。

10）滚动窗（JScrollPane）

滚动窗适用于有限屏幕空间显示较大组件或大小经常变化的组件，例如，把文本区加入滚动窗中：

```
JScrollPane sPane = new JScrollPane(texta);//texta是文本区对象
```

滚动窗也可以加入水平与垂直滚动条 JScrollBar 对象，使用户可以控制可视区域。构造方法 JScrollPane(Component, int, int)或 JScrollPane(int, int)确定滚动条出现策略。

滚动窗共有 9 个部分：观察口、两条滚动条、行标、列标、四个角标。最大的因素是观察口的大小，可以由用户确定尺寸，也可以由滚动窗自己计算比例。

11）滑块（JSlider）

滑块组件使用户容易控制到达最大最小值范围内的某个数值，例如用滑块控制动画速度。最大与最小值之间的默认距离是 0，可以用 setMajorTickSpacing()和 setMinorTickSpacing()方法将这个距离设置为非 0，再调用 setPaintTicks(true)方法表示出来，调用 setPaintLabels(true)方法加标签。当用户移动滑块组件的调节器时，会发生多种事件，用户可以监听这些事件而采取动作。

JSlider()构造方法有几种重载方式，无参数的是创建水平滑块、范围是 0~100、初值是 50；JSlider(int min, int max, int value)可以设范围和初值；JSlider(int orientation, int min, int max, int value)，还可以用 JSlider.HORIZONTAL 或 JSlider.VERTICAL 参数选方向。

12）微调控制器（JSpinner）

微调控制让用户在一个范围内选择值，但它没有下拉菜单，只显示当前值，当这些值及其后继值很明显时（例如年月日）就可以用旋转器选择。

微调控制器是组合组件，包含两个按钮和一个编辑器。编辑器通常是面板里加一个格式化文本域，微调控制器的值由它的模型控制。

Swing 支持的微调控制器模型有 SpinnerListModel、SpinnerNumberModel、SpinnerDateModel 三种。第一种模型用数组对象或列表对象定义值；第二种模型是数的序列，用户定义最大、最小值和步长；第三种模型是 Date 对象，用户定义最大、最小日期和增减的域。这些模型都有相关的编辑器。

微调控制器值的格式可以用 JSpinner.NumberEditor 和 JSpinner.DateEditor 来定义，如果上面的模型和编辑器都不能满足要求，用户可以继承 AbstractSpinnerModel 定制模型，并修改 JSpinner.DefaultEditor 设置自己的编辑器。

要检测微调控制器的值变化，可以在微调控制器或它的模型中注册一个变化监听器。

13）分隔窗（JSplitPane）

分隔窗是两个窗口组合而成的，中间有个分隔栏。通常是把组件放进滚动窗，然后把滚动窗放进分隔窗，例如：

```
JSplitPane sp1 = new JSplitPane (JSplitPane.HORIZONTAL_SPLIT, myScrollPane1,
    myScrollPane2);
```

这是一个水平分隔窗，两个滚动窗在左右。改用 JSplitPane.HORIZONTAL_SPLIT 参数则成为垂直分隔窗，上下各放一个组件。

setOneTouchExpandable(true)方法可以显示分隔栏上的两个反方向箭头，以便调节两个窗的分隔位置。

分隔窗还可以嵌套，即窗内组件也可以是另一个分隔窗。

14）选项卡窗（JTabbedPane）

JTabbedPane 类使用户可以在同一空间放多个组件，通过选择一个选项卡观看对应的组件。创建选项卡窗先用 JTabbedPane 类创建对象，再创建各个组件，并用 addTab()方法把各组件加进选项卡窗，用字符串参数给选项卡标注卡名，例如：

```
JTabbedPane tp = new JTabbedPane();
tp.addTab("Tab 1", panel1,);
```

表示卡名 Tab 1 的窗加入组件 panel1。

要切换选项卡，可以用鼠标、键盘箭头键或键记忆符。

15）表格（JTable）

JTable 类可以显示二维表格与数据单元，也允许用户编辑数据。创建简单表格的构造方法是 JTable()，这是默认的表格，采用默认数据模型、默认列模型和默认选择模型。如果用 JTable(Object[][] rowData, Object[] columnNames)，表示构造一个表格显示二维数组 rowData 的数据，其列名用一维数组 columnNames 中的值。

表格可以放入滚动窗中浏览，格式如下面的代码：

```
JTable table = new JTable();
JScrollPane sp = new JScrollPane(table);
table.setFillsViewportHeight(true);//表格使用容器的整个高度
```

表格还有许多细节，请查阅参考文献相关内容。

16）工具条（JToolBar）

工具条是存放一组组件的容器，里面的组件通常是带图标的按钮，排成一行。工具条提供了访问菜单功能的简易方式，它可以在容器里拖动，甚至拖出容器进入一个独立的工具条窗口。拖动位置是边界布局的四周。创建工具条对象的格式是

```
JToolBar tb = new JToolBar("Can drag");
addButtons(tb);
```

工具条中的按钮通常带有图像，来自 Java 视感的图形仓库。常用 makeNavigationButton()方法创建按钮图像。

17）工具提示（JToolTip）

工具提示是鼠标指向任何 JComponent 对象时出现的文字提示，说明组件的作用。用

setToolTipText()方法就可以输入提示。例如，创建了按钮后加工具提示的格式是

```
JButton b = new JButton("stop");
b.setToolTipText("Click this button to stop the program.");
```

用鼠标指向按钮 stop 时，就出现上面一句提示。

18）树（JTree）

用 JTree 类可以显示层次数据，它从数据模型中查询到数据，然后提供数据视图。树有根节点、分支节点与叶节点，分支节点可以展开和收拢，显示或隐藏子节点。建树时先建立模型，建立根节点，再加分支节点等，例如：

```
DefaultMutableTreeNode top = new DefaultMutableTreeNode("A New Tree");
createNodes(top);
tree = new JTree(top);
```

如果树太大，可以把它放进滚动窗。如果要监听树事件，可以注册选择监听器到树中。通常用 TreeSelectionModel，事件处理器要实现 TreeSelectionListener 接口。如果 DefaultTreeModel 不能满足用户需要，可以建立一个定制的数据模型，实现 TreeModel 接口。

4. 在 Swing 组件中应用 HTML

有些 Swing 组件带有文字，一般是单一种字体与颜色，用 setFont()和 setForeground()方法可以设置这些文字的字体与颜色。

用 HTML 文档可以混用多种字体与颜色，文字也可以排成多行。Swing 的按钮、菜单项、标签、工具提示、选项卡等可以用 HTML 文档，树和表格中的文字也可以用 HTML 编排。

组件中的文字用 HTML 编排时，以<html>标记开头，然后是文字和 HTML 标记。例如，在按钮上用 HTML 编排文字的例子是：

```
button = new JButton("<html>ABC<br>EFG</html>");
```

例 9.6 在分隔窗左边加入按钮，右边加标签，两个组件的文本都用了 HTML 编排。

【例 9.6】 组件使用 HTML 示例。

```
import javax.swing.*;
public class Mysplitpane {
    /**
     * @param args
     */
    public static void main(String[] args) {
        // TODO Auto-generated method stub
        //创建窗口
        JFrame frame = new JFrame("HTMLDemo");
        frame.setDefaultCloseOperation(JFrame.EXIT_ON_CLOSE);
        //创建按钮
        JButton b1 = new JButton("<html>ABC<br>EFG</html>");
```

```
            //创建标签
            JLabel l2 = new JLabel("<html>abc<br>efg</html>");
            //创建分隔窗
       JSplitPane sp = new JSplitPane(JSplitPane.HORIZONTAL_SPLIT,b1, l2);
            frame.getContentPane().add(sp);
            //显示窗口
            frame.pack();
            frame.setVisible(true);
        }
   }
```

程序运行结果是在框架里有个分隔窗，左边按钮上面的文字是两行的大写字母，右边的标签是两行的小写字母，如图 9-7 所示。

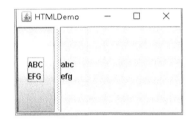

图 9-7　例 9.6 的运行结果

5. 使用模型（Model）

大多数 Swing 组件都有模型，有的组件还有多个模型，程序用户可以不管组件用什么模型。模型的主要作用是在确定数据如何存取时提供灵活性，使数据不必在程序的数据结构和组件之间复制，模型的改变也会自动通知有关监听器，保持 GUI 与数据的同步。Swing 模型体系结构可以称为可分离模型体系结构（separable model architecture）。

6. 使用图标（Icon）

图标是固定大小的图片，许多 Swing 组件可以装饰图标，如标签、按钮、选项卡等。Swing 的图标是 Icon 接口的对象，ImageIcon 是 Icon 接口的实现，可以用 GIF、JPEG、PNG 图像画图标。下面的标签就用了文字和图标：

```
ImageIcon icon = createImageIcon("images/sample.gif");
JLabel la = new JLabel("Image and Text", icon, JLabel.CENTER);
```

图标位置在当前目录的子目录 images 中，图标文件名是 sample.gif。

7. 使用边界（Border）

边界用来画 Swing 组件的边沿，不仅装饰了组件边沿，而且在组件周围提供标题和空间。对 JComponent 加边界是用 setBorder()方法，例如在按钮边界加空间的格式是

```
JButton b = new JButton();
b.setBorder(BorderFactory.createEmptyBorder());
```

BorderFactory 类可以创建 Swing 提供的大部分边界，继承 AbstractBorder 类可以创建

自己的边界。

9.2.2 Swing 并发性

Swing 程序通常用并发性创建能及时响应的用户界面，这是由 Swing 框架采用线程所支持的。Swing 所用的线程有初始线程（Initial thread）、事件分派线程（event dispatch thread）、背景线程（background thread）等。

初始线程是像启动 main() 方法或调用小程序中的 init() 与 start() 方法那样的线程，Swing 的初始线程通常是创建一个 Runnable 对象，初始化 GUI，并在事件分派线程中调度 Runnable 对象的执行。

事件分派线程运行 Swing 的事件处理代码，调用 Swing 方法的大部分代码也在该线程中运行。除了一部分组件在 API 规范中声明是"线程安全的"、可以在任意线程中调用之外，其他 Swing 组件必须在事件分派线程中调用，否则会有线程干扰和内存不一致性错误等风险。在事件分派线程运行的代码可以看成一系列短任务，这些任务必须快速完成，否则影响用户界面的响应性。

背景线程又叫工作者线程（worker threads），用于运行需要长期运行的任务。在背景线程运行的任务用 javax.swing.SwingWorker 的实例来表示，SwingWorker 只是抽象类，要定义其子类来创建 SwingWorker 对象。

9.2.3 事件监听

Swing 的事件处理方法与 AWT 不同，它采用的基于授权的委托事件处理模式。这种模式涉及两个基本的概念：事件源和监听器。

1. 事件源

Java 的图形用户界面中，能够产生事件的对象就称为事件源。例如，当用户按动 Button 或选择 List 时，都会产生相应的事件，那么 Button 和 List 就是事件源。不同的事件源会触发不同种类的事件，表 9-2 列出了几种常见的事件源以及它们所触发的事件类。

表 9-2 常见的事件源及事件类

事件源	事件类	描述
Button、MenuItem、TextField 等	ActionEvent	按下按钮或选中菜单项，或者对获得输入焦点的文本框按回车键时触发
Checkbox、List、Choice 等	ItemEvent	单击复选框、列表框或者是选择框时触发
Component	KeyEvent	组件上按下或释放键盘上的某个键时触发
Component	MouseEvent	组件上进行鼠标操作时触发
TextField、TextArea	TextEvent	当文本域或文本区的文本改变时触发

2. 监听器

能够对事件源发生的事件作出响应的对象就称为监听器。监听器实际上是一个实现了特殊接口（即，Listener infterface）的类对象。不同的事件类别对应不同的监听器接口，表 9-3 列出了常见的几种。

表 9-3 常见的事件类及监听器接口

事件类	监听器接口	接口中的方法
ActionEvent	ActionListener	actionPerformed()
ItemEvent	ItemListener	itemStateChanged()
KeyEvent	KeyListener	keyPressed()、keyReleased()、keyTyped()
MouseEvent	MouseListener	mouseClicked()、mousePressed()、mouseReleased()等
TextEvent	TextListener	textChanged()

3. 事件处理模式

图 9-8 描述了 Swing 的事件处理模式，从中可以看出监听器是整个事件处理过程的核心。每个事件源都要首先注册自己的事件监听器，一个事件源可以注册多个监听器，一个监听器也可以监听多个事件源。注册好监听器后，监听器不仅要负责监听事件源有无触发事件，如果有事件发生，还要负责调用相应的事件处理方法对事件作出响应。

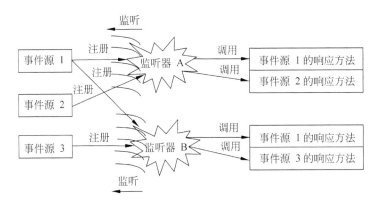

图 9-8 Swing 的事件处理模式

以按钮事件监听为例，其基本格式如下：

```
public class MyButton ... implements ActionListener {
    ...
    //初始化:
    button.addActionListener(this); //给按钮注册监听器
    ...
    public void actionPerformed(ActionEvent e) {
        ...//执行动作...
    }
}
```

MyButton 类实现了 ActionListener 接口，完成该接口的方法 actionPerformed()，它就是一个监听器。初始化部分用 this 引用把 MyButton 类的当前对象注册为按钮对象 button 的监听器。当单击按钮触发事件时监听器（即，MyButton 类对象）负责调用 actionPerformed() 方法进行事件响应。

下面举一个完整的例子来进一步说明 Swing 事件处理模式的应用。例 9.7 加入两个按钮，按钮右边添加一个文本域，按钮监听单击事件，并将受单击的按钮命令（即，按钮文本）加入文本域显示。

【例 9.7】 事件监听示例。

```java
import java.awt.*;
import java.awt.event.*;
import javax.swing.*;
public class MyListenerDemo extends JFrame implements ActionListener {//监听器
    /**
     *
     */
    private static final long serialVersionUID = 1L;
    //创建按钮
    JButton b1=new JButton("Yes");
    JButton b2=new JButton("No");
    //创建文本域
    JTextField textField=new JTextField(20);
    public MyListenerDemo() {
        //设流水布局
        getContentPane().setLayout(new FlowLayout());
        //加入按钮与文本域
        getContentPane().add(b1);
        getContentPane().add(b2);
        getContentPane().add(textField);
        //注册监听器
        b1.addActionListener(this); //MyListenerDemo本身是监听器
        b2.addActionListener(this); //MyListenerDemo本身是监听器
    }
    @Override
    public void actionPerformed(ActionEvent e) {//按钮事件的响应方法
        // TODO Auto-generated method stub
        //文本域显示按钮命令,即按钮文本
        textField.setText(e.getActionCommand());
    }
    /**
     * @param args
     */
    public static void main(String[] args) {
        // TODO Auto-generated method stub
        //创建窗口
        MyListenerDemo frame = new MyListenerDemo();
        frame.setDefaultCloseOperation(JFrame.EXIT_ON_CLOSE);
        //显示窗口
        frame.pack();
```

//根据窗口里面的布局及组件的preferedsize来确定frame的最佳大小
      frame.setVisible(true);
    }
}
```

程序的运行结果是文本域内显示受单击的按钮上面的文字，如图9-9所示。

图 9-9　例 9.7 的运行结果

### 4. 监听器的多种实现

例 9.7 是采用事件源（即，b1、b2）所在的当前类（即，MyListenerDemo）作为监听器的，实际上还可以设计外部类、匿名内部类或 lambda 表达式作为监听器。

1）外部类作为监听器

如果设计外部类作为监听器，例 9.7 的程序可以改写为例 9.8。

【例 9.8】　外部类作为监听器示例。

```java
import java.awt.*;
import java.awt.event.*;
import javax.swing.*;
class buttonListener implements ActionListener{//外部类实现监听器接口
    JTextField textField=new JTextField(20);
    public buttonListener(JTextField tf){
        textField=tf;
    }
    public void actionPerformed(ActionEvent e) {
        textField.setText(e.getActionCommand());
    }
}
public class MyListenerDemo2 extends JFrame{
    private static final long serialVersionUID = 1L;
    JButton b1=new JButton("Yes");
    JButton b2=new JButton("No");
    JTextField   textField=new JTextField(20);
    public MyListenerDemo2() {
        setLayout(new FlowLayout());
        add(b1);
        add(b2);
        add(textField);
        b1.addActionListener(new buttonListener(textField));
                    //将外部类buttonListener的类对象设置为监听器
```
```

```
            b2.addActionListener(new buttonListener(textField));
                        //将外部类buttonListener的类对象设置为监听器
    }
    public static void main(String[] args) {
        MyListenerDemo2 frame = new MyListenerDemo2();
        frame.setDefaultCloseOperation(JFrame.EXIT_ON_CLOSE);
        frame.pack();
        frame.setVisible(true);
    }
}
```

2）匿名内部类作为监听器

从例 9.8 可以看出，如果采用外部类对象作为监听器，不同类的控件之间要通过参数传递来共享数据，如果设计匿名内部类作为监听器就不存在这样的问题。例 9.7 的程序如果用匿名内部类作为监听器可以改写为例 9.9。

【例 9.9】 匿名内部类作为监听器示例。

```
import java.awt.*;
import java.awt.event.*;
import javax.swing.*;

public class MyListenerDemo3 extends JFrame{
    private static final long serialVersionUID = 1L;
    JButton b1=new JButton("Yes");
    JButton b2=new JButton("No");
    JTextField   textField=new JTextField(20);
    public MyListenerDemo3() {
        setLayout(new FlowLayout());
        add(b1);
        add(b2);
        add(textField);
        b1.addActionListener(new ActionListener(){
                        //创建实现监听器接口的匿名内部类
          public void actionPerformed(ActionEvent e) {
             textField.setText(e.getActionCommand());
          }
        });          //将匿名内部类的类对象设置为监听器
        b2.addActionListener(new ActionListener(){
          public void actionPerformed(ActionEvent e) {
             textField.setText(e.getActionCommand());
          }
        });          //将匿名内部类的类对象设置为监听器
    }
    public static void main(String[] args) {
        MyListenerDemo3 frame = new MyListenerDemo3();
```

```
            frame.setDefaultCloseOperation(JFrame.EXIT_ON_CLOSE);
            frame.pack();
            frame.setVisible(true);
        }
    }
```

3) lambda 表达式作为监听器

如果某个事件类所对应的监听器接口是一个函数式接口（即，接口中只包含有一个抽象方法），就可以使用 lambda 表达式来设计监听器。例如，ActionListener 接口中仅定义了一个抽象方法 actionPerformed()，所以可以使用 lambda 表达式来设计监听器。如果使用 lambda 表达式来做监听器，例 9.7 的程序可以改写为例 9.10。

【例 9.10】 lambda 表达式作为监听器示例。

```
import java.awt.*;
import javax.swing.*;

public class MyListenerDemo4 extends JFrame{
    private static final long serialVersionUID = 1L;
    JButton b1=new JButton("Yes");
    JButton b2=new JButton("No");
    JTextField    textField=new JTextField(20);
    public MyListenerDemo4() {
        setLayout(new FlowLayout());
        add(b1);
        add(b2);
        add(textField);
        b1.addActionListener((e)->textField.setText(e.getActionCommand()));
           //用lambda表达式实现监听器
        b2.addActionListener((e)->textField.setText(e.getActionCommand()));
           //用lambda表达式实现监听器
    }
    public static void main(String[] args) {
        MyListenerDemo4 frame = new MyListenerDemo4();
        frame.setDefaultCloseOperation(JFrame.EXIT_ON_CLOSE);
        frame.pack();
        frame.setVisible(true);
    }
}
```

5．adapter 类

监听器要针对事件源发生的事件作出消息响应，就必须实现监听器接口中规定的所有方法。如果某个监听器接口包含太多方法，实现它必须要把它的全部方法体都写完。但如果仅需要用该监听器接口的一个方法，可以只继承它的 adapter 类。例如，MouseListener 接口中定义了三个方法：mouseClicked()、mousePressed()和 mouseReleased()，设计类中只需要 mouseClicked()方法，那么该类就不必直接去实现 MouseListener 接口，而只要继承 MouseAdapter 类（每个事件监听器接口都对应一个 adapter 类）就可以了，具体如下：

```
public class MyButton extends MouseAdapter {
    ...
    button.addMouseListener(this);
    ...
    public void mouseClicked(MouseEvent e) {
    ...//执行单击鼠标的动作...
    }
}
```

这样比实现 MouseListener 接口简单很多。

Swing 的事件模型功能强而且灵活，多个事件监听对象可以监听来自多个事件源对象的各种事件。事件监听器执行要迅速，否则就要放入另一个线程运行，以免影响界面响应性。事件监听器有一个参数，是继承 EventObject 类的对象，ActionEvent 就是它的子类。

9.2.4 容器组件布局

Swing 类与 AWT 类一样，也提供了容器组件布局，这些布局管理器有 BorderLayout、BoxLayout、CardLayout、FlowLayout、GridBagLayout、GridLayout、GroupLayout、SpringLayout。在这里只介绍 9.1.2 节没有介绍的三种。

（1）BoxLayout 把组件一个个叠放成一竖排，或一个接一个排成一行。

它考虑组件的对齐，也考虑组件的最大、最小和优选尺寸。例如叠放组件时，BoxLayout 先试用各组件的优选高度，如果布局垂直空间不能匹配各组件优选尺寸的高度之和，它会重定组件的大小来满足高度空间。组件之间若要留一定间隔，可以插入不可见组件来提供间隔，Box.Filler 类就是其中一种，Box.createRigidArea(size)、Box.createHorizontalGlue()、Box.createVerticalGlue()等方法都可以产生间隔。BoxLayout 也提供了解决对齐问题的方法和说明组件尺寸的方法。

（2）GroupLayout 主要给 GUI 构建工具使用，人工编码也行。

GroupLayout 是分开考虑水平布局和垂直布局的，也就是说，布局中每个组件都要定义两次。GroupLayout 可以按顺序布局，也可以并行布局。顺序布局就像流水布局，并行布局是某一维要对齐，另一维顺序布局。GroupLayout 用间隙（gap）作为不可见组件，可以用间隙控制组件间距离。GroupLayout 还提供 linkSize()方法使任意组件有相同大小，replace()和 setHonorsVisibility()可以在运行时刻交换组件或改变组件的可视性。

（3）SpringLayout 只适合于由 GUI 构造器使用，不要用人工编码。它非常灵活，有许多其他布局管理器的特点。

9.2.5 修改视感

Swing 可以修改视感（look and feel），所谓"视"，是指 JComponent 的外观；所谓"感"，是指组件的行为。现有的视感见表 9-4。

表 9-4　现有平台的视感

平台	视感
带 GTK+ 2.2 及以上的 Solaris, Linux	GTK+
其他 Solaris, Linux	Motif
IBM UNIX	IBM*
HP UX	HP*
传统 Windows	Windows
Windows XP	Windows XP
Windows Vista	Windows Vista
Macintosh	Macintosh*

Java API 提供了 4 种视感包（其他要加装到 SDK），javax.swing.plaf.basic 包定义了 Sun 的视感，Motif 和 Windows 视感用继承该包的委托类来建立。javax.swing.plaf.metal 包是 Java 视感，也叫跨平台视感；javax.swing.plaf.multi 包是多选视感，可以同时定义多种视感；javax.swing.plaf.synth 包用 XML 文件配置视感。

程序控制视感用 UIManager.setLookAndFeel()方法，例如，设跨平台 Java 视感的语句是

```
UIManager.setLookAndFeel("javax.swing.plaf.metal.MetalLookAndFeel");
```

当然，也可以用命令行或 swing.properties 文件来说明视感。Swing.properites 需要用户创建，然后存放在 JDK 的 lib 目录中，文件内容举例说明如下：

```
# Swing properties
Swing.default=com.sun.java.swing.plaf.window.WindowLookAndFeel
```

9.2.6　Swing 数据传送机制

拖、放、剪切、复制、粘贴数据可以统称为数据传送，大多数应用都有这类基本特性。这里专门介绍 Swing 提供的数据传送机制。

Swing 数据传送机制的核心是 TransferHandler 类，它提供了为 JComponent 传送数据的方便机制。有三种方法可以使组件联系 TransferHandler 类：

（1）setTransferHandler(TransferHandler)用于插入定制的数据而输入输出，JComponent 组件都能使用；

（2）setDragEnabled(boolean)允许拖动作，支持拖动作的组件都能使用，如 JColorChooser、JEditorPane、JFileChooser、JFormattedTextField、JList、JTable、JTextArea、JTextField、JTextPane、JTree 等；

（3）setDropMode(DropMode)用于配置如何确定放的位置，专为 JList、JTable、JTree 而设计。

支持拖动作的组件可以用 TransferHandler 类的以下几个方法输出数据：

（1）getSourceActions(JComponent)方法查询源组件支持什么动作，例如 COPY、MOVE 或 LINK 动作；

（2）createTransferable(JComponent)方法把待输出数据绑定到可传送对象；

（3）exportDone(JComponent, Transferable, int)方法在传送完成时调用，看是否需要清除源组件的数据。

支持放动作的组件可以用 TransferHandler 类的以下几个方法输入数据：

（1）JEditorPane、JFormattedTextField、JPasswordField、JTextArea、JTextField、JTextPane、JColorChooser 直接支持；

（2）canImport(TransferHandler.TransferSupport)方法在拖的时候调用，当光标所在位置的区域可以接收传送数据时返回 true；

（3）importData(TransferHandler.TransferSupport)方法在放的时候调用，成功输入数据后返回 true。

TransferSupport 类是 TransferHandler 类的内部类，它提供了几个实用方法访问数据传送的细节：

（1）Component getComponent()方法返回传送目标组件；

（2）int getDropAction()方法返回放传送的所选动作；

（3）int getUserDropAction()方法返回用户选择的放动作；

（4）int getSourceDropActions()方法返回源组件支持的动作集合；

（5）DataFlavor[] getDataFlavors()方法返回组件支持的所有数据风格；

（6）boolean isDataFlavorSupported(DataFlavor)方法当支持特定数据风格时返回真；

（7）Transferable getTransferable()方法为传送返回可传送数据；

（8）DropLocation getDropLocation()方法返回组件的放位置。

DataFlavor 类用于说明数据的内容类型，有 imageFlavor、stringFlavor、javaFileListFlavor 等几种。还可以用 DataFlavor(Class, String)构造方法自定义数据风格。

9.2.7 拖和放

在应用程序之间传送数据可以用拖和放实现。例如，想从列表中把部分文本拖到文本域中存放，称列表输出数据而文本域输入数据，Swing 负责监视用户动作和反应，而对某些组件如 JList、JTable、JTree，需要插入一些代码支持拖放需要。例如，JList 类提供 setDropMode()方法设定放方式，JTable.setDropMode()方法有更多选择。

拖和放的工作过程如下：

（1）从源组件选择一行文本，按住鼠标左键开始拖文本，启动拖动作；

（2）源组件包装数据待输出，并声明它支持何种源动作，例如 COPY、MOVE 或 LINK；

（3）用户拖数据时，Swing 连续计算位置，并处理返回；

（4）用户动作请求：普通的拖是请求 MOVE；拖的时候按 Control 键是请求 COPY；同时按 Shift 键和 Control 键是请求 LINK；

（5）当拖出的文本到了目标组件边界内，Swing 不断询问目标组件是否接收放动作。目标组件的反馈是显示放置的位置，可以是插入光标或突显选择，即允许代替所选文本和插入新文本；

（6）释放鼠标左键，目标组件检查源动作和用户动作请求，从可用选项中选择它要的动作，如插入新文本到放的地点；

（7）最后，目标组件中输入了数据。

9.2.8 剪切、复制、粘贴

在应用程序之间传送数据可以通过剪贴板的剪切、复制、粘贴来实现。这需要以下步骤：

（1）保证传送处理器已装在组件中；

（2）创建一种方式使 TransferHandler 可以调用剪切、复制、粘贴支持。通常包括绑定输入，使 TransferHandler 的剪切、复制、粘贴动作用响应特定击键来调用；

（3）建议创建剪切、复制、粘贴菜单项和按钮，文本组件容易做到，其他组件难一些，因为要确定哪个组件激发动作；

（4）确定在何处执行粘贴，把确定逻辑安装在 importData()方法中。

在 Swing 的文本组件，如 text field、password field、formatted text field 或 text area 中进行剪切、复制、粘贴比较简捷，而在非文本组件里进行剪切、复制、粘贴则比较复杂，例如要对 ActionMap 对象安装剪切、复制、粘贴动作等，请查阅参考文献相关内容。

9.3 JavaFX

JavaFX 是一个富客户（Rich Internet Applications，RIA）端平台，构建在 Java 技术的基础之上，平台提供了一组丰富的图形和媒体 API 与高性能硬件加速图形和媒体引擎，可以创建出在多种设备上都可以运行的应用，这些设备包括电脑桌面和移动设备。最初的 JavaFX 基于一种声明性的、静态类型（declarative, statically typed）的脚本语言 JavaFX Script。使用 JavaFX Script 可以快速地将用户界面放置在一起，因而生成的应用比 Swing 应用感觉上更加丰富、流畅。JavaFX 的最新版本已经与 JDK 8 完全捆绑，JavaFX 也成为了 Java 的下一代 GUI 框架。

9.3.1 JavaFX 基础

JavaFX 应用程序框架的组织结构和 AWT 和 Swing 有些许相似之处，但又有很大的不同。一般 JavaFX 应用程序应至少包括一个舞台（stage）、一个场景（scene）以及若干节点（node）。

（1）舞台是 JavaFX 最顶层的容器，所有的 JavaFX 应用程序自动访问一个主舞台（primary stage），主舞台是在程序启动时由运行系统提供的。舞台相关的类定义在 javafx.stage 包中。

（2）场景是包含在舞台容器中的元素，它本身又是一个可以容纳控件、文本和图形等内容的容器，场景相关的类定义在 javafx.scene 包中。JavaFX 也是通过几个布局类来管理场景中放置元素的位置的。例如，FlowPane 类定义了流水布局，GridPane 类定义了基于网格的行/列布局。场景布局相关的类定义在 javafx.scene.layout 包中。

（3）节点是包含在场景中的单独元素，例如命令按钮、文本框等，所有节点的基类都是 Node。每个节点还可以有父节点和子节点，这样一个场景中所有节点的集合就形成一个树形结构（场景图）。JavaFX 应用程序必须指定 Scene 的根节点，实现时既可以像上面代码在初始化时传入根节点，也可以通过 setRoot 方法来设定根节点。

下面举一个例子来说明 JavaFX 应用程序的基本结构。

【例9.11】 JavaFX 应用程序示例。

```
import javafx.application.*;
import javafx.collections.FXCollections;
import javafx.collections.ObservableList;
import javafx.geometry.Pos;
import javafx.scene.*;
import javafx.stage.*;
import javafx.scene.layout.*;
import javafx.scene.control.*;
public class MyJavaFXcomp extends Application{
   public static void main(String[] args){
     // TODO Auto-generated method stub
     launch(args);                         //用来启动应用程序
   }
   public void start(Stage myStage){       //启动应用程序后，该方法会自动执行
     myStage.setTitle("MyJavaFXcomp");
              //myStage接受应用程序对主舞台的引用并设置主舞台的标题
     FlowPane rootNode=new FlowPane(10,30);//创建流水布局的根节点
     rootNode.setAlignment(Pos.CENTER_LEFT);
              //指定元素对齐方式，这些常量定义在javafx.geometry包中
     Scene myScene=new Scene(rootNode,300,200);
              //构建宽300像素，高200像素的场景，并将根节点加入该场景
     myStage.setScene(myScene);    //将上面定义的场景设置为主舞台定义的场景
     CheckBox c1=new CheckBox("Checkbox 1");
     CheckBox c2=new CheckBox("Checkbox 2");
     CheckBox c3=new CheckBox("Checkbox 3");
     ObservableList<String>
item=FXCollections.observableArrayList("item1","item2","item3","item4");
     ListView<String> li=new ListView<>(item);  //构建列表框控件
     li.setPrefSize(100, 100);                  //设置列表框控件的大小
     ScrollBar hs=new ScrollBar();
       rootNode.getChildren().addAll(c1,c2,c3,li,hs);
              //将所有构建好的控件加入到根节点的子节点中
     myStage.show();
   }
}
```

程序的运行结果和例 9.1 程序的运行结果类似，如图 9-10 所示。

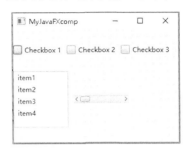

图 9-10　例 9.8 的运行结果

9.3.2　JavaFX 的控件

控件是用户界面的主要组成部分，JavaFX 提供了一组丰富的控件。下面介绍 JavaFX 中最常见的几种控件。

1. Label 控件

javafx.scene.control 包中定义了 Label 控件，可在界面显示消息或图像。创建 Label 控件对象的格式为

```
Label l = new Label("abc");
```

"abc"为标签上显示的字符串。

2. Button 控件

javafx.scene.control 包中定义了 Button 控件，Button 控件可以包含文本、图形或者两者都包含。创建 Button 控件对象的格式为

```
Button b = new Button("abc");
```

"abc"为按钮上显示的字符串。

3. CheckBox 控件

javafx.scene.control 包中定义了 CheckBox 控件。该控件支持三种状态：选中、不选中及不确定。创建 CheckBox 控件对象的格式为

```
CheckBox c = new CheckBox("abc");
```

"abc"为显示在复选框旁边的字符串。

4. ListView 控件

javafx.scene.control 包中定义了 ListView 控件。ListView 是个泛型类，ListView 的构造函数为

```
ListView(ObservableList<T> list);
```

其中，List 是一个 ObservableList 类型的对象，用来指定将会显示的选项列表。要创建

ObservableList 类的对象,可以使用 FXCollection 类定义的方法 observableArrayList(),该方法定义的格式为

```
Static <E> ObservableList<E> observableArrayList(E… elements)
```

该方法定义在 javafx.collections 包中。也就是说,要定义一个字符串类型的列表可以分两步来进行,例如:

```
ObservableList<String> item=FXCollection.observableArrayList("Item1",
"Item2", "Item3","Item 4 ");
ListView<String> li = new ListView<String> (item);
```

5. TextField 控件

javafx.scene.control 包中定义了几个基于文本的控件。TextField 只允许用户输入一行文本。创建 TextField 控件对象的格式为

```
TextField t= new TextField();
```

这样就创建了一个默认大小的空文本框。如果要指定文本框的大小就可以调用 setPrefColumnCount(int columns)方法来完成。

注意: JavaFX 应用程序中所有创建好的控件要作为子节点添加到场景图中的根节点下面才能显示。

9.3.3 JavaFX 的事件

JavaFX 对事件的处理和 Swing 类似,也使用了委托事件模型方式。处理事件时,先注册一个处理程序,作为该事件的监听器。事件发生时调用监听器。监听器负责响应该事件并返回。

JavaFX 中的事件基类 Event 类定义在 javafx.event 包中。Event 类有几个子类,例如封装了按钮产生的动作事件的 ActionEvent 类。事件是通过实现 EventHandle 接口处理的,该接口也包含在 javafx.event 包中,是一个泛型接口,形式如下:

```
Interface EventHandler<T extends Event>
```

该接口定义了方法 handle(),形式如下:

```
Void handle<T eventObj>
```

通常,事件处理程序可以通过匿名内部类或 lambda 表达式实现,当然也可以通过定义一个独立的类来实现。

下面举例来说明 JavaFX 事件处理的应用。

【例 9.12】 JavaFX 事件处理示例。

```
import javafx.application.*;
import javafx.scene.*;
```

```java
import javafx.stage.*;
import javafx.scene.layout.*;
import javafx.scene.control.*;
import javafx.event.*;
import javafx.geometry.*;
public class MyJavaFXCtrolDemo extends Application{
    Label response;
    public static void main(String[] args){
        // TODO Auto-generated method stub
        launch(args);
    }
    public void start(Stage myStage){
      myStage.setTitle("JavaFX Ctrol");
      FlowPane rootNode=new FlowPane(10,10);
      rootNode.setAlignment(Pos.CENTER);
      Scene myScene=new Scene(rootNode,300,100);
      myStage.setScene(myScene);
      response=new Label("Push a Button");
      Button b1=new Button("Yes");
      Button b2=new Button("No");
      TextField textField=new TextField();
       b1.setOnAction(new EventHandler<ActionEvent>(){
       public void handle(ActionEvent ee){
          textField.setText(b1.getText());
         }
       });
        b2.setOnAction(new EventHandler<ActionEvent>(){
            public void handle(ActionEvent ee){
                textField.setText(b2.getText());
            }
        });
      rootNode.getChildren().addAll(b1,b2,textField);
      myStage.show();
    }
}
```

程序的运行结果是文本域内显示单击的按钮上面的文字,如图 9-11 所示。

图 9-11 例 9.9 的运行结果

9.4 小　　结

本章介绍了 Java 的图形用户界面以及桌面应用,这是 Java SE 重要的功能和作用。AWT 是 Java 第一代图形用户界面；Swing 是在它的基础上发展起来的,功能更强；而 JavaFX 作为 Java 的下一代 GUI 框架,可以创建更加绚丽的跨平台桌面应用。

习　题　9

1. 什么是 GUI 组件？
2. Component 类有何作用？常用的控制组件有哪些？
3. 什么是容器？常用的容器有哪些？
4. 什么叫布局管理器？常用的布局管理器有哪些？
5. 什么叫事件？常用的事件处理方法是什么？
6. Swing 组件有哪些？
7. Swing 的事件监听模式如何？
8. 运行下面程序将会得到什么结果？

```java
import javax.swing.*;
import java.awt.*;
public class Test extends JFrame {
    public Test(String title) {
        super(title);
        Container contentPane = getContentPane();
        contentPane.setLayout(new FlowLayout());
        Panel p=new Panel();
        p.setBackground(Color.RED);
        p.add(new Button("1"));
        p.add(new Button("2"));
        p.add(new Button("3"));
        contentPane.add(p);
        contentPane.setLayout(new FlowLayout());
        contentPane.setSize(200,200);
        setDefaultCloseOperation(JFrame.EXIT_ON_CLOSE);
        pack();
        setVisible(true);
    }
    public static void main(String[] args) {
        new Test("文本");
```

            }
        }
9．用 Swing 组件创建 Windows 系统中的计算器界面，并实现其中的加减乘除运算功能。

10．编写一个图形界面程序，实现当双击鼠标的时候，改变图形界面的背景颜色。

11．JavaFX 是什么？

12．JavaFX 的事件处理机制是怎样的？

第 10 章　JDBC 与数据库应用

在实际应用中,许多程序都会使用数据库进行数据的存储。数据库可以看作是一个大的仓库,与应用程序相关的信息都可以被存储起来。本章介绍怎样使用 Java 提供的 JDBC 技术来操作数据库。

10.1　数据库的相关概念

由于数据库在数据查询、修改、保存、安全等方面有着其他数据处理手段无可替代的优势,所以许多应用程序的后台都使用数据库进行数据的存储。本节介绍数据库相关的一些基本概念,以便更好地理解 JDBC 与数据库应用方面的内容。

10.1.1　基本概念

1. 数据

狭义的数据指的仅仅是数字,而计算机领域的数据指的是一种广义的数据,包括文字、图形、图像、声音、视频等内容。数据(Data)是数据库中基本的存储单位,也是实体特征的一种抽象表达。例如,从实体"大学生"中抽取出大学生的特征(包括学号、姓名、性别、出生年月、籍贯等),与此特征相对应的一条记录(20170100,王新宇,男,1998-09,广东)就形成了关于大学生的数据。

2. 数据库

数据库(DataBase,DB)是长期存储在计算机内、有组织的、可共享的数据集合,也可以认为是"存储数据的地方"。数据存储在数据库中有以下好处:

(1)减少冗余。数据存放于数据库,不同的应用程序可共享它们,不必各自重复存储,从而减少了数据的冗余。

(2)提高数据独立性。存放于数据库中的数据独立于应用程序而存在,应用程序的改变不会影响到数据库中的数据。

(3)易扩展。不需要修改数据库的结构,就可以很容易地扩展数据库的内容。

关系数据库是支持关系模型的数据库,也是目前数据库应用的主流,许多数据库管理系统的数据模型都是基于关系数据模型开发的。一个关系模型的逻辑结构是一张二维表,由行和列组成。关系数据库就采用二维表格(类似于 Excel 工作表,如图 10-1 所示)来存储数据,一个数据库可以包含多张数据表。

学号	姓名	数学成绩
2017001	张宏力	78
2017002	王鑫雨	89
2017003	孙倩倩	97
2017004	李娜娜	56
2017005	吴昕悦	68

图 10-1　关系模型示例

3. 数据库管理系统

数据库管理系统（Database Management System，DBMS）是一种操纵和管理数据库的软件，用于建立、使用和维护数据库。用户通过 DBMS 访问数据库中的数据，数据库管理员可通过 DBMS 进行数据库的维护工作。常用的数据库管理系统主要是关系型数据库的管理系统，下面介绍几种。

（1）SQL Server：是由 Microsoft 开发和推广的关系数据库管理系统。它最初是由 Microsoft、Sybase 和 Ashton-Tate 三家公司共同开发的，于 1988 年推出了第一个 OS/2 版本。之后，版本不断更新，目前的最新版本是 2016 年推出的 SQL Server 2016。SQL Server 的使用比较简单易学，非常适合中小企业使用。

（2）Oracle：是美国 Oracle（甲骨文）公司的一款关系数据库管理系统。由于其系统可移植性好、使用方便、功能强，适用于各类大、中、小、微机环境，所以 Oracle 数据库系统也是目前世界上使用最为广泛的数据库管理系统，目前的最新版本为 Oracle Database 12c。

（3）DB2：是美国 IBM 公司开发的一套关系型数据库管理系统，它主要的运行环境为 UNIX、Linux、IBM i、z/OS，以及 Windows 服务器版本。DB2 主要应用于大型应用系统，具有较好的可伸缩性，可支持从大型机到单用户环境，应用于所有常见的服务器操作系统平台下。

（4）MySQL：是由瑞典 MySQL AB 公司开发一个关系型数据库管理系统，目前属于 Oracle 旗下产品。由于其体积小、速度快、总体拥有成本低，尤其是开放源码这一特点，一般中小型网站的开发都选择 MySQL 作为网站数据库。MySQL 现今已经成为最流行的关系型数据库管理系统之一。

4. 数据库系统

数据库系统（Database System）是由数据库及其管理软件组成的系统，一般的构成如图 10-2 所示。其中，用户通过应用程序来访问数据库（DB）中的数据，而数据库管理员（Database Administrator，DBA）通过数据库管理系统（DBMS）对数据库（DB）进行管理和维护。通常，数据库应用程序的开发目的就要构建一个类似图 10-2 的数据库系统以满足用户的实际需求。

10.1.2　SQL

SQL（Structured Query Language）又称为结构化查询语言，是最重要的关系数据库操作语言，用于存取数据以及查询、更新和管理关系数据库系统。SQL 是高级的非过程化编程语言，允许用户在高层数据结构上工作，而不需要了解具体的数据存取方法及数据存放方式，所以具有完全不同底层结构的不同数据库系统，可以使用相同的结构化查询语言作为数据输入与管理的接口。

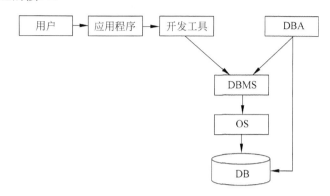

图 10-2 数据库系统结构

SQL 语言主要包括以下几个部分。

1. 数据定义语言（Data Definition Language，DDL）

其语句包括动词 CREATE 和 DROP。

（1）CREATE DATABASE 用于创建数据库。

如果要创建一个名为 myDB 的数据库，就使用下面的语句：

```
CREATE DATABASE myDB;
```

（2）CREATE TABLE 用于创建数据库中的表。

如果要创建一个名为 student1 的数据表，它由学号（Sno）、姓名（Sname）、年龄（Sage）及地址（Sadd）这 4 个字段组成，就使用下面的语句：

```
CREATE TABLE student1 (Sno int not null, Sname varchar(20) not null, Sage int not null, Sadd varchar(20) not null, primary key (Sno));
```

（3）DROP DATABASE 用于删除数据库。

如果要删除一个名为 myDB 的数据库，就使用下面的语句：

```
DROP DATABASE myDB;
```

（4）DROP TABLE 用于删除数据表。

如果要删除一个名为 student1 的数据表，就使用下面的语句：

```
DROP TABLE student1;
```

2. 数据查询语言（Data Query Language，DQL）

SELECT 是 DQL 中用得最多的动词，用于从表中选取数据，选取结果被存储在一个结果表中（称为结果集）。SQL SELECT 语法格式如下：

```
SELECT 列名称 FROM 表名称;
```

（1）如果要查询数据表 student1 中的所有字段信息，就使用下面的语句：

```
SELECT * FROM student1;
```

（2）如果要查询数据表 student1 中"姓名（Sname）"和"地址（Sadd）"这两个字段的信息，就使用下面的语句：

```
SELECT Sname, Sadd FROM student1;
```

3. 数据操作语言（Data Manipulation Language，DML）

其语句包括动词 INSERT、UPDATE 和 DELETE，它们分别用于添加、修改和删除表中的行。

（1）向数据表中插入新数据使用 INSERT，语法格式如下：

```
INSERT INTO 表名 VALUES(value1, value2,…)
```

如果要在数据表 student1 中插入这样一条记录信息"学号（Sno）：2；姓名（Sname）：qian；年龄（Sage）：21；地址（Sadd）：Shanghai"，就使用下面的语句：

```
INSERT INTO student1 VALUES(2, 'Qian', 21,'Shanghai');
```

（2）修改数据表中的数据使用 UPDATE，语法格式如下：

UPDATE 表名称 SET 列名称 = 新值 WHERE 列名称 = 某值

如果要修改数据表 student1 中学号（Sno）字段值为 1 的学生记录，将该记录的姓名（Sname）字段值改为 Liu，就使用下面的语句：

```
UPDATE student1 SET Sname='Liu' WHERE Sno=1;
```

（3）删除数据表中的数据行使用 DELETE，语法格式如下：

DELETE FROM 表名称 WHERE 列名称=值

如果要在数据表 student1 中删除学号（Sno）字段值为 3 的学生记录，就使用下面的语句：

```
DELETE FROM student1 WHERE Sno=3;
```

10.2　JDBC 概述

JDBC（Java Data Base Connection）是 Java 语言的 SQL（Structured Query Language，结构化查询语言）数据库访问接口，可以访问任何装有 Java 虚拟机平台中的表格状数据，特别是关系数据库。JDBC 可以连接数据库，发送查询和更新语句到数据库中，存取和处理数据库返回的查询结果。

10.2.1　JDBC 结构

JDBC 的体系结构如图 10-3 所示，其中包括 4 类组件。

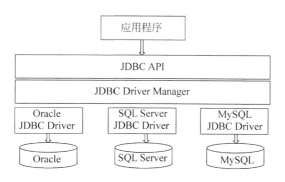

图 10-3　JDBC 体系结构

（1）JDBC API：这些接口提供 Java 语言访问关系数据库的编程机制，应用程序利用这些接口可以执行 SQL 语句、获取结果、将变化传给底层数据源。JDBC API 也可以与分布、异构环境下的多个数据源交互。

（2）JDBC Driver Manager：JDBC DriverManager 类定义的对象可以连接 Java 应用程序与 JDBC 驱动程序。DriverManager 是 JDBC 体系结构的支柱，小而简单。

（3）JDBC 驱动程序：JDBC 驱动程序执行 JDBC 对象方法的调用，发送 SQL 请求给指定的数据源，并将结果返回给应用程序。驱动程序也负责与任何访问数据源的必要软件层进行交互。

（4）数据源：数据源由数据集和与其相关联的环境组成，主要指各数据库厂商的数据库系统，如 Oracle、SQLSever、MySQL 等。

JDBC API（Application Programming Interface）支持两层和三层架构处理模型来访问数据库。

在两层架构模型中，Java 小程序或应用程序直接访问数据源，要求 JDBC 驱动程序可以与特定的数据源通信，将用户命令下达给数据源，命令执行结果返回给用户。数据源与用户可以通过网络连接，形成客户/服务器架构，用户机是客户，存放数据源的机器是服务器，网络可以是内部网或 Internet。

在三层架构模型中，用户命令提供给中间层，然后再送到数据源。数据源处理完命令后将结果返回中间层，再传给用户。三层架构的优点是中间层可以控制访问，控制更新进行数据合作，还可以简化应用的部署。随着企业越来越多地使用 Java 语言写服务器代码，JDBC API 越来越多地应用到中间层。JDBC 可以作为服务器技术，因为它支持连接池、分布事务、不连续的行集合等。

10.2.2　JDBC 的常用接口和类

JDBC API 中提供的进行数据库操作常用的接口和类主要有如下几种。

1. DiverManager 类

用于管理数据库驱动程序，程序中经常使用该类的 getConnection() 方法来获取 Connection 对象。getConnection() 方法定义如下：

（1）Static Connection getConnection(String url)

执行该方法，就可以与 url 指定的数据库建立连接并返回 Connection 对象。

（2）Static Connection getConnection(String url, String username, String password)

执行该方法，就可以通过用户名和密码与 url 指定的数据库建立连接并返回 Connection 对象。

2. Connection 接口

用来表示数据库连接的对象，要想访问数据库，就必须先获得数据库的连接对象，对数据库的一切操作都是在这个连接对象的基础上完成的，该接口中常用的方法如下：

（1）Statement createStatement()

执行该方法，返回一个用于执行 SQL 语句的 Statement 对象。

（2）PreparedStatement prepareStatement (String sql)

执行该方法，返回一个预编译的 Statement 对象。

（3）CallableStatement prepareCall (String sql)

执行该方法，返回一个用于调用存储过程的 CallableStatement 对象。

3. Statement 接口

用于执行 SQL 语句，该接口中常用的方法如下：

（1）ResultSet executeQuery(String sql)

执行 sql 所指定的 SQL 查询语句，返回查询结果对应的结果集（ResulltSet）。

（2）int executeUpdate(String sql)

执行 sql 所指定的 SQL 语句进行数据库的更新，返回受影响的行数。

（3）boolean execute(String sql)

执行 sql 所指定的 SQL 语句，成功返回 true；用于执行返回多个结果集（ResulltSet）或多个更新计数的语句。

4. ResultSet 接口

用来暂时存放数据库查询操作获得的结果，该接口还定义很多方法来支持对结果集（ResulltSet）数据的访问，详见 10.3.2 节。

10.3　JDBC 访问数据库

JDBC 访问数据库的步骤可以用下列代码说明：

```
Connection con = DriverManager.getConnection("jdbc:myDriver:wombat",
"myLogin", "myPassword");
Statement stmt = con.createStatement();
ResultSet rs = stmt.executeQuery("SELECT a, b, c FROM Table1");
while (rs.next()) {
   int x = rs.getInt("a");
   String s = rs.getString("b");
   float f = rs.getFloat("c");
}
```

根据上述代码可知，JDBC 访问数据库分三步完成。

（1）先实例化一个 DriverManager 对象，与指定的数据库建立连接；

（2）再实例化一个 Statement 对象，将 SQL 语言查询带到数据库；

（3）获取查询结果得到 ResultSet 对象，然后执行一个 while 循环，取出结果并显示。

以下以 MySQL 数据库作为访问对象，详细介绍上述步骤。MySQL 是开放源代码的数据库，可以免费下载，网址是 http://www.mysql.com/downloads，当前发布的最高版本是 MySQL 5.7。有关安装 MySQL 数据库的方法请参考其他资料。

10.3.1 与数据库建立连接

JDBC 提供了 4 类驱动程序实现连接数据库。

- 类型 1：这类驱动程序把 JDBC API 映射为另一种数据库访问 API，例如 ODBC 访问。它们通常要依赖本地库，这就限制了其移植性。JDBC-ODBC 桥是这类驱动程序的实例。
- 类型 2：这类驱动程序部分用 Java 语言编写，部分用本地代码写。它们针对所连接数据源采用本地客户库，同理，由于有本地代码，移植性受限制。
- 类型 3：这类驱动程序采用纯 Java 客户，用独立于数据库的协议与中间件服务器通信。中间件服务器再把客户请求传到数据源。
- 类型 4：这类驱动程序用纯 Java 编写，实现了特定数据源的网络协议，客户直接连接到数据源。

第 4 种类型是最成熟的，也是本书所采用的驱动程序类型。

1. 加载驱动程序

与数据库建立连接的第 1 步就是要加载相应的驱动程序。为了与平台无关，JDBC 提供了专门的驱动程序管理器（DriverManager）类来进行连接管理，DriverManager 会动态地维护所有数据库所需的驱动程序对象。同时，可以使用 Class.forName()方法通知 DriverMananger 加载哪些驱动程序，该方法的参数即为驱动程序的名称。

例如，加载一些常见的驱动程序：

```
Class.forName("sun.jdbc.odbc.JdbcOdbcDriver");                    //ODBC
Class.forName("com.microsoft.sqlserver.jdbc.SQLServerDriver"); //SQLServer
Class.forName("oracle.jdbc.driver.OracleDriver");                 //Oracle
Class.forName("com.ibm.db2.jdbc.app.DB2Driver");                  //DB2
Class.forName("com.mysql.jdbc.Driver");                           //MySQL
```

2. 创建数据库 url

在 JDBC 中是通过特定的 url 来标识数据库的，该 url 的基本格式是

```
jdbc:< subprotocol >:< subname >
```

（1）jdbc：表示现在所使用的协议是 JDBC；

（2）subprotocol：驱动程序名或数据库连接机制的名称（这种机制可由一个或多个驱动程序支持）。例如，MySQL 的驱动程序名是 mysql；

（3）subname：数据库标识符，此标识符一般应随着驱动程序的不同而有所不同。

例如，连接到本地主机的 MySQL 数据库，假定数据库名为 myDB，用户名是 MyUserName，密码是 MyPWD，代码如下：

```
String url="jdbc:mysql: //localhost:3306/myDB";
String user="MyUserName";
String password="MyPWD";
```

3. 建立连接

一旦选择好某个数据库之后，就可以获取 Connection 对象以建立连接：

```
Connection con = DriverMananger.getConnection(url, user, password);
```

与 url 指定的数据库建立连接，若连接成功，则返回一个 Connection 类的对象 con。由于 getConnection()方法是静态方法，所以使用时直接利用类名 DriverMananger 就可以调用了。

在一些小型的数据库系统（如 Access）中，使用的 getConnection()方法是最简单的建立连接方法，它只有 url 作为连接的参数，没有任何附加的信息，不用给出用户名和密码。但是在许多大型的数据库系统（如 SQL Server、Oracle 等）中，建立连接时需要给出用户名和密码，调用 Connection getConnection(String url, String user, String password)方法。

上例等价于：

```
String url = "jdbc:mysql://localhost:3306/myDB;" + "user=MyUserName;" + "password=MyPWD";
Connection con = DriverMananger.getConnection(url);
```

4. 关闭连接

对于任何一个连接，当不再对数据源进行任何操作时，应该调用 close()方法将其关闭，以释放所占用的资源。

10.3.2 基本的数据访问

在建立好连接之后，就可以利用 Connection 类对象对数据库进行各种 SQL 操作了。本节先介绍不带参数的简单 SQL 语句操作（包括查询和更新），与后面将提到的存储过程操作会有所不同。

1. Statement

首先，为了能够将 SQL 语句发送给数据库，必须利用 Connection 类的 createStatement()方法创建 Statement 接口对象，例如：

```
Statement stmt = con.createStatement();
```

此时，在 stmt 中，并不存在将要执行的 SQL 语句，这是因为之后在执行 stmt 的方法时，SQL 语句将作为一个传递的字符串参数。

在 Statement 接口中，提供了三种执行 SQL 语句的方法，分别是 executeQuery()、executeUpdate()和 execute()，具体使用哪一种方法是由 SQL 语句所产生的内容所决定。

（1）executeQuery()方法一般用于执行一条简单的查询（SELECT）语句，它将返回由多条数据行所组成的一个数据结果集（ResultSet）对象。例如：

```
ResulteSet rs = stmt.executeQuery("SELECT * FROM student");
```

该语句就是将 student 表中所有行的结果放到数据集 rs 中。

（2）与此相应，如果 SQL 语句可能产生多个数据集的话，就必须使用 excute()方法以获得检索结果集，同时使用 getResultSet()或 getUpdateCount()方法来检索结果，以及 getMoreResults()方法来移动到任何后继的结果。通常，这个方法可以忽略，除非知道正执行可能会返回多个结果集的存储过程，或者动态地执行一个未知的 SQL 语句。

例 10.1 是查询数据库的操作：首先在 MySQL 数据库中建立一个数据库 studentinfo，用户名是 root，密码是 root，库里面有个表 student，有几条学生数学成绩记录，然后利用 JDBC 访问。

【例 10.1】 查询数据库示例。

```java
import java.sql.*;
public class DataBaseTest {
    public static Connection getConnection() throws SQLException, java.lang.ClassNotFoundException {
        String url = "jdbc:mysql://localhost:3306/studentinfo";
        Class.forName("com.mysql.jdbc.Driver");
        String userName = "root";
        String password ="root";
        Connection con = DriverManager.getConnection(url, userName, password);
        return con;
    }
      /**
     * @param args
     */
    public static void main(String[] args) {
        // TODO Auto-generated method stub
        try {
            Connection con = getConnection();
            Statement sql = con.createStatement();
            String query ="select * from student";
            ResultSet result =sql.executeQuery(query);
            System.out.println("Student表中的数据如下:");
            System.out.println("----------");
            System.out.println("学号"+" "+"姓名"+" "+"数学成绩");
            System.out.println("----------");
            while (result.next()) {
                int number=result.getInt("Sno");
                String name=result.getString("Sname");
                String mathScore=result.getString("math");
                System.out.println(" "+number+" "+name+" "+mathScore);
            }
```

```
            sql.close();
            con.close();
        }catch (java.lang.ClassNotFoundException e) {
            System.err.println("ClassNotFoundException: ");
            System.err.println(e.getMessage());
        }catch (SQLException ex) {
            System.err.println("SQLException: "+ex.getMessage());
        }
    }
}
```

程序运行结果如图 10-4 所示。

```
Console
<terminated> DataBaseTest [Java Application]
Student表中的数据如下：
----------
学号 姓名 数学成绩
----------
1 Zhao 98
2 Qian 79
3 Sun 100
4 Li 89
5 凌生 61
```

图 10-4 例 10.1 的运行结果

注意：在建立连接和操作数据库的过程中，如果发生异常，都会产生 SQLException 对象，需要对其进行捕获。

（3）此外，如果是对数据库进行更新操作，例如修改（UPDATE）、插入（INSERT）和删除（DELETE）记录，创建（CREATE）、修改（ALTER）和删除（DROP）表等，这时就应该使用 executeUpdate()方法，该方法将返回一个 0 或整数值，这个整数值是操作所影响的记录的行数。例如：

```
stmt.exectUpdate("UPDATE student SET Sadd='Beijing' WHERE Sno=1");
```

该语句是将 student 表中学号为 1 的学生记录的地址改为 Beijing。其他的更新操作与此类似。

例 10.2 是创建数据库操作，在数据库 studentinfo 里面创建表 student1，插入几条学生信息记录，利用 JDBC 访问。

【例 10.2】 创建数据库示例。

```
import java.sql.*;
public class DataBaseCreate {
    public static Connection getConnection() throws SQLException, java.lang.
    ClassNotFoundException {
        String url = "jdbc:mysql://localhost:3306/studentinfo";
        Class.forName("com.mysql.jdbc.Driver");
```

```java
            String userName = "root";
            String password = "root";
            Connection con = DriverManager.getConnection(url, userName, password);
            return con;
        }
        /**
         * @param args
         */
        public static void main(String[] args) {
            // TODO Auto-generated method stub
            try {
                Connection con = getConnection();
                Statement sql = con.createStatement();
                sql.executeUpdate("drop table if exists student1");
                sql.executeUpdate("create table student1 (Sno int not null,Sname varchar(20) not null,Sage int not null,Sadd varchar(20) not null,primary key (Sno));");
                sql.executeUpdate("insert student1 values(1,'Zhao',20,'Beijing')");
                sql.executeUpdate("insert student1 values(2,'Qian',21,'Shanghai')");
                sql.executeUpdate("insert student1 values(3,'Sun',19,'Tianjing')");
                sql.executeUpdate("insert student1 values(4,'Li',20,'Guangzhou')");
                sql.executeUpdate("insert student1 values(5,'Zhou',22,'Shenzhen')");
                String query = "select * from student1";
                ResultSet result = sql.executeQuery(query);
                System.out.println("Student1表中的数据如下:");
                System.out.println("--------------------");
                System.out.println("学号"+" "+"姓名"+" "+"年龄"+" "+"地址");
                System.out.println("--------------------");
                while (result.next()) {
                    int number=result.getInt("Sno");
                    String name=result.getString("Sname");
                    int age=result.getInt("Sage");
                    String add=result.getString("Sadd");
                    System.out.println(" "+number+" "+name+" "+age+" "+add);
                }
                sql.close();
                con.close();
            }catch (java.lang.ClassNotFoundException e) {
                System.err.println("ClassNotFoundException: ");
                System.err.println(e.getMessage());
            }catch (SQLException ex) {
                System.err.println("SQLException: "+ex.getMessage());
            }
        }
    }
```

程序的运行结果如图 10-5 所示。

```
Console
<terminated> DataBaseCreate [Java Application]
Student1表中的数据如下：
--------------------
学号 姓名 年龄 地址
--------------------
1 Zhao 20 Beijing
2 Qian 21 Shanghai
3 Sun 19 Tianjing
4 Li 20 Guangzhou
5 Zhou 22 Shenzhen
```

图 10-5 例 10.2 的运行结果

2. ResultSet

到目前为止，介绍了如何通过 Statement 接口的 executeQuery()方法来执行 SQL 查询语句，该方法会将访问到的查询结果放到一个 ResultSet 对象中。为了能把这个结果最终显示给用户，必须对 ResultSet 对象进行有效的处理。

ResultSet 对象其实是由符合 SQL 语句中条件的所有数据行所组成的一个表格，在该表格中会具有指向其当前数据行的指针，最初，这个指针被置于第一行之前。ResusltSet 接口的 next()方法可以将该指针移动到下一行，因此，第一次调用 next()方法时，可以使指针移动该表格的第一行，当第一行的数据处理完之后，又可以继续调用 next()方法移到下一行，以此类推，如果指针已经移到该表格中的最后一行时，则返回 false。因此，next()方法经常用在 while 循环中迭代处理结果集。同时，由于默认的 ResultSet 对象不可更新，仅有一个向前移动的指针。因此，只能迭代它一次，并且只能按从第一行到最后一行的顺序进行。例如：

```
while(rs.next()){
    ... //对每一行数据进行处理
}
```

在处理每一行时，可以对表格中的各个属性列按任意次序进行处理，不过，按照从左至右的次序进行处理时效率会更高。ResultSet 接口提供了一套 getXXX()方法来访问属性列的信息，其中 XXX 是指该属性列的字段类型，例如 getString()、getInt()和 getFloat()等等。这个方法的参数是用来指定访问哪个属性列，有两种指定的方法。

（1）给出列名（用 String 表示列名）；
（2）给出列索引（用 int 表示列索引）。

例如，在之前的例子中，要将 student 表中所有的学生记录信息显示出来。可以是

```
while (result.next()) {
    int number=result.getInt(1);   //1表示列索引
    String name=result.getString(2);
    String mathScore=result.getString(3);
    System.out.println(" "+number+" "+name+" "+mathScore);
}
```

在这里，需要注意的是：首先，在用 int 表示列索引时，这个 int 值是一个相对值，它从返回的数据集的左边开始编号，开始值是 1；其次，在某些情况下，返回的数据集中可能存在多个列具有相同的名字，因此，在用 String 表示列名时，getXXX()将返回数据集中从左至右第一个匹配列名的属性列值。

3. 可更新可滚动的 ResultSet 对象

之前提到默认的 ResultSet 对象是不可更新的，而且指针只能向前移动，在 JDBC API 2.0（JDK 1.2）版本之后，Statement 接口添加了一组更新的方法，从而可以产生可更新和可滚动的 ResultSet 对象。具体的办法是在创建 Statement 对象时，可以在参数中指定该对象所生成的 ResultSet 对象的性质，如：

```
Statement stmt = con.createStatement(int resultSetType, int resultSetConcurrency);
```

其中，第 1 个参数用来指定所生成的 ResultSet 对象类型，它可以是：

（1）ResultSet.TYPE_FORWARD_ONLY——表示指针只能向前移动的 ResultSet 对象类型；

（2）ResultSet.TYPE_SCROLL_INSENSITIVE——表示指针可以随意移动（可滚动）的 ResultSet 对象类型；

（3）ResultSet.TYPE_SCROLL_SENSITIVE——表示指针可以随意移动（可滚动），同时当 ResultSet 对象发生改变时，可以得到更新后的最新值。

第 2 个参数用来指定所生成的 ResultSet 对象的并发特性，它可以是：

（1）ResultSet.CONCUR_READ_ONLY——表示 ResultSet 对象是只读，不能修改的；

（2）ResultSet.CONCUR_UPDATABLE——表示 ResultSet 对象是可以更改的。

因此，前面介绍的无参数的 Statement 对象创建的方法 con.createStatement()就等同于

```
con.CreateStatement(ResultSet.TYPE_FORWARD_ONLY,ResultSet.CONCUR_READ_ONLY).
```

假设现在创建了一个可滚动同时也可更新的 ResultSet 对象，例如：

```
Statement stmt = con.createStatement (ResultSet.TYPE_SCROLL_SENSITIVE,
ResultSet.CONCUR_UPDATABLE);
ResultSet rs = stmt.executeQuery("SELECT * FROM student1");
```

则可以调用 ResultSet 接口提供的一些方法对指针进行随意的移动。

（1）void first()：将指针移动到第一个数据行；

（2）void last()：将指针移动到最后一个数据行；

（3）void previous()：将指针移动上一个数据行；

（4）void next()：将指针移动到下一个数据行；

（5）void beforefirst()：将指针移动到第一个数据行之前，即 ResultSet 对象的开头；

（6）void afterlast()：将指针移动到第一个数据行之后，即 ResultSet 对象的末尾；

（7）boolean absolute(int row)：将指针移动到指定编号（row）的数据行，如果 row 是正数，则表示相对于数据集开头的给定行，如 absolute(3)，表示移动到第 3 个数据行，如果指定的值超过数据集的行数，则等同于 afterlast()；如果 row 是负数，则表示相对于数据

集末尾的给定行,如 absolute(-3),表示移动到从后往前数第 3 个数据行,同样,如果指定的值超过数据集的行数,则等同于 beforefirst()。因此可见,absolute(1)等同于 first(),absolute(-1)等同于 last()；

(8) boolean relative(int row):将指针移动到相对当前行行数(或正或负)的数据行,如 relative(1),表示移动到下一行,等同于 next();又如 relative(-1),表示移动到上一行,等同于 previous()。

此外,ResultSet 接口还提供了 isFirst()、isLast()、isBeforeFirst()、isAfterLast()和 getRow()等方法查询当前指针的位置,其中 getRow()是检索当前数据行的行号。

如果 ResultSet 对象可以更新,可以用以下三种方式使用更新方法:

(1) 更新操作:JDBC 2.0 API 接口提供了一套 updateXXX()方法(与 getXXX()方法是相对应的)修改当前数据集中属性列的值。需要注意的是,这时并不会更新数据库,需要调用 updateRow()才能达到修改数据库的目的。例如,更新数据库操作:

```
rs.first();
rs.updateString(2, "Liu");              //按列索引进行更新
rs.updateInt(3, 20);
rs.updateString("Sadd", "Shanghai");    //按列名进行更新
rs.updateRow();
```

该示例的执行结果是将数据集第一行的学生记录修改成姓名为 Liu,年龄为 20,地址为 Shanghai,同时对数据库进行更新。

(2) 插入操作:JDBC 2.0 API 定义了插入行的概念,这个概念是与每个数据集相关联的,并且在新插入行真正被插入到数据集中之前,将用它作为创建新行内容的实施场所。首先,可以调用 moveToInsertRow()方法将指针移动到插入行中,然后在插入行上调用 updateXXX()方法进行设置,当插入行中所有属性列值被设置之后,则应调用 insertRow()方法同时更新数据集和数据库。如果在插入行上调用 updateXXX()时,并没有为某些属性列设置数值的话,则该属性列必须允许空值；否则,调用 insertRow()时就会抛出 SQLException。例如:

```
rs.moveToInsertRow();
rs.updateString("Sno", "5");
rs.updateString("Sname", "Zhang");
rs.updateInt("Sage", 20);
rs.updateString("Sadd", "Guangzhou");
rs.insertRow();
rs.moveToCurrentRow();
```

该示例的执行结果是在数据集和数据库中新插入一条学生记录,该学生记录的学号是 5;姓名是 Zhang;年龄是 20;地址是 Guangzhou。并且在插入之后,调用 moveToCurrentRow()方法将指针移到调用 moveToInsertRow()方法之前的当前行。

(3) 删除操作:相比于前两个操作而言,删除操作比较简单,JDBC 2.0 API 提供了 deleteRow()方法删除当前数据行的内容。例如:

```
rs.absolute(5);
rs.deleteRow();
```

该示例的执行结果是将数据集和数据库中第 5 行学生记录删除。

例 10.3 为更新数据库操作。

【例 10.3】 更新数据库示例。

```java
import java.sql.*;
public class UpdateSample {
    public static Connection getConnection() throws SQLException,
java.lang.ClassNotFoundException {
        String url = "jdbc:mysql://localhost:3306/studentinfo";
        Class.forName("com.mysql.jdbc.Driver");
        String userName = "root";
        String password = "root";
        Connection con = DriverManager.getConnection(url, userName, password);
        return con;
    }
    /**
     * @param args
     */
    public static void main(String[] args) {
        // TODO Auto-generated method stub
        try{
            Connection con = getConnection();
            //创建一个可滚动同时也可更新的ResultSet对象
            Statement stmt = con.createStatement(ResultSet.TYPE_SCROLL_SENSITIVE, ResultSet.CONCUR_UPDATABLE);
            ResultSet rs = stmt.executeQuery("SELECT Sno,Sname,Sage,Sadd FROM student1");
            rs.first();                              //移动到第一行学生记录
            rs.updateString("Sname", "Liu");         //将第一行学生记录的姓名改为Liu
            rs.updateString("Sadd", "Shanghai");
                                                     //将第一行学生记录的住址改为Shanghai
            rs.updateRow();
            rs.moveToInsertRow();                    //移动到插入行
            rs.updateString("Sno", "6");             //该插入行学生记录的学号是6
            rs.updateString("Sname", "Zhang");       //该插入行学生记录的姓名是Zhang
            rs.updateInt("Sage", 19);                //该插入行学生记录的年龄是19
            rs.updateString("Sadd", "Guangzhou");
                                                     //该插入行学生记录的住址是Guangzhou
            rs.insertRow();                          //将插入行真正插入到数据库中
            rs.absolute(3);                          //移动到第三行学生记录
            rs.deleteRow();                          //删除第三行学生记录
            ResultSet result=stmt.executeQuery("SELECT  Sno,Sname,Sage,
```

```
            Sadd FROM student1");
            System.out.println("Student1表中的数据如下:");
            System.out.println("--------------------");
            System.out.println("学号"+" "+"姓名"+" "+"年龄"+" "+"地址");
            System.out.println("--------------------");
            while (result.next()) {
                int number=result.getInt("Sno");
                String name=result.getString("Sname");
                int age=result.getInt("Sage");
                String add=result.getString("Sadd");
                System.out.println(" "+number+" "+name+" "+age+" "+add);
            }
            stmt.close();
            con.close();
        }catch (java.lang.ClassNotFoundException e) {
          System.err.println("ClassNotFoundException: ");
          System.err.println(e.getMessage());
        }catch (SQLException ex) {
          System.err.println("SQLException: "+ex.getMessage());
        }
    }
}
```

程序的运行结果如图 10-6 所示。

图 10-6　例 10.3 的运行结果

10.3.3　元数据

所谓的元数据（MetaData），可以把它理解成"描述数据的数据"。JDBC 提供了三种常见 MetaData 接口，分别是 ResultSetMetaData、DatabaseMetaData 和 ParameterMetaData。其中，ResultSetMetaData 对象提供的是与特定 ResultSet 对象中的属性列相关的信息；DatabaseMetaData 对象提供的是与数据库或者 DBMS 相关的信息；ParameterMetaData 对象提供的是与 PreparedStatement 对象的参数相关的信息。本节着重讨论前面两种。

1. ResultSetMetaData 接口

当通过 Statement 对象发送一条查询语句时，该操作会返回一个 ResultSet 对象，这个 ResultSet 对象包含所有满足条件的数据信息。通过创建 ResultSetMetaData 对象和调用该对象的方法，可以获取与这个 ResultSet 对象中的属性列有关的信息。例如：

```
Statement stmt = con.createStatement();
ResultSet rs = stmt.executeQuery("SELECT * FROM student1");
ResusltSetMetaData rsmd = rs.getMetaData();
```

通过使用 getMetaData()方法创建了一个 ResultSetMetaData 对象，因此，所创建的 ResultSetMetaData 对象包含与 rs 中属性列有关的信息。

现在，就可以调用 ResultSetMetaData 接口提供的一些方法进行访问。

（1）int getColumnCount()方法：这也许是 ResultSetMetaData 接口中使用最多的方法，该方法返回数据集中属性列的数目；

（2）String getColumnLabel(int column)方法：返回指定列号的属性列的显示列名；

（3）String getColumnName(int column)方法：返回指定列号的属性列在数据库中的名称，该返回值可以作为 getXXX()方法的参数；

（4）int getColumnType(int column)方法：返回指定列号的属性列的 JDBC 类型，这是一个整数值，在 java.sql.Types 类中有相关的 JDBC 数据类型的定义；

（5）String getColumnTypeName(int column)方法：返回指定列号的属性列在数据库中的类型名。

在例 10.4 中，将依次显示出 student1 表的列数，以及每一列的名称和类型。

【例 10.4】 ResultSetMetaData 示例。

```
import java.sql.*;
public class ResultSetMetaDataSample {
    public static Connection getConnection() throws SQLException,
java.lang.ClassNotFoundException {
        String url = "jdbc:mysql://localhost:3306/studentinfo";
        Class.forName("com.mysql.jdbc.Driver");
        String userName = "root";
        String password = "root";
        Connection con = DriverManager.getConnection(url, userName, password);
        return con;
    }
    /**
     * @param args
     */
    public static void main(String[] args) {
        // TODO Auto-generated method stub
        try {
            Connection con = getConnection();
```

```
            Statement sql = con.createStatement();
            ResultSet rs = sql.executeQuery("SELECT * FROM student1");
            ResultSetMetaData rsmd = rs.getMetaData();
            System.out.println("列数是"+rsmd.getColumnCount()); //显示列数
            for(int i=1;i<=rsmd.getColumnCount();i++)
            {
            //显示第i列的名称
            System.out.println("第"+i+"列名是"+rsmd.getColumnName(i));
            //显示第i列的类型
            System.out.println("第"+i+"列类型是"+rsmd.getColumnTypeName(i));
            }
             sql.close();
             con.close();
        }catch (java.lang.ClassNotFoundException e) {
          System.err.println("ClassNotFoundException: ");
          System.err.println(e.getMessage());
        }catch (SQLException ex) {
          System.err.println("SQLException: "+ex.getMessage());
        }
    }
}
```

程序的运行结果如图 10-7 所示。

图 10-7　例 10.4 的运行结果

2. DatabaseMetaData 接口

通常，此接口主要由应用程序服务器和工具用来确定如何与给定的数据源进行交互。应用程序还可使用 DatabaseMetaData 方法来获取关于某个数据源的信息，但这种用法没有那么强的代表性。

DatabaseMetaData 对象是使用 Connection 类中的 getMetaData()方法创建的。在创建该对象之后，就可使用它动态地查找下层数据源的信息。例如：

```
DatabaseMetaData dbmd = con.getMetaData();
```

在该方法中，创建了一个 DatabaseMetaData 对象 dbmd，该对象包含了 Connection 对象 con 连接到的数据库的元数据。

在 JDBC 2.0 API 中，DatabaseMetaData 接口包含超过 150 个方法，可根据这些方法所提供的下列类型的信息对它们进行分类。

1）关于数据源的一般信息

一些 DatabaseMetaData 方法用来动态地查找关于数据源的一般信息以及获取关于它的实现的详细信息。这些方法中的其中一些包括 getUserName()、getURL()、getDriverMajorVersion()、getDriverMinorVersion()、getDriverName()、getDatabaseProductName() 和 getDatabaseProductVersion() 等。

2）对给定功能的数据源支持

很大一组 DatabaseMetaData 方法可用来确定驱动程序或下层数据源是否支持给定的功能或功能集。此外，还有些方法描述了所提供的支持级别。一些用于描述对个别功能的支持的方法包括 supportsBatchUpdates()、supportsTableCorrelationNames()、supportsPositionedDelete() 和 supportsAlterTableWithDropColumn() 等。

3）数据源限制

另一组方法用于提供给定数据源施加的限制。此类别中的一些方法包括 getMaxRowSize()、getMaxStatementLength()、getMaxTablesInSelect()、getMaxConnections()、getMaxCharLiteralLength() 和 getMaxColumnsInTable() 等。这个组中的方法将限制值作为整数返回。如果返回值为零，则表示没有限制，或者限制是未知的。

4）SQL 对象及其属性

许多 DatabaseMetaData 方法提供了关于植入给定数据源的 SQL 对象的信息。这些方法可确定 SQL 对象的属性。这些方法还返回 ResultSet 对象，在这些对象中，每一行都描述特定的对象。例如，getUDTs() 方法返回一个 ResultSet 对象，在此对象中，对于数据源中已定义的每个用户定义表（UDT）都有一行。此类别的方法包括 getSchemas()、getCatalog()、getPrimaryKeys()、getTables()、getProcedures() 和 getProcedureColumns() 等。

5）数据源提供的事务支持

一小组方法用于提供关于数据源支持的事务语义的信息。此类别的方法包括 supports-MultipleTransactions() 和 getDefaultTransactionIsolation()。

具体有关 DatBbaseMetaData 接口的使用，大家可以参考 java.sql 包中的 javadoc。

例 10.5 获取了给定数据源的一些基本信息。

【例 10.5】 DataBaseMetaData 示例。

```
import java.sql.*;
public class DataBaseMetaDataSample {
    public static Connection getConnection() throws SQLException,
java.lang.ClassNotFoundException {
        String url = "jdbc:mysql://localhost:3306/studentinfo";
        Class.forName("com.mysql.jdbc.Driver");
        String userName = "root";
        String password ="root";
        Connection con = DriverManager.getConnection(url, userName, password);
```

```java
            return con;

    }
    /**
     * @param args
     */
    public static void main(String[] args) {
        // TODO Auto-generated method stub
        try{
            Connection con = getConnection();
            DatabaseMetaData dbmd = con.getMetaData();
            System.out.println("用户名是"+dbmd.getUserName());
            System.out.println("驱动名称是" +dbmd.getDriverName());
            System.out.println("驱动主版本号是" +dbmd.getDriverMajorVersion());
            System.out.println("驱动次版本号是" +dbmd.getDriverMinorVersion());
            System.out.println("连接数据库URL是"+dbmd.getURL());
            con.close();
        }catch (java.lang.ClassNotFoundException e) {
            System.err.println("ClassNotFoundException: ");
            System.err.println(e.getMessage());
        }catch (SQLException ex) {
            System.err.println("SQLException: "+ex.getMessage());
        }
    }
}
```

程序的运行结果如图 10-8 所示。

```
Console
<terminated> DataBaseMetaDataSample [Java Application] D:\Java\bin\javaw.exe
用户名是root@localhost
驱动名称是MySQL Connector Java
驱动主版本号是5
驱动次版本号是1
连接数据库URL是jdbc:mysql://localhost:3306/studentinfo
```

图 10-8 例 10.5 的运行结果

10.3.4 PreparedStatement

PreparedStatement 接口扩展了之前介绍的 Statement 接口，而且在 PreparedStatement 对象中可以包含经过预编译的 SQL 语句，也就是说，SQL 语句在被数据库的编译器编译之后，执行代码会被缓存下来，那么在下次调用时，如果是相同的 SQL 语句就不需要再编译了，直接将参数传入到执行代码中就会得到执行（相当于一个函数）。这样，在大批量的数据更新操作时，用 PreparedStatement 对象将大大提高运行效率。例如，假设想要修改整个学生记录信息，可能需要调用循环来实现：

```
Statement stmt = con.createStatement();
for(int i=0; i<students.length; i++)
   stmt.executeUpdate(" UPDATE student1 " +" SET Sage = "+stduents[i]
.getSage() + " WHERE Sno = "+students[i].getSno());
```

通过循环每次均要对 SQL 更新语句进行分析、优化，而产生一个几乎相同的查询任务（仅仅输入参数不一样），这无疑将影响最终的执行效率。在这种情况下，就可以用 PreparedStatement 对象，例如：

```
PreparedStatement psmt = con.preparedStatement("UPDATE Student"+" SET Sage
= ? " + " WHERE Sno = ? ");
for(int i=0; i<students.length; i++) {
   psmt.setInt(1, stduents[i].getSage());
   psmt.setString(2, students[i].getSno());
   psmt.executeUpdate();
}
```

执行结果是完全是一样的，但是只会在第一次调用 SQL 更新语句时进行编译和优化，从而给出被存储在对象中最终的执行计划，即只生成一次执行计划，因此可以高效地用不同参数多次执行。

同时，与 Statement 不同的是，在 PreparedStatement 对象中可以处理接受参数的 SQL 语句，一般来说，SQL 语句中的参数标记是用问号表示的，例如，给定以下的 SQL 查询语句：

```
SELECT * FROM student1 WHERE Sage = 20
```

这是一条特定的 SQL 语句，它将返回年龄为 20 的学生记录，但是如果是使用参数标记，这条 SQL 语句将变得更加灵活，例如：

```
SELECT * FROM s1tudent WHERE Sage = ?
```

通过将简单的参数标记设置成某个值，则可以获取 Student 表中任意年龄的学生信息。

1. 创建 PreparedStatement 对象

与 Statement 不同的是，用 Connection 接口的 prepareStatement()方法来创建一个新的 PreparedStatement 对象，这个方法在调用时，必须指定 String 参数作为预编译的 SQL 语句。例如：

```
PreparedStatement ps = con.prepareStatement("SELECT * FROM student1 WHERE
Sage=? AND Sadd=?");
```

同时，JDBC 2.0 API 接口也提供了一组方法，可以支持产生可更新和可滚动的 ResultSet 对象。例如：

```
PreparedStatement ps = con.prepareStatement("SELECT * FROM student1
WHERE Sage=?AND Sadd=?",ResultSet.TYPE_SCROLL_INSENSITIVE,
ResultSet.CONCUR_UPDATEABLE);
```

2. 设置 IN 参数

对于需要接收参数的 SQL 语句,在处理 PreparedStatement 对象之前,必须通过 setXXX() 方法设置该对象的 IN 参数,其中 XXX 所代表的 Java 数据类型,必须可以映射为该属性列的 JDBC 数据类型(与 getXXX 方法相似)。而且,所有的 setXXX() 方法都有两个参数:第一个参数是该参数在语句中的索引,参数标记从 1 开始编号;第二个参数是要对第一个参数所设置的值。例如:

```
PreparedStatement ps = con.prepareStatement("SELECT * FROM student1 WHERE
                    Sage=?AND Sadd=?");
ps.setInt(1,22);                //第一个参数为22,即年龄是22岁
ps.setString(2, "Guangzhou");   //第二个参数为Guangzhou,即地址是Guangzhou
```

这段代码等价于

```
PreparedStatement ps = con.prepareStatement("SELECT * FROM student1 WHERE Sage=22 AND Sadd='Guangzhou' ");
```

即要查找住在 Guangzhou、年龄 22 岁的学生信息。在设置好 IN 参数之后,如果下一次又要执行该语句,需要重新对所有的参数调用 setXXX() 方法进行更新。

3. 执行查询和更新语句

由于 PreparedStatement 接口是 Statement 接口派生的子类,因此它也可以调用 executeQuery()、executeUpdate() 和 execute() 这三种方法来执行 SQL 语句。与 Statement 不同的是,由于在创建 PreparedStatement 对象时,已经给出了要执行的 SQL 语句,并进行了预编译,因此,这三种方法在调用时不需要任何参数。例如:

```
PreparedStatement ps = con.prepareStatement("SELECT * FROM student1 WHERE Sage=? AND Sadd=?");
ps.setInt(1,22);
ps.setString(2, "Guangzhou");
ps.executeQuery();
```

在该示例中,由于 SQL 语句是查询操作,则应调用 executeQuery() 方法完成查询过程。但如果是更新操作,则应调用 executeUpdate() 方法,该方法将返回一个指定类型的 ResultSet 对象。同样,如果是返回多个 ResultSet 对象,则应调用 execute() 方法。这些方法的处理和返回值与 Statement 接口是一样的。

例 10.6 将指定 Sno 学生记录的年龄都修改成指定 Sage。

【例 10.6】 PreparedStatement 接口示例。

```
import java.sql.*;
public class PreUpdateSample {
    public static Connection getConnection() throws SQLException,
java.lang. ClassNotFoundException {
        String url = "jdbc:mysql://localhost:3306/studentinfo";
        Class.forName("com.mysql.jdbc.Driver");
        String userName = "root";
```

```java
        String password ="root";
        Connection con = DriverManager.getConnection(url, userName, password);
        return con;
    }
    /**
     * @param args
     */
    public static void main(String[] args) {
        // TODO Auto-generated method stub
        String Sno[] = {"1","2","3","4","5"};
        int Sage[] = {16,17,18,19,20};
        try{
            Connection con = getConnection();
            PreparedStatement psmt = con.prepareStatement("UPDATE student1"+
"SET Sage = ? " + " WHERE Sno = ? ");
            for(int i=0; i<Sno.length; i++) {
              psmt.setInt(1, Sage[i]);
              psmt.setString(2,Sno[i]);
              psmt.executeUpdate();
            }
            Statement stmt = con.createStatement();
            ResultSet result =stmt.executeQuery("SELECT Sno,Sname,Sage,Sadd FROM student1");
            System.out.println("Student1表中的数据如下:");
            System.out.println("--------------------");
            System.out.println("学号"+" "+"姓名"+" "+"年龄"+" "+"地址");
            System.out.println("--------------------");
            while (result.next()) {
               int number=result.getInt("Sno");
               String name=result.getString("Sname");
               int age=result.getInt("Sage");
               String add=result.getString("Sadd");
               System.out.println(" "+number+" "+name+" "+age+" "+add);
            }
            stmt.close();
            con.close();
        }catch (java.lang.ClassNotFoundException e) {
            System.err.println("ClassNotFoundException: ");
            System.err.println(e.getMessage());
        }catch (SQLException ex) {
            System.err.println("SQLException: "+ex.getMessage());
        }
    }
}
```

程序的运行结果如图10-9所示。

图10-9 例10.6的运行结果

10.4 连 接

连接（join）是通过各表的共享数据对多个表进行的数据库操作。在数据库studentinfo实例中，student和student1两个表都有Sno关键字字段，可以用来连接两个表，从而实现既查到学生信息，又知道他们的数学成绩。

需要某种方式区分Sno是哪个表的字段，可以在字段名前面加表名。例如，student.Sno是指student表的Sno字段，而student1.Sno是指student1表的Sno字段。下列代码的Statement对象想查询Sno=Qian的信息和数学成绩：

```
String query = "SELECT student1.*, student.math " +
   "FROM student1, student " +
   "WHERE student1.Sname LIKE 'Qian' " +
   "and student.Sno = student1.Sno";
ResultSet rs = stmt.executeQuery(query);
```

完整的程序见例10.7。

【例10.7】 连接操作示例。

```
import java.sql.*;
public class JoinSample {
    public static Connection getConnection() throws SQLException,
java.lang.ClassNotFoundException {
        String url = "jdbc:mysql://localhost:3306/studentinfo";
        Class.forName("com.mysql.jdbc.Driver");
        String userName = "root";
        String password = "root";
        Connection con = DriverManager.getConnection(url, userName, password);
        return con;
    }
    /**
```

```java
     * @param args
     */
    public static void main(String[] args) {
        // TODO Auto-generated method stub
        try {
            Connection con = getConnection();
            Statement stmt = con.createStatement();
            String query = "SELECT student1.*, student.math " +
                "FROM student1, student " +
                "WHERE student1.Sname LIKE 'Qian' " +
                "and student.Sno = student1.Sno";
            ResultSet rs = stmt.executeQuery(query);
            System.out.println("学生信息与数学成绩：");
            while (rs.next()) {
                int number=rs.getInt("Sno");
                String name=rs.getString("Sname");
                int age=rs.getInt("Sage");
                String add=rs.getString("Sadd");
                String mathScore=rs.getString("math");
                System.out.println("  "+number+" "+name+" "+age+" "+add+" "+mathScore);
            }
            stmt.close();
            con.close();
        }catch (java.lang.ClassNotFoundException e) {
            System.err.println("ClassNotFoundException: ");
            System.err.println(e.getMessage());
        }catch (SQLException ex) {
            System.err.println("SQLException: "+ex.getMessage());
        }
    }
}
```

程序的运行结果如图 10-10 所示。

> Console
> <terminated> JoinSample [Java Application]
> 学生信息与数学成绩：
> 2 Qian 17 Shanghai 79

图 10-10　例 10.7 的运行结果

10.5　事　　务

事务（transaction）是数据库操作的基本逻辑单位。通常情况下，DBMS 总有若干个事务在并发地执行,并且这些事务有可能并发地存取相同的数据。因此,为了保证数据的完整性和一致性,所有与 JDBC 相符的驱动程序都必须支持事务管理。

在 JDBC 中,所有事务操作都是在 Connection 对象级别上处理的。当事务操作完成时,可通过调用 commit()方法将其最终化。如果应用程序使事务异常终止,则可调用 rollback()方法撤销事务中之前完成的操作。例如:

```java
try {
    con.setAutoCommit(false);     //禁用自动提交,设置回滚点
    Statement stmt = con.createStatement();
    stmt.executeUpdate("INSERT INTO student1 VALUES('1') ");
    stmt.executeUpdate("INSERT INTO student1 VALUES('2') ");
    con.commit();                 //事务提交
} catch(Exception ex) {
    ex.printStackTrace();
    try {
        con.rollback();           //事务操作不成功,则回滚
    }catch(Exception e) {
        e.printStackTrace();
    }
}
```

try 代码块中包含一个由两条更新语句所组成的本地事务。这些语句将对数据库中的 Student 表进行插入操作,并且如果没有发生异常,则将其提交。如果发生异常,catch 块中的代码将回滚此事务,从而保证了数据的完整性和一致性。

10.5.1 自动提交方式

在 JDBC 中,事务操作的默认方式是"自动提交"。在这种方式下,当执行完某一项更新操作后,系统将自动调用 commit()方法,即每一项更新操作都被当作独立的事务执行。因此,在进行完该项更新操作之后,其他更新操作之前,如果应用程序或系统发生了任何异常情况,都不能撤销之前操作的结果。同样,在执行某一项更新操作的时候,如果应用程序或系统也发生了异常情况,系统将自动调用 rollback()方法,以撤销该操作的任何结果。

在连接的存在期间,可以通过调用 setAutoCommint()方法动态地启用或禁用自动提交方式。例如,禁用自动提交方式:

```java
Connection con = dataSource.getConnection();
con.setAutoCommit(false);
```

在这种方式下,事务将要显式调用 commit()或 rollback()方法才能结束。

10.5.2 事务隔离级别

事务隔离级别是用来指定哪些数据对事务中的语句是可视的。通过定义对同一目标数据源执行的事务之间的可能交互作用,可以得到事务并行访问的访问级别。

当有多个事务试图访问相同的数据时，可能出现三种情况。

1. 脏读取

当一个事务修改了某一数据行而未提交，而另一事务读取了该数据行的值。倘若前一事务发生了回滚，则后一事务将得到一个无效的值，即所谓"变脏"。

2. 不可重复读取

当一个事务在读取某一数据行时，另一事务同时在修改此数据行，则前一事务在重复读取该行时将得到一个不一致的值。

3. 幻象读取

当一个事务在进行数据查询时，另一事务恰好插入了满足查询条件的数据行，则前一事务在重复读取满足条件的值时，将得到一个额外的值，即所谓的"幻象"。

为了解决这些由于多个用户请求相同数据而引起的问题，事务之间必须用锁相互隔开。多数主流的数据库支持不同类型的锁。因此，JDBC API 支持不同类型的事务，它们由 Connection 对象的 setTransactionIosalatoin()方法指定。在 JDBC API 中可以获得下列事务级别：

（1）static int TRANSACTION_NONE = 0

这是一个特殊的常量，指示 JDBC 驱动程序不支持事务。

（2）static int TRANSACTION_READ_UNCOMMITTED = 1

此级别允许事务查看对数据所做的未提交更改。在此级别，脏读取、不可重复读取和幻象读取都是有可能的。

（3）static int TRANSACTION_READ_COMMITTED = 2

此级别表示在提交事务之前，在该事务中所作的任何更改在该事务之外都不可视。这杜绝了脏读取的可能性。

（4）static int TRANSACTION_REPEATABLE_READ = 3

此级别表示保持将读取的行锁定，从而使另一事务在此事务完成之前不能更改这些行。这将禁止脏读取和不可重复读取。幻象读取仍是有可能的。

（5）static int TRANSACTION_SERIALIZABLE = 4

在事务期间将表锁定，从而使其他对表添加值或除去值的事务不能更改 WHERE 条件。这将杜绝所有类型的数据库反常。

运行在 TRANSACTION_SERIALIZABLE 模式下的事务可以保证最高程度的数据完整性和一致性，但事务保护的级别越高，性能损失就越大。

当创建 Connection 对象时，其事务隔离级别取决于驱动程序，但通常是所涉及的数据库的默认值。用户也可通过调用 setTransactionIsolation()方法来更改事务隔离级别。例如：

```
con.setTransactionIsolation(TRANSACTION_SERIALIZABLE);
```

新的级别将在该连接过程的剩余时间内生效。如果是只想改变一个事务的事务隔离级别，必须在该事务开始前进行设置，并在该事务结束后进行复位。不建议在事务的中途对事务隔离级别进行更改,因为这将立即触发 commit()方法的调用,使在此之前所作的任何更改都不可撤销。同时,可以使用 getTransactionIsolation()方法来获取当前事务的级别:

```
con.getTransactionIsolation();
```

10.5.3 保存点

保存点(Savepoint)提供了回滚部分事务的机制。保存点是检查点,当事务操作发生异常时,可以通过设置保存点,将事务回滚到保存点并从该点继续执行,从而不至于丢弃整个事务。在 JDBC 3.0 API 中,可以使用 Connection 类的 setSavepoint()方法创建保存点,然后,运行 Connection 类的 rollback(savepoint_name)方法回滚到指定的保存点,而不是回滚到事务的开始。

例如,设置和回滚至保存点:

```
con.setAutoCommit(false);                    //禁用自动提交,设置回滚点
Statement stmt = con.createStatement();
try{
    stmt.executeUpdate("INSERT INTO Student VALUES('1')");
}catch(Exception ex) {
    con.rollback();                          //事务操作不成功,则完全回滚该事务
}
Savepoint svpt = con.setSavepoint();   //设置保存点
try{
    stmt.executeUpdate("INSERT INTO Student VALUES('2')");
}catch(Exception ex) {
    con.rollback(svpt);                      //事务操作不成功,则回滚到保存点svpt
}
con.commit();                                //事务提交
```

如果应用程序在执行第 2 条插入语句时发生异常,系统将回滚到保存点 svpt,即第 1 条插入语句的操作结果仍然保留。

应用程序可通过 Connection 对象上的 releaseSavepoint()方法来释放保存点。在释放保存点之后,尝试回滚至该保存点将导致异常。在提交或回滚事务时,将自动释放所有保存点。在回滚某个保存点时,还将释放位于它之后的其他保存点。

10.6 存储过程

存储过程(Stored Procedure)是指一组为了完成特定功能的 SQL 语句集,经编译后存储在数据库中,用户可以通过指定存储过程的名字并给出参数(如果该存储过程带参数)来执行它。假设以 MySQL 数据库为例,定义一个存储过程,例如:

```
mysql> DELIMITER $$
mysql> DROP PROCEDURE IF EXISTS 'studentinfo'.'Update_Age'$$
```

```
mysql> CREATE PROCEDURE 'studentinfo'.'Update_Age'(IN age INT,IN num INT)
    -> BEGIN
    -> UPDATE student1 SET Sage=age WHERE Sno=num;
    -> END
    -> $$
```

其中，这个存储过程存在两个输入参数 num 和 age，它的执行结果是将指定学号的学生年龄修改成指定年龄。

10.6.1 创建 CallableStatement 对象

在应用程序中，要想调用存储过程，首先要创建 CallableStatement 对象。CallableStatement 接口是 JDBC 2.0 API 中提供的用来访问存储过程的一个非常重要的接口，它是 PreparedStatement 接口的子类。与 PreparedStatement 不同的是，要用 Connection 接口的 prepareCall() 方法来创建一个新的 CallableStatement 对象，这个方法在调用时，也必须指定 String 参数作为调用的 SQL 语句，它的基本格式是

{ call 过程名[(？，？，…)] }

或者如果存储过程是带有返回值的，则基本格式是

{ ？ = call 过程名[(？，？，…)]}

例如，要调用之前定义的存储过程 Update_Age，则该语句可以写成

```
CallableStatement cs = conn.prepareCall("{call Update_Age(?,?)}");
```

与 createStatement 和 preparedStatement 方法相类似，prepareCall()方法也支持生成可更新和可滚动的 ResulteSet 对象，例如：

```
CallableStatement cs = conn.prepareCall("{call Update_Age(?,?)}",
ResultSet.TYPE_SCROLL_INSENSITIVE,
ResultSet.CONCUR_UPDATEABLE);
```

10.6.2 设置参数

CallableStatement 对象可以接收三种类型的参数。

1. IN（输入）参数

处理 IN 参数的方式与 PreparedStatement 相同。使用所继承的 PreparedStatement 接口的各种设置方法（setXXX）来设置参数。例如：

```
CallableStatement cs = conn.prepareCall("{call Update_Age(?,?)}");
cs.setInt(1,20);        //将存储过程中第一个参数标记的值设置成20，即Sage=20
cs.setString(2, "1");   //将存储过程中第二个参数标记的值设置成"1"，即Sno=1
```

注意：这里一定不能混淆参数的概念与参数标记的概念。存储过程调用期望将特定数目个参数传送给它；特定 SQL 语句使用"?"字符（参数标记）来表示在运行时提供的值。

大家可以通过以下例子来领会两个概念之间的差异：

```
CallableStatement cs = conn.prepareCall("CALL PROC(?,"SECOND", ?) ");
cs.setString(1, "First");           //第一个参数标记，存储过程中第一个参数
cs.setString(2, "Third");           //第二个参数标记，存储过程中第三个参数
```

2. OUT（输出）参数

OUT 参数是使用 registerOutParameter()方法处理的。registerOutParameter()方法最常见的形式是接收属性列参数标记作为第一个参数，并接收 SQL 类型作为第二个参数，这是告诉 JDBC 驱动程序在处理语句时期望从参数得到什么样的数据。例如，假设存储过程 PROC 中的第一个参数是 OUT 参数，而且类型是字符串型，则

```
CallableStatement cs = conn.prepareCall("{call PROC(?,?)}");
cs. registerOutParameter(1,java.sql.Types.VARCHAR);    //先注册
cs.setString(2, "1");
cs.executeQuery();           //执行存储过程
cs.getString(1);             //获取输出参数的结果
```

在执行完存储过程之后，可以调用 getXXX()方法得到相应输出参数的结果。同时，在 java.sql 包中可以找到 registerOutParameter()方法的其他两个变体。

3. INOUT（输入输出）参数

INOUT 参数要求完成 IN 参数和 OUT 参数的工作。对于每个 INOUT 参数，在可以处理语句之前，必须调用设置 setXXX()方法和 registerOutParameter()方法。如果不设置或注册任何参数，则处理语句时将抛出 SQLException。

10.6.3 存储过程的访问

存储过程的访问处理与 PreparedStatment 是相同的，请参见之前的介绍。

假设 Update_Age 为之前定义的存储过程，该存储过程存在两个输入参数 num 和 age，它的执行结果是将指定学号的学生年龄修改成指定年龄。在例 10.8 中，将调用该存储过程执行修改操作，将 Sno 为 1、2、3、4、5 的学生年龄改为 18、19、20、21、22。

【例 10.8】 存储过程操作示例。

```java
import java.sql.*;
public class SpUpdateSamplt {
    public static Connection getConnection() throws SQLException,
java.lang.ClassNotFoundException {
        String url = "jdbc:mysql://localhost:3306/studentinfo";
        Class.forName("com.mysql.jdbc.Driver");
        String userName = "root";
        String password = "root";
        Connection con = DriverManager.getConnection(url, userName, password);
        return con;
    }
```

```java
    /**
     * @param args
     */
    public static void main(String[] args) {
        // TODO Auto-generated method stub
        int Sage[] = {18,19,20,21,22};
        String Sno[] = {"1","2","3","4","5"};
        try{
            Connection con = getConnection();
            CallableStatement cs = con.prepareCall("{call Update_Age(?,?)}",
ResultSet.TYPE_SCROLL_SENSITIVE, ResultSet.CONCUR_UPDATABLE);
            for(int i=0; i<Sno.length; i++){
                cs.setInt(1, Sage[i]);
                cs.setString(2,Sno[i]);
                cs.executeUpdate();
            }
            String query ="select * from student1";
            Statement sql = con.createStatement();
            ResultSet result =sql.executeQuery(query);
            System.out.println("Student1表中的数据如下:");
            System.out.println("--------------------");
            System.out.println("学号"+" "+"姓名"+" "+"年龄"+" "+"地址");
            System.out.println("--------------------");
            while (result.next()) {
                int number=result.getInt("Sno");
                String name=result.getString("Sname");
                int age=result.getInt("Sage");
                String add=result.getString("Sadd");
                System.out.println(" "+number+" "+name+" "+age+" "+add);
            }
            sql.close();
            con.close();
        }catch (java.lang.ClassNotFoundException e) {
            System.err.println("ClassNotFoundException: ");
            System.err.println(e.getMessage());
        }catch (SQLException ex) {
            System.err.println("SQLException: "+ex.getMessage());
        }
    }
}
```

程序的运行结果如图 10-11 所示。

```
Console ☒
<terminated> SpUpdateSamplt [Java Application]
Student1 表中的数据如下:
--------------------
学号 姓名 年龄 地址
--------------------
1 Liu  18 Shanghai
2 Qian 19 Shanghai
4 Li   21 Guangzhou
5 Zhou 22 Shenzhen
6 Zhang 19 Guangzhou
```

图 10-11　例 10.8 的运行结果

10.7　JDBC 应用设计

设计完整的 JDBC 应用要考虑几个方面。首先是创建表，然后插入数据到表中并显示查询结果，随后可以创建相关的表，试图用 join 操作连接多个表并查询，更复杂的操作是利用事务或 PreparedStatement 对象来实现。

JDBC 应用一定要引入 java.sql.* 系列包，还要加上 try 和 catch 块防止 ClassNotFoundException 和 SQLException。

10.8　用 Applet 访问数据库

如果用户希望将数据显示在网页上，可以用 applet 实现，即要让 applet 直接从数据库取数据。applet 代码包括 JDBC 代码、运行 applet 的代码和显示数据库结果的代码。假定用 DatabaseApplet 类来实现。

```
public class DatabaseApplet extends Applet implements Runnable {
    ...
}
```

定义 DatabaseApplet 类有一个 start() 方法和 paint() 方法，每当调用 start() 方法时，创建一个新线程进行数据库查询；每当调用 paint() 方法时，可以显示查询结果或用字符串显示 applet 的当前状态。

Runnable 接口是让 DatabaseApplet 类作为线程，该接口的 run() 方法包含 JDBC 代码，进行连接、查询、获取结果。因为数据库连接比较慢，放入单独的线程中运行比较好。

在 applet 中访问数据库，比较好的做法是把 JDBC 代码放入单独的线程，出现延迟的时候都显示状态信息，特别是数据库连接花较多时间的时候。错误信息显示在屏幕上，而不是用 System.out 或 System.err 打印。

applet 可以对自己所在的主机进行网络连接，因此在 intranet 中可以正常工作。JDBC-ODBC 桥驱动程序可以用于 intranet 访问，但每个客户都要装 ODBC、桥、桥本地库以及 JDBC。在 Internet 上不适合用 JDBC-ODBC 桥驱动程序运行 applet，应改为纯 Java 的 JDBC 驱动程序。

例 10.9 使用 applet 查询 student 数据库，并将结果显示在小程序查看器上。

【例 10.9】 用 Applet 操作数据库示例。

```java
import java.applet.*;
import java.awt.Graphics;
import java.util.*;
import java.sql.*;
public class DatabaseApplet extends Applet implements Runnable {
    /**
     *
     */
    private static final long serialVersionUID = 1L;
    private Thread worker;
    private Vector<String> queryResults;
    private String message = "初始化";
    public synchronized void start() {
//每次调用start()就创建一个worker线程
       if (worker == null) {
          message = "连接数据库";
          worker = new Thread(this);
          worker.start();
       }
    }
    public void run() {
        // TODO Auto-generated method stub
        String url = "jdbc:mysql://localhost:3306/studentinfo";
        String query = "select * from student";

        try {
            Class.forName("com.mysql.jdbc.Driver");
        } catch(Exception ex) {
            setError("找不到数据库驱动程序" + ex);
            return;
        }
        try {
            Vector<String> results = new Vector<>();
            Connection con = DriverManager.getConnection(url,"root", "root");
            Statement stmt = con.createStatement();
            ResultSet rs = stmt.executeQuery(query);
              while (rs.next()) {
                  int number=rs.getInt("Sno");
                  String name=rs.getString("Sname");
                  String mathScore=rs.getString("math");
                  String text = number + "    " + name +" "+mathScore;
```

```
                    results.addElement(text);
                }
                 stmt.close();
                 con.close();
                 setResults(results);
            } catch(SQLException ex) {
                 setError("SQLException: " + ex);
            }
        }
        public synchronized void paint(Graphics g) {
            //如果没有结果可用,就显示message
             if (queryResults == null) {
                 g.drawString(message, 5, 50);
                 return;
            }
                 g.drawString("学号"+" "+"姓名"+" "+"数学成绩", 5, 10);
                 int y = 30;
                 Enumeration<String> e = queryResults.elements();
                  while (e.hasMoreElements()) {
            String text = e.nextElement();
                 g.drawString(text, 5, y);
                 y = y + 15;
            }
        }
        private synchronized void setError(String mess) {
                 queryResults = null;
                 message = mess;              //记录错误信息
                 worker = null;
                 repaint();
        }
        private synchronized void setResults(Vector<String> results) {
                 queryResults = results;     //记录查询结果
                 worker = null;
                 repaint();
        }
}
```

程序的运行结果如图 10-12 所示。

图 10-12　例 10.9 的运行结果

10.9 小　　结

本章介绍 JDBC 的内容及其在数据库中的应用，JDBC API 使 Java 程序可以连接数据源（如数据库）、发送查询与更新语句到数据库、取回并处理从数据库返回的结果。连接、事务、存储过程等功能提高了数据库访问的效率，applet 也支持数据库访问。JDBC API 被划分到 java.sql 和 javax.sql 这两个包，javax.sql 提供了很多新特性，是对 java.sql 的补充。

习　题　10

1. 试论述 JDBC 结构。
2. Java 的数据库连接原理是什么？
3. 如何与数据库建立连接？
4. 如何实现基本的数据访问？
5. 什么是 JDBC 中的元数据？
6. PreparedStatement 的作用是什么？
7. 如何实现表连接？
8. 什么是数据库中的事务？
9. 简述数据库的自动提交方式的含义。
10. 事务隔离级别有哪些？
11. 什么叫保存点？
12. 存储过程有何作用？
13. 试编写程序用 JDBC 进行学生信息应用设计。
14. 试编写程序用 applet 访问 MySQL 数据库。

第 11 章　网络与 Web 服务应用

Java 是优秀的网络编程语言,能够让用户编写使用 Internet 和 WWW（World Wide Web）上各种资源和数据并与其交互的程序,这正是 Java 享誉计算机世界之处。本章将对 Java 支持的主要网络功能进行介绍。

11.1　Java 对网络通信的支持

Java 的网络功能封装在 java.net 包中,其中的类提供了用于在 Internet 和 WWW 上进行通信的机制。Internet 采用 TCP/IP 协议进行通信,该协议实际由 4 层协议组成:

（1）应用层（HTTP，FTP，Telnet，…）
（2）传输层（TCP，UDP，…）
（3）网络层（IP，…）
（4）链路层（设备驱动器，…）

Java 程序在应用层进行通信,不必关心下层协议,然而为了决定采用可靠连接还是不可靠连接进行通信,必须了解传输层的 TCP 与 UDP 的不同之处。

（1）TCP（Transmission Control Protocol,传输控制协议）是基于连接（connection）的通信协议。它在两台计算机间提供了可靠的数据流,保证数据从连接的一端能确实到达另一端,很像拨电话通信一样。凡是需要可靠的点到点通道进行通信的情况,就应采用 TCP 协议,如超文本传输协议（HyperText Transfer Protocol，HTTP）、文件传输协议（File Transfer Protocol，FTP）、远程登录（Telnet）等都是需要可靠通信通道的应用例子。

（2）UDP（User Datagram Protocol,用户数据报协议）是非连接的通信协议。它从一台计算机发送独立的数据包到另一台计算机,但不保证它们是否到达对方。这种通信机制很像邮局送信,各信件的次序并不重要,也不保证全部收到。有些应用需要这种不可靠通信,例如,网络测试就需要发送数据报,看有无丢失数据包,检查接收包的次序如何。

另外,计算机只有一条物理连接连到网络,各种应用程序都把数据送到连接中,那么接收程序如何知道输入数据传给谁？这就是端口(port)的作用。

在 Internet 上传送的数据附有寻址信息（addressing information）,指明目的计算机以及端口,其中 32 位的 IP 地址让网络层找到目的计算机,而另一个 16 位数指明端口号,TCP 和 UDP 根据端口号把数据送到正确的应用程序。有些端口号是默认使用的,如 http 使用 80；ftp 使用 21；telnet 使用 23 等。

（1）在基于连接的通信中,应用程序把一个 Socket 联系到一个端口号,以建立与另一应用程序的连接,相当于向系统注明该应用程序使用该端口接收数据。

（2）在基于数据报的通信中，数据包中包含了目的地的端口号。端口号的范围是 0～65 535，其中 0～1023 是限制使用的，留给系统服务使用，应用程序只能使用 1024 以后的端口号，且一个端口只能联系一个应用程序。

java.net 包的通信机制分为统一资源定位器（URL）、套接字（Socket）和数据包（Datagram）三部分。前两部分采用了 TCP 进行网络通信，后一部分用 UDP 进行通信。URL 是三种之中最高层的通信方式，可以访问 Internet 和 WWW 资源；Socket 层次稍低，适用于服务器/客户端(Client/Server)方式的通信；Datagram 是最低层的通信机制，适用于不需要可靠连接的通信方式。

11.2 URL 应用

URL（Uniform Resource Locator，统一资源定位器）是 Internet 上信息资源位置的标准表示方式，Java 程序正是利用 URL 进入 Internet 和 WWW 的。java.net 包中有 URL、URLConnection 等类，URL 类的实例对象可表示 URL 地址。

11.2.1 URL 地址格式

URL 地址有两个主要部分：访问资源的协议标识符和资源的位置（资源名），其格式为

```
protocolID:resourceName
```

例如：

```
http://java.sun.com/
```

就是一个 URL 地址，http 是协议标识符，java.sun.com/是资源名。

协议标识符指明取得资源的协议名，最常用的 http 是用于获得超文本文件的协议，Internet 上可用的其他获得资源的协议还有 ftp、gopher、file、news 等。

资源名是资源的完整地址，不同的协议有不同的资源名格式，包括下列一种或多种组成部分：

（1）主机名（host name），用来指示资源所在的机器；
（2）文件名（file name），该资源在机器上的完整文件路径名；
（3）端口号（port number），连接时所使用的端口号，通常默认；
（4）引用（reference），用来指定资源中的一个链接（anchor），即标识文件中某一特定位置（通常默认）。

最完整的 URL 地址如下例：

```
http://java.sun.com:80/tutorial/intro.html#DOWNLOADING
```

其中，java.sun.com 是主机名，/tutorial/intro.html 是文件名，80 是端口号，DOWNLOADING 是引用。

11.2.2 创建 URL 对象

java.net.URL 类所创建的对象就可以代表 URL 地址,有绝对 URL 地址对象和相对 URL 地址对象两种。

(1) 绝对 URL 地址对象,创建该类对象的构造方法如下:

```
public URL(String spec);
```

字符串参数 spec 中包含了到达资源地址的全部信息,例如:

```
URL myurl = new URL("http://java.sun.com/");
```

用字符串表示地址,myurl 对象代表 http://java.sun.com/地址。

(2) 相对 URL 地址对象,创建该类对象的构造方法如下:

```
public URL(URL baseURL,String relativeURL);
```

第 1 个参数是一个 URL 基地址,第 2 个参数用字符串表明从基地址起到达资源的所需信息,称为相对地址,例如:

```
URL urla = new URL("http://www.gamelan.com/");
URL urlb = new URL(urla, "Gamelan.network.html");
```

第 2 句就是用相对 URL 格式创建 urlb,它从基地址 urla 起,加上 Gamelan.network.html,最后到达 http://www.gamelan.com/Gamelan.network.html。

相对 URL 格式较为灵活,即使 URL 基址变了,相对地址仍可保留。如果基地址为空,则相对地址可认为是绝对地址。

URL 类还提供了两个附加的构造方法创建 URL 对象:

(1) 构造方法格式为

```
public URL(String protocol, String host, String filename);
```

共有协议名、主机名、文件名三个参数。

(2) 构造方法格式为

```
public URL(String protocol, String host, int port, String filename);
```

共有协议名、主机名、端口号、文件名四个参数,例如:

```
URL myurl = new URL("http", "java.sun.com", 80, "/tutorial/intro.html");
```

注意:文件名前的斜杠/表明从主机的根目录开始定义文件名。

创建 URL 对象失败时会抛出 MalformedURLException,所以要为它增加一个异常处理器,例如:

```
try {
    URL myurl = new URL(…)
```

```
} catch (MalformedURLException me) {
  ...
}
```

11.2.3 URL 类的方法

URL 类提供了一些方法访问 URL 对象的内部信息，如表 11-1 所示。

表 11-1　URL 类常用方法

方法名	描述
getProtocol()	取得 URL 中的传输协议标识符
getHost()	取得 URL 中主机的名称
getPort()	取得 URL 中的端口号，若返回-1，则表示端口号默认
getFile()	取得 URL 中资源的文件名
getRef()	取得 URL 中的引用部分

但是 URL 类没有提供修改 URL 对象内部信息的方法，也就是说，URL 对象一旦创建之后，就不能改变它的各个部分。

例 11.1 是利用 URL 类方法分析 URL 对象信息的程序。

【例 11.1】 URL 类示例。

```
import java.net.*;              //引入有关网络功能的程序包
public class ParseURL {

  /**
   * @param args
   */
  public static void main(String[] args) {
    // TODO Auto-generated method stub
    URL aURL=null;
    try {
        aURL = new URL("http://gdut.edu.cn/eindex.html#part1");
        System.out.println("Protocol="+aURL.getProtocol());
                          //显示URL传输协议
        System.out.println("host="+aURL.getHost());
                          //显示URL主机名
        System.out.println("File="+aURL.getFile());
                          //显示URL文件名
        System.out.println("Port="+aURL.getPort());
                          //显示URL端口号
        System.out.println("Ref="+aURL.getRef());
                          //显示URL引用部分
    } catch (MalformedURLException e) {
        System.out.println("MalformedURLException:" + e);
```

            }
        }
    }

程序运行结果如图 11-1 所示。

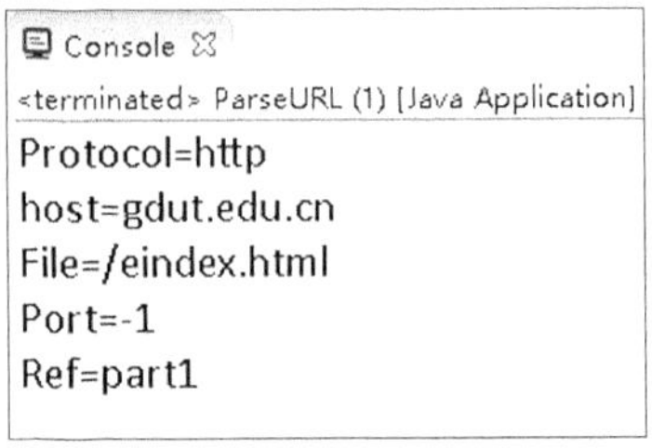

```
Console
<terminated> ParseURL (1) [Java Application]
Protocol=http
host=gdut.edu.cn
File=/eindex.html
Port=-1
Ref=part1
```

图 11-1 例 11.1 的运行结果

11.2.4 读入 URL 资源

建立好 URL 对象后，Java 程序就可以读入该 URL 地址处的资源。URL 类有个 openStream()方法，可将 URL 资源转成一个输入数据流，返回一个 InputStream 对象。其构造方法为

```
InputStream openStream();
```

然后用数据流中的方法读入就可以了。

例 11.2 的程序利用 openStream()创建了 http://www.gdut.edu.cn/处资源的输入流，然后用 BufferedReader()建立缓冲流，把该目录下的 HTML 文件读入本机内存，再直接显示到控制台上。

【例 11.2】 读入 URL 资源示例。

```java
import java.net.*;                    //引入有关网络功能的程序包
import java.io.*;

public class ReadURL {
    /**
     * @param args
     */
    public static void main(String[] args) {
        // TODO Auto-generated method stub
        try {
            URL myurl = new URL("http://english.gdut.edu.cn/");
            BufferedReader dis = new BufferedReader(new
InputStreamReader (myurl.openStream()));
                                    //为URL建立一个输入数据流，并连到缓冲流dis
            String inL;
            while ((inL = dis.readLine())!=null) {
                System.out.println(inL);//将读入信息显示到屏幕
```

```
        }
        dis.close();                      //关闭流
    } catch (MalformedURLException me) {
        System.out.println("MalformedURLException:" + me);
    } catch(IOException ioe) {
        System.out.println("IOException:" + ioe);
    }                                     //异常处理
  }
}
```

运行后，http://english.gudt.edu.cn/文件内容被读入并显示到控制台上，如果计算机找不到 http://english.gudt.edu.cn/，会显示

```
IOException: java.net.UnknownHostException: english.gudt.edu.cn
```

遇到这种情况，请换一个其他的 URL 地址。

11.2.5　连接 URL

java.net.URL 类有一个 openConnection()方法，可以连接 URL 对象。连接 URL 意味着 Java 程序与网络中的 URL 地址建立了通信联系，openConnection()方法将返回一个 URLConnection 类对象，其创建格式为

```
URLConnection mycon = myurl.openConnection();
```

myurl 是 URL 类对象。

URLConnection 也是 java.net 包中的类，以 HTTP 为中心，它的许多方法只对 HTTP URL 起作用。可以利用它的 getInputStream()方法读 URL，例如：

```
DataInputStream dis = new DataInprtStream(mycon.getInputStream());
```

其结果与用 URL 类的 openStream()读 URL 一样。但 openStream()只能用于输入，而 mycon 对象还可以用于输出，用 URLConnection 类的 getOutputStream()方法写 URL，例如：

```
mycon.getOutputStream();
```

详见 11.2.6 节。

11.2.6　写入 URLConnection

有些 HTML 页面让用户输入信息到服务器，服务器再返回响应信息给客户。例如，订机票的 HTML 页面，当填入日期、地点和航班等信息传给服务器后，服务器就会返回有无座位等信息。这个过程就是输出数据到 URL，并从 URL 读入数据的双向通信过程。

在服务器一端负责接收数据并返回信息的程序过去是公共网关接口（Common Gateway Interface，CGI）程序，CGI 程序用 POST METHOD 读客户数据。客户端由浏览器或 Java 程序写数据到 URL，若用 Java 程序与服务器的 CGI 程序交互，其步骤如下：

（1）创建 URL 对象；
（2）连接 URL；
（3）从连接处得到输出流，连到服务器的 CGI 程序的标准输入流；
（4）写到输出流；
（5）关闭输出流。

现在与服务器打交道的方法很多，但不是 Java SE 主要的工作，而是 Java EE 的工作，请参考 Java EE 的有关内容。

11.3　Socket 应用

采用 URL 类和 URLConnection 类进行通信是高层的网络通信，目的是访问 Internet 和 WWW 上的资源。如果需要编写 Client/Server 应用程序，就应采用较低层的网络通信，这就是 Socket 的应用。

Socket 是网络中两个程序间双向通信连接的一端。在 Client/Server 应用中，服务器提供服务，如处理数据库请求等；客户端应用服务结果，如处理数据库检索结果等。双方之间的通信必须可靠，丢失数据是不允许的，显然，双方要用 TCP 进行通信。

java.net 包提供了 Socket 和 ServerSocket 类，用 TCP 实现了与系统无关的通信通道，分别成为客户端的连接和服务器的连接。

11.3.1　Socket 原理

客户端与服务器间需要有一个专用连接进行双向通信，在建立连接的过程中，客户端获得一个本地端口号，联系一个 Socket 到该端口，客户端就可以读写 Socket 与服务器通信。同理，服务器也获得一个当地端口号，也联系一个 Socket 到该端口，读写 Socket 与客户端通信。客户端和服务器之间要遵守同一种协议。

1. Socket 类

Socket 类以独立于平台的方式实现双向连接，客户端程序可以用 Socket 类对象与网络中的另一程序进行双向通信。Socket 的构造方法有四种：

（1）Socket(InetAddress address, int port)　　//指明服务器 IP 地址和端口号
（2）Socket(InetAddress address, int port, boolean Stream)
　　　　　　　　　　　　　　　　　//第三个参数说明是流 Socket 还是数据报 Socket
（3）Socket(String host, int port)　　//指明服务器主机名和端口号
（4）Socket(String host, int port, boolean Stream)
　　　　　　　　　　　　　　　　　//第三个参数说明是流 Socket 还是数据报 Socket

使用第三种构造方法创建 Socket 类对象的示例如下：

```
Socket mysocket = new Socket("machineName", 1234);
```

第一个参数是机器名，第二个参数是端口号，表明与哪台机器上的哪个端口建立联系。

2. ServerSocket 类

如果编写服务器软件，就要用 ServerSocket 类实现双向连接的服务器。ServerSocket

的构造方法有两种：

（1）ServerSocket(int port)   //指明客户端端口号
（2）ServerSocket(int port, int count)   //第二个参数说明能支持多大的连接数

使用第一种构造方法创建 ServerSocket 类对象的示例如下：

```
ServerSocket myserver = new ServerSocket(1234);
```

参数中的端口号表示与端口号相同的客户端建立通信连接。

11.3.2 读写 Socket

创建了 Socket 对象后就可以读写 Socket 了。要用 Socket 进行 Client/Server 式通信，客户端程序要有以下五个步骤：

（1）打开 Socket，即创建 Socket 类对象；
（2）打开一个输入流和输出流连到 Socket，即创建 InputStream 和 OutputStream 对象；
（3）按照服务器协议读写流，不同的程序有不同的功能；
（4）关闭流；
（5）关闭 Socket。

打开输入流和输出流的方法是用 Socket 类的 getInputStream()和 getOutputStream() 方法，例如：

```
BufferedReader is = new BufferedReader
(new InputStreamReader(mysocket.getInputStream()));
PrintWriter os = new PrintWriter(mysocket.getOutputStream());
```

其中，mysocket 是 Socket 类对象。

通信完毕首先关闭联系 Socket 的流：

```
is.close();
os.close();
```

然后关闭连接服务器的 Socket：

```
mysocket.close();
```

11.3.3 读写 ServerSocket

ServerSocket 类提供了与系统无关的方式实现服务器端的 Socket 连接，创建该类对象后，就可以接受来自客户端的连接，其方法是 accept()，格式如下：

```
Socket mysocket = null;
ServerSocket myserver = new ServerSocket(1234);
mysocket = myserver.accept();
```

注意：accept()方法将一直等待客户端启动，并申请连接同一个端口。双方建立联系后，

accept()方法返回一个新 Socket 对象,并连接一个新的局部端口;服务器用新端口与客户通信,而用原端口继续监听客户连接请求。

创建 Socket 对象后,下一步是打开输入输出流,如:

```
BufferedReader is = new BufferedReader(new
InputStreamReader(mysocket.getInputStream()));
PrintWriter os = new PrintWriter(mysocket.getOutputStream());
```

建立输入输出流后就可以和客户端通信了。

通信完毕要关闭输入输出流,然后关闭 Socket 和 ServerSocket:

```
os.close();
is.close();
mysocket.close();
myserver.close();
```

记住,服务器的 Socket 通信程序要先运行,然后才能响应客户端的程序。

如果多个客户端连接请求进入同一端口,这些请求会排队,服务器可用多个线程来处理这些请求。可在服务器加一个控制流,一个线程处理一个客户端连接:

```
while(true) {
    accept a connection;
    create a thread to deal with the client;
}
```

这个 while 循环不断监听有无客户连接请求,有请求进入时,服务器接受连接, 建立一个新的线程对象来处理它,把 accept()方法返回的 Socket 对象交给线程,并启动线程,服务器回来继续监听。

创建 ServerSocket 对象时为了防止异常出现,所以加了一个异常处理器:

```
try {
    myserver = new ServerSocket(1234);
} catch (IOException e) {
    System.out.println("Could not listen on port" + 1234 + ", " + e);
    System.exit(1);
}
```

同理,接受客户连接时也应加一个异常处理器:

```
Socket mysocket = null;
try {
    mysocket = myserver.accept();
} catch (IOException e) {
    System.out.println("Accept failed:" + 1234 + ", " + e);
    System.exit(1);
}
```

11.3.4 Socket 应用完整示例

例 11.3 通过创建客户端与服务器进行简单通信的程序，完整地展示了 Socket 的应用。

【例 11.3】 Socket 的简单应用示例。

服务器的程序如下：

```java
import java.io.*;
import java.net.*;
public class myServer {
  public static void main(String[] args) {
    try {
        ServerSocket myserver = new ServerSocket(1234);
                                            //与端口号相同的客户端建立连接
        Socket mysocket = myserver.accept();   //等待客户端启动
        BufferedReader is = new BufferedReader(new
InputStreamReader(mysocket.getInputStream()));  //打开输入流
        PrintWriter os = new PrintWriter(mysocket.getOutputStream());
                                            //打开输出流
        BufferedReader in = new BufferedReader(new InputStreamReader(System.in));

        System.out.println("服务器…");
        while (true) {
          String str = is.readLine();          //从客户端读取一行信息
          System.out.println("接收到："+str);
          String answerstr = in.readLine();    //从键盘读取输入信息
          os.println(answerstr);               //向客户端发送回复信息
          os.flush();
          if (str.equals("bye")) break;        //如果收到"bye"信息,则结束通信过程
        }
          is.close();
          os.close();

          mysocket.close();
          myserver.close();
    } catch (IOException e) {
          System.out.println("Could not listen on port" + 1234 + ", " + e);
          System.exit(1);
        }
    }
}
```

客户端的程序如下：

```java
import java.net.*;
import java.io.*;
```

```java
public class myClient {
  public static void main(String[] args){
    try {
        Socket mysocket = new Socket(InetAddress.getLocalHost(), 1234);
                                    //创建连接本机1234端口的Socket对象
        BufferedReader is = new BufferedReader(new
InputStreamReader(mysocket.getInputStream()));//打开输入流,用于接收服务器信息
        PrintWriter os = new PrintWriter(mysocket.getOutputStream());
                                    //打开输出流,用于给服务器发送信息
        BufferedReader in = new BufferedReader(new InputStreamReader(System.in));
        System.out.println("客户端…");
        while (true) {
          String str = in.readLine();      //从键盘读取输入信息
          os.println(str);                 //给服务器发送信息
          os.flush();
          if (str.equals("bye")) {
            break;                         //当用户输入"bye"信息时,结束通信过程
          }
          System.out.println("对方发来: "+is.readLine());   //接收服务器信息
        }
          is.close();
          os.close();
          mysocket.close();
      } catch (IOException e) {
          System.out.println("Could not connect the server!");
          System.exit(1);
      }
   }
 }
```

在 Eclipse 下运行,应先启动服务器程序,再运行客户端程序,然后双方就可以进行简单的通信,通信过程如图 11-2 和图 11-3 所示。

图 11-2　服务器程序运行结果

图 11-3　客户端程序运行结果

从例 11.3 的程序可以看出,当服务器和客户端通过 Socket 建立连接之后,双方都是通

过 Socket 对象的输入流从 Socket 中读取信息，然后通过 Socket 对象的输出流向 Socket 发送信息，此时服务器和客户端再无区别。

另外，例 11.3 中一方发送一条信息后，要等待接收对方发来的信息。在实际应用中，要实现双方无阻塞地通信，就要使用多线程技术，例如发送信息和接收信息的功能分别由两个线程来完成。如果要开发聊天室的程序，也就是要实现一个服务器和多个客户端的通信，服务器端也应该包含多个线程，其中每个 Socket 对应一个线程，实现和一个客户端的通信。

11.4 Datagram 应用

在采用 UDP 协议进行的网络通信方式中，通信机制是将独立的数据报（Datagram）发送到接收目的地。java.net 包中的 DatagramPacket 和 DatagramSocket 类以系统无关的方式实现了 UDP Datagram 通信。

11.4.1 Datagram 原理

Datagram 是独立的、自成一体（self-contained）的消息单元，发送到网络上后，它能否到达目的地、到达时间以及收到的内容都是不保证的。客户端和服务器间没有一条专门的点到点通道，这与有可靠通道的 URL 和 Socket 通信不同。

要编写用 Datagram 发送和接收数据包的 Java 程序，就要创建 DatagramSocket 对象和 DatagramPacket 对象，通过前者收发后者。

创建 DatagramSocket 对象的格式为

```
DatagramSocke mydgs = new DatagramSocket();
```

构造方法中没有参数，创建对象后，新的 DatagramSocket 连接到任何可用的本地端口。另一种格式是在构造方法中用一个参数指定希望联系的端口号，若所指定的端口正在使用，则创建过程会失败。

创建 DatagramPacket 对象的格式有两种：

（1）有两个参数的格式。

```
DatagramPacket mydgp = new DatagramPacket(buf, buf.length);
```

第一个参数是字节数组，用来存放客户端数据；第二个参数是字节数组的长度。这种对象用于接收来自 Socket 的数据。

（2）有四个参数的格式。

```
DatagramPacket mydgp = new DatagramPacket(buf, buf.length, address, port);
```

第三个参数是 Internet 地址，第四个参数是端口号。如果希望用 DatagramSocket 发送数据包，就要指明数据包的目的地址和端口号。这种格式的对象用于发送数据。

11.4.2 编写 Datagram 服务器

下面介绍用 Datagram 进行客户/服务器通信的例子,服务器连续用 Datagram Socket 接收 Datagram 数据包,当服务器收到一个 Datagram,它回答一个 Datagram 数据包。

下面的服务器用两个类实现,它们是 QServer 和 QServerThread。

QServer 是主类,内有 main()方法,用于创建一个新的 QserverThread 对象并启动它:

```
class QServer {
  public static void main(String[] args) {
    new QServerThread().start();
  }
}
```

QServerThread 是一个线程,它连续等待 Datagram Socket 送来的请求。该线程有两个私有实例变量:第 1 个是 Socket,引用一个 DatagramSocket 对象;第 2 个是 qfs,是一个 DataInputStream 对象,用于打开一个包含若干行的 ASCII 文本文件。当一个请求到来时,服务器从这个输入流文件取出下一行。QServerThread()构造方法如下:

```
QServerThread() {
  super("QServer");    //调用超类Thread的构造方法初始化线程,取名QServer
  try {
    socket = new DatagramSocket();              //创建DatagramSocket对象
    System.out.println("QServer listening on port:" +
                socket.getLocalPort());   //显示联系了哪个端口
  } catch (java.net.SocketException e) {
    System.err.println("Could not create datagram socket.");
  }                                             //异常处理
  this.openInputFile();                         //打开包含一个文本文件
}
```

DatagramSocket 对象 socket 用于监听和回答客户的请求,getLocalPort()方法用于取得 DatagramSocket 联系的端口号,openInputFile()是私有方法。

QServerThread 的线程体 run()方法首先检查 DatagramSocket 是否有效,若其对象 socket 为 null,则表明线程联系不上 DatagramSocket,run()方法只能返回。

若 DatagramSocket 有效,则 run()方法进入无限循环。循环体包含两个关键部分:监听部分和回答部分。

1. 监听部分

```
packet = new DatagramPacket(buf, 256); //创建DatagramPacket对象接收信息
socket.receive(packet);                //从socket接收一个Datagram
address = packet.getAddress();         //取Datagram中的Internet地址
port = packet.getPort();               //取Datagram中的端口号
```

DatagramPacket 通过 DatagramSocket 接收数据包,receive()方法将一直等待, 直到收

到一个数据包。Datagram 信息中包含有 Internet 地址和端口号，表明该包是从哪里来的。可以用 getAddress()和 getPort()方法取出。

2. 回答部分

服务器收到客户请求之后，必须将信息回送给客户。

```
if (qfs==null)
   dString = new Date().toString();   //若文件打不开，只取当前日期
else
   dString = getNextQ();    //取文件的下一行
dString.getBytes(0, dString.length(), buf, 0); //把字符串转为字节数组buf
packet = new DatagramPacket(buf, buf.length, address, port);
                            //创建DatagramPacket对象，用于发送信息
socket.send(packet);        //发送DatagramPacket到指定地址和端口
```

该部分把文件的一行转为字节数组 buf，用 send()方法把 Datagram 回送到原来发请求的客户中。

QServerThread 类的最后一个方法是 finalize()，关闭 DatagramSocket，释放端口。

11.4.3 编写 Datagram 客户端

客户端程序发送数据包到服务器，表明它希望得到一个回答，然后等待服务器回送一个 Datagram 数据包。客户端程序只用一个类实现，即 QClient。

QClient 类只有一个 main()方法，只是发送请求，等待回答，将收到的回答显示到屏幕上。其初始化部分如下：

```
int port;
InetAddress address;
DatagramSocket socket = null;
DatagramPacket packet;
byte[] sendBuf = new byte[256];
```

这部分声明了几个局部变量。下一部分处理调用 QClient 程序的命令行参数：

```
if (args.length!=2) {
   System.out.println("Usage: java DatagramClient <hostname> <port#>);
   return;
}
```

QClient 程序需要两个命令行参数：一是运行 QServer 的机器名，二是 QServer 监听的端口号。首先运行 QServer 显示该端口号，然后把该端口号输入给 QClient。

接下来的部分是客户端程序的主要部分，在 try 块中包含三部分：创建 DatagramSocket 对象；发送请求到服务器；接收服务器回答。

1. 创建 DatagramSocket 对象

```
socket = new DatagramSocket();
```

创建客户端的 DatagramSocket 对象，该对象联系到任意可用的局部端口，准备收发 Datagram 数据包。

2. 送客户请求到服务器

```
address = InetAddress.getByName(args[0]);   //从命令行参数求主机Internet地址
port = Integer.parseInt(args[1]);           //从命令行参数求端口号
packet = new DatagramPacket(sendbuf, 256, address, port);
                                //创建客户端DatagramPacket对象，用于发送信息
socket.send(packet);            //发送DatagramPacket到指定地址和端口的服务器
System.out.println("Client sent request packet.");
```

通过命令行的两个参数求出服务器所在的地址和端口，发送一个 Datagram 到服务器，此时字节数组 sendBuf 是空的。

3. 接收服务器回答

```
packet = new DatagramPacket(sendBuf,256);   //创建DatagramPacket对象接收信息
socket.receive(packet);                     //从socket接收服务器发来的Datagram
String received = new String(packet.getData(),0);    //从数据包中读数据
System.out.println("Client received packet:"+ received);//显示接收数据
```

receive()方法一直等待服务器回答，收到后用 getData()方法读出数据，转变为字符串。若服务器包丢失了，客户程序无法知道。所以客户程序最好设置一个定时器，若等待时间很久而没有回答，客户将重发请求。

11.4.4 Datagram 应用完整示例

例 11.4 通过创建客户端与服务器进行简单通信的程序，完整地展示了 Datagram 的应用。

【例 11.4】 Datagramt 的简单应用示例。

服务器的程序如下：

```java
import java.net.*;
import java.io.*;

public class DatagramServer {
    public static void main(String[] args) {
        byte[] buffer = new byte[256];
        DatagramPacket rpacket = new DatagramPacket(buffer, buffer.length);
        BufferedReader in = new BufferedReader(new
            InputStreamReader(System.in));
        try {
            DatagramSocket socket = new DatagramSocket(1234);
            System.out.println("服务器…");
            while (true) {
                socket.receive(rpacket);//从socket接收一个Datagram
```

```java
                String info = new String(rpacket.getData(),0, rpacket.getLength(),
"GBK");                          //获取Datagram中的信息,并将其转换成转成字符串
                    System.out.println("接收到: "+info);
                String str = in.readLine();      //从键盘读取一行信息
                byte[] bf= str.getBytes("GBK");
                DatagramPacket spacket = new DatagramPacket(bf, bf.length,
rpacket.getAddress(), rpacket.getPort());   //将输入信息封装成一个Datagram
                socket.send(spacket);            //发送一个Datagram
                if ("bye".equals(str))
                    break;                       //如果输入"bye",则结束通信
            }
            socket.close();
        } catch (IOException e) {
            System.out.println("Error! "+ e.getMessage());
            System.exit(1);
        }
    }
}
```

客户端程序如下:

```java
import java.io.*;
import java.net.*;

public class DatagramClient {
    public static void main(String[] args) {
        DatagramSocket socket=null;
        byte[] buffer = new byte[256];
        DatagramPacket rpacket = new DatagramPacket(buffer, buffer.length);
        BufferedReader in = new BufferedReader(new
                InputStreamReader(System.in));
        try {
            socket = new DatagramSocket();       //连接到任何可用的本地端口
            System.out.println("客户端…");
            while (true) {
                String str = in.readLine();      //从键盘读取一行信息
                byte[] bf = str.getBytes("GBK");
                DatagramPacket spacket = new DatagramPacket(bf, bf.length,
InetAddress.getLocalHost(),1234);
                socket.send(spacket);            //发送一个Datagram
                if ("bye".equals(str))
                    break;                       //如果输入"bye",则结束通信
                socket.receive(rpacket);         //从socket接收一个Datagram
                String info = new String(rpacket.getData(), 0, rpacket.getLength(),
"GBK");//获取Datagram中的数据,并将其转换成转成字符串
```

```
            System.out.println("接收到: "+info);
          }
        } catch (IOException e) {
          System.out.println("Error"+ e.getMessage());
          System.exit(1);
        }
      }
    }
```

在 Eclipse 下运行，应先启动服务器程序，再运行客户端程序，然后双方就可以进行简单的通信，通信过程如图 11-4 和图 11-5 所示。

图 11-4　服务器程序运行结果

图 11-5　客户端程序运行结果

当然，为了达到更好的通信效果，也可以采用多线程技术对例 11.4 中的程序进行优化设计，此处不再赘述。

11.5　小　　结

本章介绍 Java 的网络应用，这是 Java SE 逐渐拓宽其应用范围的重要方面。URL 应用、Socket 应用、Datagram 应用是最早的网络应用，后来还增加了 RMI、JMX、JNDI 等机制。

习　题　11

1. Internet 采用什么协议进行通信？
2. 什么叫 TCP？什么叫 UDP？
3. 什么叫端口？什么叫 URL？
4. URL 地址包含什么内容？如何连接 URL？
5. URL 类有什么方法？
6. openStream()方法有什么作用？
7. 什么叫 CGI？
8. 写入 URLConnection 的步骤是什么？

9. 什么叫 Socket？读写 Socket 的步骤是什么？
10. ServerSocket 如何接受客户的连接？如何处理多个客户连接请求？
11. 什么叫 Datagram？创建 DatagramPacket 对象的格式有几种？
12. 如何求出服务器主机名所对应的 Internet 地址？
13. 如何知道 DatagramSocket 对象联系了哪个端口？
14. 如何发送 Datagram？ 如何接收 Datagram？
15. 试采用 Socket 通信机制及多线程技术编写聊天室的程序。
16. 试采用 Datagram 通信机制及多线程技术编写聊天室的程序。

第 12 章 JavaBeans 及组件应用

JavaBeans 是用 Java 语言编写的可移植和平台无关的组件模型，开发者可以利用它编写可复用组件。可以用 JavaBeans API 创建这些组件，用兼容工具把这些组件结合到小程序和应用程序中。JavaBeans 组件叫做 bean，它们是可改变和可定制的，通过工具可以定制它们并保存备用。本章将介绍 JavaBeans 的基本概念、属性及如何设计和使用 JavaBeans。

12.1 JavaBeans 概念

JavaBeans 体系结构建立在组件模型上，组件是自包含、可复用的软件单元，通过可视化应用建造工具可以把它们组装到组合组件、小程序、应用程序和 Servlet 中。JavaBeans 组件叫做 bean，在建造工具的设计模式下，可以用 bean 的属性窗口来定制 bean，再通过可视化处理保存 bean。使用时，可以从工具箱中选择 bean，放入表单中，修改它的外观与行为，定义它与其他 bean 的交互，将它组合到软件中。在 GUI（图形用户接口）、不可视 bean（如拼写检查器、动画小程序、电子表格应用）中都是经常使用 bean 的地方。

bean 的关键概念有以下几点：

（1）建造工具通过所谓自省过程发现 bean 的属性、方法、事件等特点；
（2）属性是 bean 的外观和行为特征，在设计时可以改变；
（3）bean 对外界公开其属性使它在设计时可定制；
（4）bean 采用事件与其他 bean 通信，接收事件的 bean 监听它所注册的触发事件的源 bean；
（5）持续性使 bean 能够保存和恢复状态，JavaBeans 体系结构采用 Java 对象序列化支持持续性；
（6）bean 的方法与 Java 方法相同，可以被其他 bean 或脚本环境调用。

12.2 设计简单的 bean

设计简单的 bean 包括创建 bean、编译 bean、使用 bean、用 GUI 建造器装载 bean 等。

12.2.1 创建 bean

设计一个简单的 bean，类名叫 MyBean，继承 javax.swing.JLabel 图形组件，具有可视化属性。bean 必须有一个公共类，必须有一个无参数构造方法。bean 可以实现 Serializable 接口或 Externalizable 接口，用于保证持续状态。bean 通常有 get()方法和 set()方法，使其属性可以由建造工具可视化读写。bean 也可以有事件，用注册方法添加监听器，具体见例 12.1。

【例 12.1】 创建 bean 示例。

```java
import java.awt.Color;
import javax.swing.JLabel;
import java.io.Serializable;
public class MyBean extends JLabel implements Serializable {
    /**
     *
     */
    private static final long serialVersionUID = 1L;
    public MyBean() {
        setText("MyBean: Hello world!");
        setOpaque(true);
        setBackground(Color.GREEN);
        setForeground(Color.RED);
        setVerticalAlignment(CENTER);
        setHorizontalAlignment(CENTER);
    }
}
```

用 Eclipse 创建 MyBean 类与 Java 普通类一样，编译结果是 MyBean.class。

12.2.2 使用 bean

bean 是可视化组件，可通过 Swing 的 JFrame 来使用 MyBean，具体见例 12.2。如果要用可视化建造工具使用 bean，则要另外安装这类工具，这里不做介绍。

【例 12.2】 使用 bean 示例。

```java
import javax.swing.*;
public class UseBean {
    private static void createAndShowBean() {
        //Create and set up the window.
        JFrame frame = new JFrame("MyBean");
        frame.setSize(300, 100);
        frame.setDefaultCloseOperation(JFrame.EXIT_ON_CLOSE);

        //Add MyBean
        MyBean mb = new MyBean(); //创建类MyBean的实例
        frame.add(mb);

        //Display the window.
        frame.setVisible(true);
    }
    /**
```

```
     * @param args
     */
    public static void main(String[] args) {
        // TODO Auto-generated method stub
        javax.swing.SwingUtilities.invokeLater(new Runnable() {
            public void run() {
                createAndShowBean();
            }
        });
    }
}
```

用 Eclipse 运行 UseBean 类，弹出一个标题为 MyBean 的 JFrame 框架，显示绿底红字的"MyBean: Hello World!"，如图 12-1 所示。

图 12-1　例 12.2 的运行结果

12.3　属　性

一个 bean 的属性可以影响它的行为和外观，如颜色、标签、字体、大小等。bean 的属性有可写的、只读的和隐藏的几种，属性类别有简单属性、索引属性、关联属性、约束属性等。JavaBean 技术最吸引人的特点就是它支持可视化地编辑 bean 属性，不过需要安装可视化建造工具。

12.3.1　简单属性

简单属性指 bean 的属性具有单个值，它的改变独立于其他属性的变化。用 getXXX() 和 setXXX ()方法可以将简单属性加到 bean 中，这些方法名可以帮助可视化建造工具确定 bean 属性。

例如，想用 getColor()和 setColor()方法操作 MyBean 的前景颜色属性，程序可以添加一个 private 成员变量，改写为

```
private Color beanColor=Color.RED;
public Color getColor() {
    return beanColor;
}
public void setColor(Color newColor) {
    beanColor=newColor;
    repaint()
}
```

然后将"setForeground(Color.*RED*);"改为"setForeground(beanColor);",就可以操作前景颜色属性了。

12.3.2 索引属性

索引属性指 bean 的属性支持一定范围的值,而不是单个值。索引属性用下列方法来说明:

```
//访问单个值的方法
public PropertyElement getPropertyName(int index)
public void setPropertyName(int index, PropertyElement element)
//访问整个索引属性数组的方法
public PropertyElement[] getPropertyName()
public void setPropertyName(PropertyElement element[])
```

12.3.3 关联属性

关联属性指 bean 的属性发生变化时,产生提示发送给其他 bean。关联属性支持 PropertyChangeListener,当关联属性改变后,变化通知将送到感兴趣的监听器。需要为 PropertyChangeListener 提供事件监听器注册方法,并调用 propertyChange()方法触发 PropertyChangeEvent 事件。

在 bean 中实现关联属性支持的步骤是:

(1) 引入 java.beans 包,才能访问 PropertyChangeSupport;

(2) 创建 PropertyChangeSupport 对象,它维护属性变化监听器列表,触发属性变化事件;

(3) 实现维护属性变化监听器列表的方法,PropertyChangeSupport 子类可以实现这些方法,只需调用属性变化支持对象的方法;

(4) 修改一个属性的 set()方法,当该属性变化时触发一个属性变化事件。

12.3.4 约束属性

约束属性指 bean 的属性发生变化时,另一个要 bean 进行验证,如果认为不合适可以拒绝该变化。若 bean 支持 VetoableChangeListener 和 PropertyChangeEvent,而且该属性的 set()方法抛出 PropertyVetoException,就说该 bean 属性受约束。约束属性比关联属性复杂,因为它的监听器是"否定者"。

约束属性的 setXXX()方法的操作必须按顺序实现:首先保存旧值,以防变化被否定。然后将新建议值通知监听器,允许它们否定变化。如果没有监听器否定变化,就将属性设为新值。setXXX()方法要抛出 PropertyVetoException:

```
public void setPropertyName(PropertyType pt)
throws PropertyVetoException {code}
```

如果注册的监听器抛出 PropertyVetoException,否定了建议的属性变化,则具有约束属性的源 bean 负责以下动作：
（1）捕获异常；
（2）属性恢复旧值；
（3）发出新的 VetoableChangeListener.vetoableChange()调用到所有监听器，报告恢复。

VetoableChangeSupport 提供下列操作：跟踪 VetoableChangeListener 对象，对所有注册监听器发出 vetoableChange()方法，捕获监听器抛出的否定，用旧的属性值作为建议的"新"值再调用 vetoableChange()，通知所有监听器有否定。

12.4 事 件

JavaBeans 体系结构使用的事件模型是委托（delegation）模型，包括 3 部分：源、事件、监听器。事件的源是产生或触发事件的对象，源必须定义它将触发的事件，以及注册事件监听器的方法。监听器是个对象，表明它将注意特定类型的事件，监听器用事件源定义的方法注册事件。

有两类事件监听器：PropertyChangeListener 接口当关联属性值改变时提供通知，而 VetoableChangeListener 当约束属性值改变时创建通知。

JavaBeans API 提供面向事件的设计模式，使自省工具能够发现一个 bean 可以触发什么事件。bean 要成为事件源，它必须为该类事件实现加减监听器对象的方法。这些方法的设计模式是

```
public void add<EventListenerType>(<EventListenerType> a)
public void remove<EventListenerType>(<EventListenerType> a)
```

这些方法使源 bean 知道哪里触发事件，源 bean 再用特定接口的方法向监听器触发事件。

12.5 持 续

bean 的属性、域、状态信息在存储器保存和取出时具有持续性（persistence），组件模型为持续性提供一种机制，使组件状态能存入一个不易变的地方供以后取回。这种可持续机制叫序列化（serialization），对象序列化机制把对象转为数据流，写入存储器。使用 bean 的小程序、应用程序或工具可以通过反序列化重构对象，使对象恢复原有状态。

所有 bean 都要持续，所以它们都要实现 java.io.Serializable 接口或 java.io.Externalizable 接口支持序列化。这些接口允许选择自动序列化和定制序列化。如果任一个类在继承层次中实现了 Serializable 或 Externalizable 接口，它就是可序列化的。

可序列化的类包括 Component、String、Date、Vector 和 Hashtable，因此，Component 类的子类，包括 Applet，都可以序列化。著名的不支持序列化的类有 Image、Thread、Socket 和 InputStream，试图序列化这些类型将导致 NotSerializableException。

Java 对象序列化 API 自动把可序列化对象的大多数域序列化为存储流，包括基本类型、数组与字符串。这些 API 不会序列化标注 transient 或 static 的域。

可以控制 bean 经受的序列化级别，有三种控制序列化方式：

（1）自动序列化，由 Serializable 接口实现，Java 序列化软件对整个对象进行序列化，除了 transient 或 static 的域；

（2）定制序列化，通过 transient 或 static 修饰符的标注有选择地排除一些不想序列化的域；

（3）定制文件格式，由 Externalizable 接口和它的两个方法来实现，bean 是写在特定文件格式中的。

Serializable 接口没有声明方法，它只是告诉 Java 虚拟机实现 Serializable 接口的类要用默认的序列化。这种类要能访问超类型的一个无参数的构造方法，当对象从.ser 文件重构时将调用该构造方法。如果一个类的超类已实现了 Serializable 接口，该类就不必再实现了。用 transient 修饰符可以说明一个类不可序列化。

当要完全控制 bean 的序列化时，改用 Externalizable 接口。要用这个接口，必须实现两个方法：readExternal()与 writeExternal()。实现 Externalizable 的类必须有一个无参数的构造方法。

长期持续是指允许 bean 以 XML 格式保存的模型，XMLEncoder 类为 Serializable 对象的文本表示写输出文件（如 Beanarchive.xml），输出格式如下：

```
XMLEncoder encoder = new XMLEncoder(new BufferedOutputStream(
new FileOutputStream("Beanarchive.xml")));
encoder.writeObject(object);
encoder.close();
```

XMLDecoder类读用XMLEncoder创建的XML文档：

```
    XMLDecoder decoder = new XMLDecoder(new BufferedInputStream(
new FileInputStream("Beanarchive.xml")));
    Object object = decoder.readObject();
    decoder.close();
```

MyBean 组件生成的 XML 文档结构如下：

```
<?xml version="1.0" encoding="UTF-8" ?>
<java>
      <object class="javax.swing.JFrame">
      <void method="add">
        <object class="java.awt.BorderLayout" field="CENTER"/>
        <object class="MyBean"/>
      </void>
      <void property="defaultCloseOperation">
        <object class = "javax.swing.WindowConstants" field="DISPOSE_ON_CLOSE"/>
      </void>
      <void method="pack"/>
      <void property="visible">
        <boolean>true</boolean>
      </void>
    </object>
</java>
```

12.6 自　　省

自省（introspection）也可以叫自检，这是一个自动过程，分析 bean 的设计模式，发现 bean 的属性、事件和方法。

自省从两个方面为 Java 开发人员提供了方便：

（1）可移植性。写一次组件，到处可以复用它们。组件不必与一种组件模型或一种平台捆绑，既利用了不断更新的 Java API，又维护了组件的可移植性。

（2）复用性。根据 JavaBeans 的设计习惯，实现合适的接口，继承合适的类，组件的复用性也许会超出预想。

JavaBeans API 体系结构提供了一组类与接口用于自省。

java.beans 包的 BeanInfo 接口定义了一组方法，让 bean 的实现者提供其 bean 的有关信息。开发者通过说明 bean 组件的 BeanInfo 可以隐藏方法、为工具箱说明图标、为属性提供描述名、定义哪个属性是关联属性等。

Introspector 类的 getBeanInfo(beanName)方法可以被建造工具和其他自动环境使用，以获得 bean 的详细信息。getBeanInfo()方法依赖于 bean 的属性、事件、方法的命名习惯，调用 getBeanInfo()方法产生自省过程分析 bean 的类与超类。

Introspector 类提供描述器类，描述 bean 的属性、事件、方法的信息。该类的方法找出开发者通过 BeanInfo 类明确提供的描述器信息，Introspector 类再根据命名习惯确定 bean 有什么属性，可监听什么事件，发送给谁等。

FeatureDescriptor 类有几个后继类，它们描述 bean 的特定属性。例如，PropertyDescriptor 类的 isBound()方法说明当该属性变化时是否触发 PropertyChangeEvent 事件。

例 12.3 加入了执行自省的代码，它创建了一个不可视 bean，从 BeanInfo 对象得到三个属性。

【例 12.3】 自省过程示例。

```java
import java.beans.*;
public class InsBean {
    private final String name = "InsBean";
    private int size;
    public String getName()
    {
        return this.name;
    }

    public int getSize()
    {
        return this.size;
    }

    public void setSize(int size)
```

```
    {
        this.size = size;
    }
    /**
     * @param args
     */
    public static void main(String[] args) throws IntrospectionException{
        // TODO Auto-generated method stub
        BeanInfo info = Introspector.getBeanInfo(InsBean.class);
        for (PropertyDescriptor pd : info.getPropertyDescriptors())
            System.out.println(pd.getName());
    }
}
```

程序的运行结果如图 12-2 所示。

图 12-2　例 12.3 的运行结果

12.7　BeanContext API

BeanContext 是一个包含环境，使 Java 开发者可以有逻辑地组织一组相关的 JavaBeans 到一种语境中，让 bean 彼此知道并交互。这种环境支持如下情况：

（1）对环境即语境引入一种抽象，JavaBean 在其生命周期中在该语境中以某种逻辑关系起作用，是 JavaBeans 的一个层次；

（2）能够对 JavaBeans 环境动态地加入抽象服务；

（3）提供一个服务发现机制，JavaBeans 通过它可以询问环境，以便确定特定服务的可用性，并随后使用这些服务；

（4）对也是小程序的 JavaBeans 提供更好支持。

有两种不同类型的 BeanContext：一种是 java.beans.beancontext.BeanContext 接口，只支持成员关系；另一种是 java.beans.beancontext.BeanContextServices 接口，支持成员关系和对嵌入其中的 JavaBeans 提供服务。

java.beans.beancontext 包里主要是接口，允许多继承。其中有支持类，如 BeanContextChildSupport 及其子类等；有事件类，如 BeanContextEvent 及其子类；有事件监听接口，如 BeanContextServicesListener 及其子类等；有代理接口，如 BeanContextProxy 等。这些 API 使嵌入的 JavaBeans 知道包含它们的 BeanContext。

12.8　在 JSP 中使用 JavaBeans

JSP（Java Server Pages）是 Java 企业版的核心技术之一，由 HTML 代码和嵌入其中的 Java 代码组成。在 JSP 中使用 JavaBeans，使得开发人员可以把某些关键功能和核心算法提取出来，令 JSP 页面中的静态内容和动态内容在较大程度上分离，从而增加了代码的复用率。

一般情况下，可以把访问数据库的功能、数据处理功能编写封装为 JavaBeans 组件，然后在 JSP 程序中调用。

JSP 中提供了三个指令用来存取 JavaBeans，分别是 jsp:useBean、jsp:setProperty 和 jsp:getProperty，下面一一进行介绍。

12.8.1　<jsp:useBean>

jsp:useBean 动作用来装载一个将在 JSP 页面中使用的 JavaBeans，这样做可以发挥 Java 组件重用的优势，这也是 JSP 区别于 Servlet 的地方。jsp:useBean 动作的语法如下：

```
<jsp:useBean
id="beanInstanceName"
scope="page | request | session | application"
{
  class="package.class" |
  type="package.class" |
  class="package.class" type="package.class" |
  beanName="{package.class | <%= expression %>}" type="package.class"
}
{
  /> |
  > other elements </jsp:useBean>
}
```

下面是一个很简单的例子，它的功能是装载一个 bean，然后设置/读取它的 message 属性。文件 BeanSample.jsp 的内容：

```
<!DOCTYPE HTML PUBLIC "-//W3C//DTD HTML 4.0 Transitional//EN">
<HTML>
<HEAD>
<TITLE>Using JavaBeans in JSP</TITLE>
</HEAD>
<BODY>
<CENTER>
<TABLE BORDER=5>
  <TR><TH CLASS="TITLE">
    Using JavaBeans in JSP</TABLE>
```

```
</CENTER>
<P>
<jsp:useBean id="test" class="SimpleBean" />
<jsp:setProperty name="test"
        property="message"
        value="Hello WWW" />
<H1>Message: <I>
<jsp:getProperty name="test" property="message" />
</I></H1>
</BODY>
</HTML>
```

文件 SimpleBean.java 的内容：

```
public class SimpleBean {
  private String message = "No message specified";
  public String getMessage() {
    return(message);
  }
  public void setMessage(String message) {
    this.message = message;
  }
}
```

注意：包含 bean 的类文件应该放到服务器正式存放 Java 类的目录下，而不是保留在修改后能够自动装载的类的目录。例如，对于 Java Web Server 来说，bean 和所有 bean 用到的类都应该放入 classes 目录下，或者封装进 jar 文件后放入 lib 目录下，但不应该放到 servlets 下。

12.8.2 <jsp:setProperty>

<jsp:setProperty>动作用来设置已经实例化的 bean 对象的属性，其 JSP 语法如下：

```
<jsp:setProperty
name="beanInstanceName"
{
property= "*" |
property="propertyName" [ param="parameterName" ] |
property="propertyName" value="{string | <%= expression %>}"
}
/>
```

使用 jsp:setProperty 动作有两种用法：

（1）可以在 jsp:useBean 元素的外面（后面）使用 jsp:setProperty，例如：

```
<jsp:useBean id="myName" … />
```

```
...
<jsp:setProperty name="myName"
    property="someProperty" … />
```

此时,不管 jsp:useBean 是找到了一个现有的 bean,还是新创建了一个 bean 实例,jsp:setProperty 都会执行。

(2) 把 jsp:setProperty 放入 jsp:useBean 元素的内部,例如:

```
<jsp:useBean id="myName" … >
  ...
  <jsp:setProperty name="myName"
      property="someProperty" … />
</jsp:useBean>
```

此时,jsp:setProperty 只有在新建 bean 实例时才会执行,如果是使用现有实例,则不执行 jsp:setProperty。

下面是一个例子。如果请求中有一个 numDigits 参数,则该值被传递给 bean 的 numDigits 属性;numPrimes 也类似。

```
<jsp:useBean id="primeTable" class="NumberedPrimes" />
<jsp:setProperty name="primeTable" property="numDigits" />
<jsp:setProperty name="primeTable" property="numPrimes" />
```

12.8.3 <jsp:getProperty>

jsp:getProperty 动作提取指定 bean 属性的值,转换成字符串,然后输出。
JSP 语法如下:

```
<jsp:getProperty name="beanInstanceName" property="propertyName"/>
```

下面是一个例子:

```
<jsp:useBean id="itemBean" … />
...
<UL>
  <LI>Number of items:
      <jsp:getProperty name="itemBean" property="numItems" />
  <LI>Cost of each:
      <jsp:getProperty name="itemBean" property="unitCost" />
</UL>
```

12.9 小 结

本章介绍 JavaBeans 的有关概念,这是 Java 平台的可视化组件,保留了其他软件组件的技术特点,并具有完全的可移植性,可以在网络中使用。bean 的属性对外界公开,所以可以定制这些属性。JavaBeans 也有事件模型和监听机制,bean 的可持续性机制叫序列化,使组件状态能存入一个不易变的地方供以后取回。自省过程可以发现 bean 的属性、事件和方法，为 Java 开发人员提供方便。BeanContext API 把 bean 组织到一种语境中，让它们彼此知道并交互。本章最后介绍了在 JSP 中使用 JavaBeans 的指令。

习 题 12

1. 试述 JavaBeans 的概念。
2. 如何创建 bean？
3. 如何使用 bean？
4. 什么是 JavaBeans 的属性？
5. 什么是简单属性？
6. 什么是索引属性？
7. 什么是关联属性？
8. 什么是约束属性？
9. JavaBeans 的事件有何作用？
10. 如何实现 JavaBeans 的持续？
11. 什么叫 JavaBeans 的自省？
12. BeanContext API 有哪些类型？
13. 在 JSP 中使用 JavaBeans 有几种指令？

附　　录

Java 版本的演化过程：

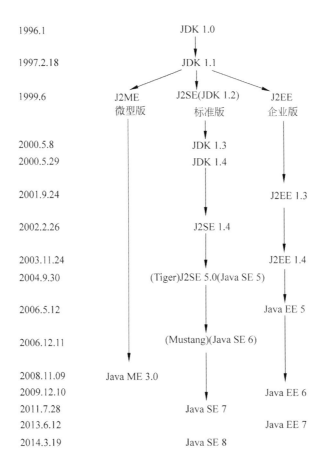

1. Java EE 简介

Java EE 是 Java 的企业版，主要在服务器端应用，目前的版本是 Java EE 7。Java EE 的主要技术如下：

（1）JDBC（Java Database Connectivity）：JDBC API 为访问不同的数据库提供了一种统一的途径。

（2）JNDI（Java Name and Directory Interface）：JNDI API 被用于执行名字和目录服务。

（3）EJB（Enterprise JavaBean）：EJB 提供了一个框架来开发和实施分布式商务逻辑，由此很显著地简化了具有可伸缩性和高度复杂的企业级应用的开发。

（4）RMI（Remote Method Invoke）：RMI 协议调用远程对象上的方法。

（5）Java IDL/CORBA：在 Java IDL 的支持下，开发人员可以将 Java 和 CORBA 集成在一起。

（6）JSP（Java Server Pages）：JSP 页面由 HTML 代码和嵌入其中的 Java 代码组成。服务器在页面被客户端请求以后对这些 Java 代码进行处理，然后将生成的 HTML 页面返回给客户端的浏览器。

（7）Java Servlet：Servlet 是一种小型的 Java 程序，它扩展了 Web 服务器的功能。作为一种服务器端的应用，当被请求时开始执行，这和 CGI Perl 脚本很相似。

（8）XML（Extensible Markup Language）：XML 是一种可以用来定义其他标记语言的语言。它被用来在不同的商务过程中共享数据。

（9）JMS（Java Message Service）：JMS 是用于和面向消息的中间件相互通信的应用程序接口(API)。

（10）JTA（Java Transaction Architecture）：JTA 定义了一种标准的 API，应用系统由此可以访问各种事务监控。

（11）JTS（Java Transaction Service）：JTS 是 CORBA OTS 事务监控的基本的实现。JTS 规定了事务管理器的实现方式。

（12）JavaMail：JavaMail 是用于存取邮件服务器的 API，它提供了一套邮件服务器的抽象类。不仅支持 SMTP 服务器，也支持 IMAP 服务器。

（13）JAF（JavaBeans Activation Framework）：JAF 处理 MIME 编码的邮件附件。

2. Java ME 简介

Java ME 是 Java 的微型版，主要用在嵌入式系统，适合移动设备的需求，如消费者产品、嵌入式设备以及高级的移动设备，目前的版本为 Java ME SDK 3.0。它所运行的类库比 Java SE 小，所以称为微型版，但针对移动设备增加了一些新的特性。

Java ME 技术基于三种元素：

（1）一种配置（configuration），提供最基本的库和虚拟机能力，支持广泛的设备。

（2）一个简表（profile），是一组 API，支持小范围的设备。

（3）一个可选包，是一组特定技术的 API。

Java ME 把嵌入式设备主要分为间断通信的和不间断通信的两种，其相应配置也分为两种：第一种设备比较小，连接受限制（如手机），其配置是连接受限的设备配置（Connected Limited Device Configuration，CLDC），其简表是移动信息设备简表（Mobile Information Device Profile，MIDP）；第二种设备连接稳定，更有能力（如电视机顶盒等），其配置是连接设备配置（Connected Device Profile，CDC），CDC 配置上有三种不同的简表：基础简表（The Foundation Profile，JSR 219）、个人基础简表（The Personal Basis Profile，JSR 217）和个人简表（The Personal Profile，JSR 216）。

参 考 文 献

[1] 李卫华. Java 技术及其应用[M]. 北京：清华大学出版社，2009.
[2] 耿祥义. Java 基础教程[M].3 版. 北京：清华大学出版社，2012.
[3] Cay S. Horstmann, Gary Cornell. Java 核心技术，卷 I：基础知识[[M]. 周立新，陈波，叶乃文，邝劲筠，杜永萍，译. 北京：机械工业出版社，2014.
[4] Bruce Eckel. Java 编程思想[[M]. 陈昊鹏，译. 北京：机械工业出版社，2007.
[5] The Java Tutorials http://docs.oracle.com/javase/tutorial/
[6] Java SE API Documentation http://docs.oracle.com/javase/8/docs/api/index.html

图书资源支持

感谢您一直以来对清华版图书的支持和爱护。为了配合本书的使用,本书提供配套的素材,有需求的用户请到清华大学出版社主页(http://www.tup.com.cn)上查询和下载,也可以拨打电话或发送电子邮件咨询。

如果您在使用本书的过程中遇到了什么问题,或者有相关图书出版计划,也请您发邮件告诉我们,以便我们更好地为您服务。

我们的联系方式:

地　　址: 北京海淀区双清路学研大厦 A 座 707

邮　　编: 100084

电　　话: 010-62770175-4604

资源下载: http://www.tup.com.cn

电子邮件: weijj@tup.tsinghua.edu.cn

QQ: 883604(请写明您的单位和姓名)

用微信扫一扫右边的二维码,即可关注清华大学出版社公众号"书圈"。

扫一扫
资源下载、样书申请
新书推荐、技术交流